高职高专计算机任务驱动模式教材

Windows Server 2019
服务器配置与管理

张恒杰　李彦景／编著

清华大学出版社

北京

内 容 简 介

网络操作系统是构建计算机网络的软件核心与基础。本书以微软新一代产品 Windows Server 2019 网络操作系统为例,采用项目化的思想进行校企"双元"合作,从架构计算机网络的整体角度出发,讲解应用 Windows Server 2019 构架网络环境的方法,以及系统服务的配置与管理。本书内容包括 64 位 Windows Server 2019 的安装,基本环境设置,磁盘管理,文件系统,DNS、WWW、FTP、DHCP、WINS 等网络服务的配置、管理,系统维护,操作系统安全管理,远程管理等。

本书的内容组织突出实用性、系统性,从设计与管理网络的角度讲解操作系统的使用,包括服务或应用的概念及实现方法。每个项目单元配合相应的实训项目和习题,以帮助读者对书中的内容进行验证,具有很强的实践性与技能性。

本书蕴含了作者丰富的教学经验、网络设计与管理实际工程经验。本书既可以作为职业院校计算机、网络技术等相关专业的网络操作系统理论与实训的教材,也可供从事计算机网络工程设计、管理的工程技术人员作为技术参考资料使用。

图书在版编目(CIP)数据

Windows Server 2019 服务器配置与管理/张恒杰,李彦景编著. —北京:清华大学出版社,2021.8
高职高专计算机任务驱动模式教材
ISBN 978-7-302-57878-9

Ⅰ. ①W… Ⅱ. ①张… ②李… Ⅲ. ①Windows 操作系统－网络服务器－高等职业教育－教材
Ⅳ. ①TP316.86

中国版本图书馆 CIP 数据核字(2021)第 057353 号

责任编辑:张龙卿
封面设计:范春燕
责任校对:刘 静
责任印制:宋 林

出版发行:清华大学出版社
　　　　网　　　址:http://www.tup.com.cn,http://www.wqbook.com
　　　　地　　　址:北京清华大学学研大厦 A 座　　　邮　　编:100084
　　　　社 总 机:010-62770175　　　　邮　　购:010-62786544
　　　　投稿与读者服务:010-62776969,c-service@tup.tsinghua.edu.cn
　　　　质量反馈:010-62772015,zhiliang@tup.tsinghua.edu.cn
　　　　课件下载:http://www.tup.com.cn,010-83470410
印 装 者:三河市铭诚印务有限公司
经　　销:全国新华书店
开　　本:185mm×260mm　　印　张:21.75　　　　字　　数:527 千字
版　　次:2021 年 8 月第 1 版　　　　　　　　印　　次:2021 年 8 月第 1 次印刷
定　　价:65.00 元

产品编号:088713-01

前　言

计算机网络技术的发展增强了计算机在企业方面的各种应用,也给软件特别是操作系统带来了前所未有的挑战。它要求操作系统既要提供丰富的功能,又要满足不同应用的集成和性能要求,管理维护还要求简单易用,Windows Server 2019 无疑是满足这些苛刻要求的一款新产品。

Windows Server 2019 代表了微软新一代服务器操作系统。使用 Windows Server 2019,IT 专业人员对其服务器和网络基础结构的控制能力更强,从而可重点关注关键业务需求。Windows Server 2019 通过加强操作系统和保护网络环境提高了安全性。通过加快 IT 系统的部署与维护,使服务器和应用程序的合并与虚拟化更加简单,提供的管理工具更加直观,Windows Server 2019 还为 IT 专业人员提供了更大灵活性,使其更加实用。Windows Server 2019 为任何组织的服务器和网络基础结构奠定了很好的基础。

为了便于读者更好地掌握 Windows Server 2019 的操作、管理和维护技能,本书采用尽可能多的实际需求来解释和阐述知识点。在介绍知识点和与之相关操作的同时,每单元都配有上机实训,针对具体环境详细叙述不同知识点在网络中的具体应用,使读者更易于理解和掌握。每个单元的最后都有练习题,以便读者自我检验对各章内容的掌握程度。为了配合教学,本书配有电子教案(包含课后习题答案),可从出版社网站下载。

本书系统地介绍了 64 位 Windows Server 2019 网络操作系统的常用技术的配置和管理方法,可以顺利过渡到下一代操作系统的学习。

本书共分 14 个项目,项目 1 对网络操作系统的功能、分类及 Windows Server 2019 版本、功能及其安装方法等内容进行了介绍。项目 2 介绍了 Windows Server 2019 作为独立服务器时用户、组的创建方法,共享资源的发布使用及工作环境的设置。项目 3 介绍了 NTFS 文件系统的特性及使用。项目 4 介绍了磁盘的管理。项目 5～项目 9 分别介绍了 DNS、DHCP、Web、FTP 和 WINS 服务器的构建、管理和使用方法。项目 10 主要讲解 Active Directory 和域的相关基础知识以及如何创建域、管理域。项目 11 介绍了网络打印服务的配置和使用。项目 12 介绍了 NAT 和 VPN 服务器的构建、管理和使用方法。项目 13 介绍了证书服务器配置与管理。项目 14 介绍了组策略、本地策略及防火墙等系统安全措施,还介绍了系统灾难恢复、备份与还原等知识。

　　本书由张恒杰、李彦景等人编著。项目 1～项目 5 由张恒杰编写,项目 6～项目 8 由李彦景编写,项目 9 和项目 10 由张彦编写,项目 11 和项目 12 由赵园园编写,项目 13 和项目 14 由罗燕编写,张磊和姚红也参与了部分章节内容的编写。全书由张恒杰统稿、整理。本书的作者都是长期从事网络教学的一线教师或从事 Windows 应用的工程师。

　　在本书编写过程中,得到了同行专家和企业工程师的大力协助,在此表示衷心的感谢。

　　由于作者水平有限,加之时间仓促,书中错误之处在所难免,敬请广大读者批评指正。

编著者

2021 年 4 月

目　录

项目 1　网络操作系统选型

项目描述：某公司建立了自己的局域网后，购买了服务器用于部署应用平台。现在需要确定安装何种服务器操作系统以及如何安装。

项目目标：为了更好地规划安装网络操作系统，应了解当前流行的服务器操作系统的特点，尤其要了解 Windows Server 2019 操作系统的不同版本及差异。掌握安装 Windows Server 2019 服务器的注意事项和方法，掌握系统安装完成后的基本设置等知识。

任务 1　认知网络操作系统

任务描述：在搭建服务器时，首先应该根据不同的应用环境来选择安装合适的操作系统，而不同的操作系统的安装配置方式也有所不同。

任务目标：掌握网络操作系统的概念。了解当前流行操作系统的特点，以便有针对性地进行选择安装。

1.1.1　操作系统的概念

1. 操作系统简介

一个完整的计算机系统由计算机硬件系统和计算机软件系统两大部分构成。

计算机硬件是计算机各种物理设备的总称，主要包括中央处理器(CPU)、内存储器、外存储器、输入设备和输出设备等。没有软件支持的计算机硬件称为裸机，它仅构成了计算机的物质基础。对于用户来说，要在裸机上开展各种应用几乎是不可能的，因此，必须为硬件系统配备软件系统，这样才能使计算机正常运行。

计算机软件是程序和与程序相关的文档的集合。按功能划分，可以将软件分为系统软件和应用软件。系统软件用于对计算机系统软硬件资源的管理、分配、控制和运行等，如操作系统、数据库管理系统、语言处理程序和各种系统服务性程序；应用软件一般是为了完成用户的特定任务而设计的程序，如各种办公软件、辅助设计软件以及过程控制软件等。

计算机硬件是计算机的"躯体"，计算机软件是计算机的"灵魂"，它们共同构成了计算机系统。缺少硬件或没有软件的计算机都不能称为完整的计算机系统。

计算机系统主要是为用户服务的，不同的用户对其会有不同的要求。操作系统正是为了控制和协调用户对计算机硬件和软件资源的不同需求，提供了一种合理使用其资源的工作环境,同时还提供了为完成用户的特定任务所需的各种服务。

操作系统是计算机硬件与所有其他软件之间的接口。只有在操作系统的指挥控制下,各种计算机资源才能被分配给用户使用。也只有在操作系统的支持下,其他系统软件才能取得运行条件。没有操作系统,任何应用软件都无法运行。

从资源管理与分配的角度来看,对于计算机系统所拥有的软硬件资源,不同的用户为完成他们各自的任务会有不同的需求,有时可能还会有冲突。因此,操作系统作为一个资源管理者要解决用户对计算机系统资源的竞争,并合理、高效地分配和利用这些有限的资源,如CPU 时间、内存空间、I/O 设备、文件存储空间等。

从用户的角度来看,他们对操作系统的内部结构不太了解,对操作系统的执行过程和实现细节也不感兴趣,他们关心的是操作系统提供了哪些功能、哪些服务以及具有什么样的用户界面。由于操作系统隐藏了硬件的复杂细节,用户会感到计算机使用起来简单方便,通常就说操作系统为用户提供了一台功能经过扩展的计算机,或称"虚拟机"。

可见,操作系统实际上是计算机系统资源的总指挥部。操作系统性能的高低决定了整个计算机系统的潜在硬件性能能否发挥出来。操作系统本身的安全稳定性对于整个计算机系统的安全性和可靠性起到了保障作用。操作系统是软件的基础运行平台。

2. 操作系统的定义

综上所述,可以给出操作系统的一个定义:操作系统由一组程序组成,这组程序能够有效地组织和管理计算机系统中的硬件和软件资源,合理地组织计算机工作流程和控制程序的执行,使计算机系统能够高效地运行,并向用户提供各种服务功能,使用户能够灵活、方便、有效地使用计算机。

1.1.2　操作系统的分类

操作系统的形成迄今已有 50 多年的时间。在这 50 多年的发展历程中,形成了各种类型的操作系统,以满足不同的应用要求。根据其使用环境和对作业的处理方式,主要分为批处理操作系统、分时操作系统、实时操作系统、微机操作系统、网络操作系统和分布式操作系统等。最为常见的是微机操作系统和网络操作系统。

1. 微机操作系统

微机操作系统是指配置在微型计算机上的操作系统。最早出现的微机操作系统是 CP/M 操作系统。微机操作系统可分为单用户单任务操作系统、单用户多任务操作系统和多用户多任务操作系统 3 种。

(1) 单用户单任务操作系统。单用户单任务操作系统只允许一个用户上机,且只允许一个用户程序运行。这是一种最简单的微机操作系统,主要配置在 8 位和 16 位微型计算机上,典型的单用户单任务操作系统是 CP/M 和 MS-DOS。

(2) 单用户多任务操作系统。单用户多任务操作系统只允许一个用户上机,但允许一个用户程序分为多个任务并发执行,从而有效地改善系统的性能。它主要配置在 32 位或 64 位微型计算机上。典型的单用户多任务操作系统是 OS/2 和 MS-Windows。

（3）多用户多任务操作系统。多用户多任务操作系统允许多个用户通过各自的终端，使用同一台主机，共享主机系统中的各类资源，而每个用户程序又可以为多个任务并发执行，从而可以提高资源的利用率和增加系统的吞吐量。它主要配置在大、中、小型计算机上。典型的多用户多任务操作系统是 Windows、UNIX、Linux 等。

2. 网络操作系统

计算机网络是指把地理上分散的、具有独立功能的多台计算机和终端设备，通过通信线路加以连接，以达到数据通信和资源共享目的的计算机系统。而用于管理网络通信和共享资源，协调各计算机任务的运行，并向用户提供统一的、方便有效的网络接口的程序集合，就称为网络操作系统。

从广义的角度来看，网络操作系统主要有以下 4 个基本功能。

（1）网络通信管理：负责实现网络中计算机之间的通信。

（2）网络资源管理：对网络软硬件资源实施有效的管理，包括高性能运算、云存储等，保证用户方便、正确地使用这些资源，提高资源的利用率。

（3）网络安全管理：提供网络资源访问的安全措施，保证用户数据和系统资源的安全性。

（4）网络服务：为用户提供各种网络服务，包括文件服务、信息服务、打印服务、电子邮件服务等。

1.1.3　网络操作系统的功能

操作系统是用户和硬件之间的桥梁，它主要负责管理计算机系统中的所有资源，合理地组织工作流程，以提高资源的利用率和方便用户使用计算机。网络操作系统是操作系统中的一员，从资源管理的角度看，它也具有跟其他操作系统一样的功能，即作业管理、处理机管理、存储器管理、文件管理和设备管理等。

1. 作业管理

所谓作业是用户要求操作系统完成的相对独立的任务。作业管理的主要任务是完成用户要求的全过程处理上的宏观管理。作业管理的功能包括作业的注册、作业的调度、作业的运行和作业的终止等。

2. 处理机管理

处理机管理的主要任务是对处理机进行分配，并对其运行进行有效的控制和管理。处理机管理的主要功能有进程的控制、进程的同步、进程的通信和进程的调度。

进程是一个具有独立功能的程序在一个数据集合上的一次运行过程，是系统进行资源分配和调度的独立单位。程序和进程是既有联系又有区别的两个概念，它们的主要区别有以下 3 点。

（1）程序是指令的有序集合，是一个静态的概念；而进程是程序的一次执行过程，是一个动态的概念。

（2）程序的存在是永久的；而进程是有生命期的，它因创建而产生，因调度而执行，因得不到资源而暂停，因撤销而消亡。

（3）进程与程序之间不是一一对应的。一个程序可同时运行于若干个不同的数据集合上，映射成多个进程；反之，一个进程可以执行一个或几个程序。

3. 存储器管理

存储器管理的主要任务是为多道程序的运行提供良好的环境，以方便用户使用存储器，提高存储器的利用率，并能从逻辑上扩充存储器。存储器的主要功能有内存的分配、内存的保护、地址的映射和内存的扩充。

4. 文件管理

文件管理的主要任务是对用户文件和系统文件进行管理，以方便用户使用，并保证文件的安全性。文件管理的主要功能有文件存储空间的管理、目录的管理、文件的读写管理和存取控制的管理。

5. 设备管理

设备管理的主要任务是完成用户提出的 I/O 请求，为用户分配 I/O 设备，提高 CPU 与 I/O 设备的利用率，提高 I/O 设备的速度，以及方便用户使用 I/O 设备。设备管理的主要功能有缓冲管理、设备分配、设备处理、设备独立性和虚拟设备管理。

除此之外，网络操作系统在一般情况下，可以提供如下服务并实现相关功能。

- 文件服务：以集中方式管理共享文件，用户根据操作权限进行文件的相关操作。
- 打印服务：实现用户打印请求的接收、打印格式的说明、打印机的配置、打印队列的管理等功能。
- 数据库服务：使用 C/S 工作模式，即客户端使用 SQL 查询语言向数据库服务器发送查询请求，服务器端进行查询并结果传送给客户端。
- 通信服务：工作站间的对等通信、工作站与主机间的通信服务等功能。
- 信息服务：可用存储转发方式或对等的点到点通信方式完成电子邮件或信息发布服务。
- 分布式服务：分布式目录服务，可将分布在不同地理位置的互联 LAN 中的资源组织在一个全局性的、可复制的分布数据库中，网络中服务器可互为其副本，用户在任何一台工作站上注册都可与多个服务器连接。
- 域名服务：实现 ASCII 字符串（域名）与二进制 IP 地址之间的转换。
- 网络管理服务：提供网络性能、网络状态监控、网络存储的管理等。
- Internet 与 Intranet 服务：互联网和局域网的相应服务。

1.1.4　典型的网络操作系统

长期以来，网络操作系统的发展主要有三大体系，分别为 Novell 的 NetWare 操作系统、Microsoft 的 Windows 系列操作系统和 UNIX、Linux 操作系统，但是根据其各自的特点和功能,它们的应用范围和场合各不相同。

1. UNIX 操作系统

UNIX 操作系统是发布较早、应用范围最广的操作系统之一,是美国麻省理工学院于 20 世纪 70 年代初开发的一个通用的、多用户、多任务、分时操作系统,它除了作为网络操作系统之外,还可以作为单机操作系统使用。UNIX 作为一种开发平台和台式机操作系统获得了广泛使用,其主要特点有以下几点。

(1) 安全可靠。UNIX 在系统安全方面是任何一种操作系统都不能与之相比的,重要原因之一是很少有计算机病毒能够侵入。这是因为 UNIX 一开始即是为多任务、多用户环境设计的,在用户权限、文件和目录权限、内存管理等方面有严格的规定。UNIX 操作系统以其良好的安全性和保密性证实了这一点。

(2) 方便接入 Internet。UNIX 是 Internet 的基础,TCP/IP 协议也是随之发展并完善的。目前的一些 Internet 服务器和一些大型的局域网都使用 UNIX 操作系统。

UNIX 虽然具有许多其他操作系统所不具备的优势,如工作环境稳定、系统的安全性好等,但是在安装和维护方面,对普通用户来说比较困难。

目前 UNIX 操作系统主要用于工程应用和科学计算等领域,在商业领域逐步发展成为功能最强、安全性和稳定性最好的网络操作系统。但 UNIX 操作系统通常与相应公司生产的服务器硬件产品集成在一起,较具代表性的有 IBM 公司的 AIX UNIX、SUN 公司的 Solaris UNIX 和 HP 公司的 HP UNIX 等,各公司的 UNIX 比较适合运行于本公司的专用服务器、工作站等设备上。

2. Linux 操作系统

Linux 是于 1991 年由芬兰赫尔辛基大学的一位大学生 Lines Benedict Tornados 所开发的一个具有 UNIX 操作系统特征的新一代免费操作系统。Linux 操作系统的最大特征在于其源代码是向用户完全公开的,任何一个用户都可根据自己的需要修改 Linux 操作系统的内核,所以 Linux 操作系统的发展速度非常迅猛。Linux 具有以下几个特点。

(1) 开放的源代码。只要有网络连接,Linux 操作系统就可以在 Internet 网上免费下载使用,不需要支付任何费用,而且在 Linux 上使用的绝大多数应用程序也是可免费得到的。

(2) 支持多种硬件平台。Linux 可以运行在多种硬件平台上,可在任何基于 X86 的平台和 RISC 体系结构的计算机系统上运行。Linux 支持在计算机上使用的大量外部设备。

(3) 支持 TCP/IP 等协议。在 Linux 中可以使用所有的网络服务,如网络文件系统及远程登录等。SLIP 和 PPP 支持串行线上的 TCP/IP 协议的使用,用户可用一个高速调制解调器通过电话线入 Internet。

(4) 支持多种文件系统。Linux 系统目前支持的文件系统有 FAT16、FAT32、NTFS、ISOFS、HPFS、EXT2 等几十种。

3. NetWare 操作系统

美国 Novell 公司在 1985 年开始发布了 NetWare 操作系统,它与 DOS 和 Windows 等操作系统一样,除了访问磁盘文件、内存使用的管理与维护外,还提供一些比其他操作系统更强大的实用程序和专用程序,包括用户的管理、文件属性的管理、文件的访问、系统环境的设置等。NetWare 操作系统可以让工作站用户像使用自身的资源一样访问服务器资源,除了在访问速度上受到网络传输的影响外,没有任何不同。随着硬件产品的发展,这些问题也不断得到改善。该操作系统具有以下几个特点。

(1) 强大的文件及打印服务能力。NetWare 能够通过文件及目录高速缓存,将那些读取频率较高的数据预先读入内存,来实现高速文件处理。

(2) 良好的兼容性及系统容错能力。较高版本的 NetWare 不仅能与不同类型的计算机兼容,而且能在系统出错时及时进行自我修复,大幅降低了因文件和数据丢失所带来不必要的损失。

(3) 比较完善的安全措施。NetWare 采用 4 级安全控制原则以管理不同级别的用户对网络资源的使用。

4. Windows 操作系统

Windows 操作系统是目前个人计算机中应用最广泛,影响力最深远的一种操作系统。Windows NT 是 Microsoft 公司于 1993 年推出的一个高性能的、理想的网络操作系统。Windows NT 以其新加的网络技术、完善的功能和极高的性能赢得了用户的喜爱,被誉为"20 世纪 90 年代的操作系统"。Windows NT 的设计综合了客户机/服务器模型、对象模型和对称多处理模型为一体。其主要有以下几个特点。

(1) 内置的网络功能。将网络功能集成在操作系统中作为输入/输出的一部分,在功能上更加强大,结构上比较紧凑。

(2) 可实现"复合型网络"的结构。在局域网中,可以实现 Client/Server 和 Peer to Peer 对等式的两种模式,各个工作站既可以访问服务器上的授权资源,又可以互相访问共享资源。

(3) 组网简单、管理方便。Windows NT 组建网络比较容易,特别是对于普通用户组建网络更是方便,而且 Windows NT 对硬件环境的要求较低。

微软公司后来又相继开发了 Windows 2000、Windows 2003、Windows 2008 及 Windows 2019 等系列操作系统,均继承了 Windows NT 的相关特性,但是可靠性、可操作性、安全性和网络功能更加强大。Windows 2000 系列共推出了 4 个版本：Windows 2000 Professional、Windows 2000 Server、Windows 2000 Advanced Server、Windows 2000 Datacenter Server,其中 Windows 2000 Professional 是为台式机开发的;后 3 个版本均是面向网络,为网络操作系统版本。其后微软公司把 Windows 分为桌面操作系统和服务器操作系统,以年号命名的均为服务器操作系统,根据其应用环境又可分成不同系列。

1.1.5 Windows Server 2019 产品版本

Windows Server 2019 发行了 4 个版本,以适应不同规模的网络对服务器的不同需求。微软公司从所支持的性能、服务角色、功能方面把 Windows Server 2019 分为 Windows Server 2019 Standard、Windows Server 2019 Standard core、Windows Server 2019 Datacenter、Windows Server 2019 Datacenter core 4 种不同版本,但是差别并不大,带 core

的版本是纯文本模式的版本(即不支持 GUI 模式)。Windows Server 2019 的两个版本在所支持的性能方面的区别如表 1-1 所示。

表 1-1　Windows Server 2019 的两个版本的性能区别

锁定和限制	版　　本	
	Standard	Datacenter
最大用户数	基于 CAL	基于 CAL
最大 SMB 连接数	16 777 216	16 777 216
最大 RRAS 连接数	无限制	无限制
最大 IAS 连接数	2 147 483 647	2 147 483 647
最大 RDS 连接数	65 535	65 535
最大 64 位套接字数	64	64
最大核心数	无限制	无限制
最大 RAM	24TB	24TB
可用作虚拟化来宾	是。每个许可证允许运行 2 台虚拟机以及 1 台 Hyper-V 主机	是。每个许可证允许运行无限台虚拟机以 1 台 Hyper-V 主机
服务器可以加入域	是	是
边缘网络保护/防火墙	否	否
直接访问	是	是
DLNA 解码器和 Web 媒体流	是。前提是要安装具有桌面体验的服务器	是。前提是要安装具有桌面体验的服务器

1.1.6　网络操作系统的选择依据

如何选择一个合适的网络操作系统,才能使其能够在网络环境下方便而有效的工作,可参考以下的选择依据。

1. 选择网络操作系统的准则

选择网络操作系统的准则可随着市场、技术及生产厂商的变化而变化。所以,这里所谈的准则也不是一成不变的,在许多情况下,仍要根据实际情况决定。选择网络操作系统,既要分析原有网络系统的情况,又要分析网络操作系统的情况。对原有系统的分析,着重在以下两个方面。

(1) 需要实现的目标,即要建立具有什么功能的网络。

(2) 现有系统的配置、实现的难易程度、技术配备等。

在对原系统进行分析后,再考查网络操作系统的状况,主要考查点有以下四个方面。

(1) 该网络操作系统的主要功能、优势及配置,看看能否与用户需求达成基本一致。

(2) 该网络操作系统的生命周期。用户都希望网络操作系统正常发挥作用的周期越长越好,这就需要了解一下其技术主流、技术支持及服务等方面的情况。

(3) 分析该网络操作系统能否顺应网络计算的潮流。当前的潮流是分布式计算环境,因此,选择网络操作系统,当然最好考查这个方向。

7

（4）对市场进行客观地分析。也就是说，对当前市场流行的网络操作系统平台的性能和品质，如速度、可靠性、安装与配置的难易程度等方面进行列表分析，综合比较，以期选择性能价格比最优者。

上述是选择网络操作系统的通用准则。在实际选择时，具体问题还需具体分析。在经费有限或网络要求有限的情况下，可选择低档的网络操作系统，如对等式的网络操作系统等。这类低档的网络操作系统价格低廉，无须专用的服务器，所以能大节省用户的开支。另外，低档的网络操作系统能将小型工作组成员简易地连接起来，彼此共享文件和打印机。在性能方面，当负载较小时，其速度与高档系统不相上下。在低要求、低成本的情况下，选用对等式网络操作系统无疑是上策。但当需求扩展时，对等式网络操作系统就显得不那么适合，例如，安全保密和访问速度方面不够，以及需要大量内存和 CPU 时间或应用程序无法运行等，这时对等式网络操作系统就不能满足用户的需求。因此，在选择网络操作系统时，首先要分析一下本系统未来运行的是何种应用程序，是简单短小的，还是庞大复杂的；系统是否需要较为严格的安全保密等。在网络规模扩大后，无疑需要选择较为高档的网络操作系统。高档的产品，其功能强大，能支持多种计算平台，一般都有效地满足用户的联网要求。

2. 选择网络操作系统的标准

面对上述介绍的网络操作系统显然各具特色，如何进行选择？除了考虑选择网络操作系统的准则外，还需要依据标准考虑以下几个方面。

（1）安全性和可靠性。网络的安全性和可靠性是确保用户正常使用网络的前提，因此如需较高的安全性和可靠性时应该首选 UNIX，往往一些大中型网络就是选用它的一个主要原因。

（2）硬件的兼容性。硬件的兼容性是指能够支持的网络设备。Windows 系列操作系统对网络硬件的支持相对较好。

（3）可操作性。简单易用是最基本的。安装简单，对硬件平台没有太高的要求，升级容易，同时考虑系统是否容易维护、容易管理同样重要。

（4）对应用程序的开发支持。选用的操作系统要求能够支持较多的应用程序，例如，Windows 系列操作系统具有大量的应用程序软件的支持。

（5）可扩展性。要求选用的操作系统具有较高的扩充能力，保证网络在早期投资后，能适应今后网络的发展。

任务 2　安装 Windows Server 2019

任务描述：在安装 Windows 操作系统前，要根据实际应用需求来确定要安装的版本，还应检查计算机的所有硬件是否符合所选版本安装的最小硬件条件。此外，还应核对是否具有各种硬件的 Windows Server 2019 驱动程序。如果没有，则应向硬件设备生产商联系，请他们提供支持 Windows Server 2019 驱动程序。

任务目标：本任务应完成如下工作：第一，应做好安装前的各项准备工作；第二，能够正确地选择安装方式；第三，规划磁盘空间；第四，安装完成后进行必要的设置。

1.2.1　准备工作

作为系统工程师,在安装操作系统时,不应在毫无目的的状态下进行。例如,不能仅进行操作系统的安装、配置及资源管理,而应考虑服务器应用的网络环境,从整个网络管理的角度来对每个细节进行精心的设计与考虑。

1. 组建 Windows Server 2019 网络的要点

在进行 Windows Server 2019 网络服务器子系统建设前,需要考虑以下的主要问题。

(1) 确定 Windows Server 2019 网络的工作模式与计算机的组织方式。

(2) 磁盘空间的规划以及系统文件格式的选择。

(3) 确定要安装的计算机在网络中的地位与身份,例如,是独立服务器还是域成员服务器。

(4) 确定需要安装的网络组件。

(5) 安装与配置网络中各个域控制器、功能服务器及客户机。

(6) 配置与实现网络中各个服务子系统。

(7) 规划、组织和实现网络中的用户管理。

(8) 发布和管理网络中的资源。

(9) 规划与设计网络中数据保护系统。

(10) 网络安全技术的选择与实现等。

2. 了解系统需求

安装任何操作系统都对计算机的硬件有一定的要求,虽然 Windows Server 2019 是微软推出的最新服务器操作系统,但对硬件系统的要求并不高。硬件配置要求如表 1-2 所示。

表 1-2　硬件配置要求

硬件	具体说明
处理器	最低为 1.4 GHz 64 位处理器,且与 x64 指令集兼容,支持 NX 和 DEP,支持 CMPXCHG16b、LAHF/SAHF 和 PrefetchW,支持二级地址转换(EPT 或 NPT)
内存	最低为 512MB(对于带桌面体验的为 2GB)
硬盘	最少为 32GB;如果通过网络安装系统或 RAM 超 16GB 的计算机,还需要为页面文件、休眠文件和转储文件分配额外磁盘空间
网卡	至少有千兆位吞吐量的以太网适配器;符合 PCI Express 体系结构规范
其他	具备 DVD-ROM;支持超级 VGA(1024×768 像素)或更高分辨率的图形设备和监视器

3. 选择安装方式

安装 Windows Server 2019 时,可以选择通过 DVD-ROM(光盘)、硬盘、网络等多种媒介进行安装。安装方式也可采用升级和全新两种不同形式。由于本任务中是新购服务器,在新硬盘上安装,所以采用 DVD-ROM 全新安装的方式。

1.2.2　规划磁盘空间

当用户在全新硬盘上安装操作系统之前,需要进行磁盘空间的规划,以免使用不长时间需要重新规划安装。对于安装 Windows Server 2019 操作系统的计算机,建议剩余磁盘空间在 40GB 以上,以满足今后可能出现的各种需求,例如安装活动目录、日志存放、交换文件占用空间等。

如果服务器的磁盘是 300GB,可以按作用和大小划分为 4 个分区,分别是 C、D、E 和 F。

- C:作为服务器,可能以后还要安装其他软件,建议最少划分 40GB。
- D:划分 40GB 作为系统备份区,以便当系统出问题是可以快速还原。
- E:由于服务器经常保存一些公共文件,所以需要一个资料共享分区,建议划分 100GB。
- F:可以把常用软件放在服务器上,以便于员工使用,剩余空间建立一个软件共享分区。

1.2.3　网络组织结构的选择

在组建 Windows Server 2019 网络时,应当先确定其网络应用模式,目前较常见的网络应用模式有:对等网、客户机/服务器(Client/Server,C/S)和浏览器/服务器(Browser/Server,B/S)模式。采用的网络应用模式不同,则规划和组织 Windows Server 2019 网络中计算机的方式不同。

作为网络工程师,应当根据单位的网络实际需求情况进行组织结构的选择。只有设计良好的网络结构,加上必要的网络管理,才可能使网络处于一个良性的运行状态。

Windows 网络组织模型是指计算机组成网络时的组织形式。不同的组织模型分别对应着不同的安全数据库和目录服务和管理方式。在 Windows Server 2019 网络中,计算机的组织结构有"工作组"和"域"两种。其中,"工作组"模型对应于"对等网"网络模式,它采用分散的网络管理方式,工作组网络的资源和用户的管理均采用基于本机的分散的管理。"域"组织模型对应于 C/S 工作模式,它采用了集中式的管理方式,即由域控制器来管理,其资源和用户帐户的管理是基于全域的;而 B/S 模式主要从应用系统的工作模式出发,并不是指计算机的组织方式。

1.2.4　安装步骤

1. 设置光盘启动

步骤 1:首先在启动计算机时进入 CMOS 设置,把系统启动选项改成光盘为第一启动。

步骤 2:保存配置后放入系统光盘,重新启动计算机,这时计算机就可以通过系统光盘启动了。

2. 安装阶段

步骤 1：将 Windows Server 2019 系统光盘放入光驱，启动后，计算机首先从光盘中读取必需的启动文件，这时会进入加载文件的界面，如图 1-1 所示。

图 1-1　加载文件

步骤 2：接下来将启动安装程序继续安装，稍候片刻后进入选择安装版本的界面，如图 1-2 所示，在此可选择"Windows Server 2019 Datacenter（桌面体验）"，然后单击"下一步"按钮。

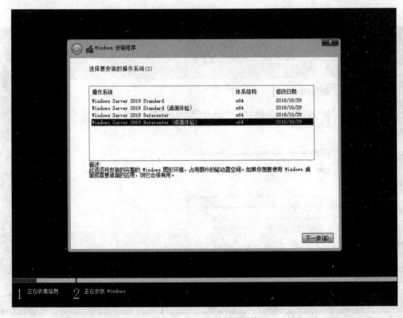

图 1-2　选择安装版本

步骤 3：在接下来的安装界面中，可以选择"现在安装""修复计算机"等功能，如图 1-3 所示，在此单击"现在安装"按钮。

步骤 4：在接下来的界面中可以在文本框中输入产品密钥，如图 1-4 所示。在此如果没有产品密钥或者在安装完毕后再激活系统，可以单击"我没有产品密钥"链接并继续安装。

步骤 5：接下来出现许可条款的界面，如图 1-5 所示，在此选中"我接受许可条款"复选框，单击"下一步"按钮。

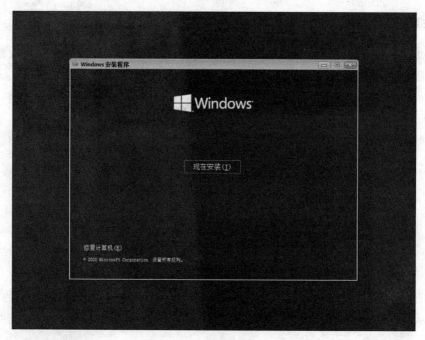

图 1-3　安装系统

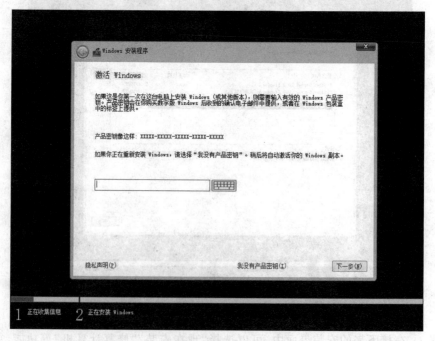

图 1-4　输入产品密钥

　　步骤 6：这时进入选择安装类型的界面，在此界面中可以选择"升级"或"自定义"。由于是在新硬盘中安装，只能选择"自定义：仅安装 Windows(高级)"安装，如图 1-6 所示。

　　步骤 7：随后进入划分磁盘空间的界面，如图 1-7 所示，在这里可以对磁盘分区进行删除、新建、格式化等操作。

12

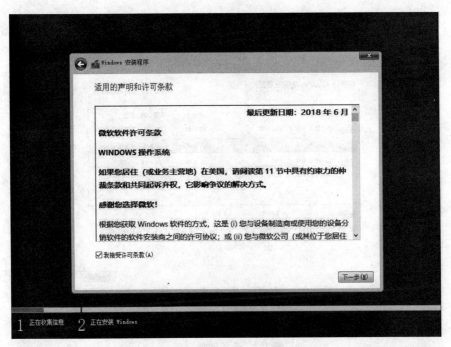

图 1-5　许可条款的界面

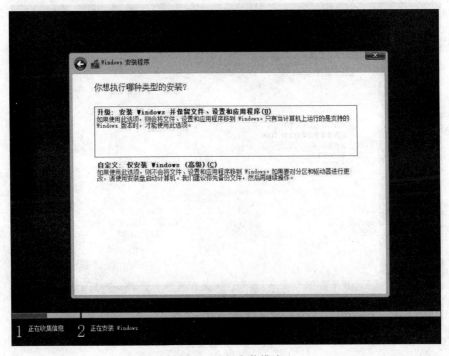

图 1-6　选择安装模式

步骤 8：选择完要安装的分区后，就会自动依次复制文件，准备安装文件，安装功能，安装更新等，如图 1-8 所示。最后重启系统后完成安装。

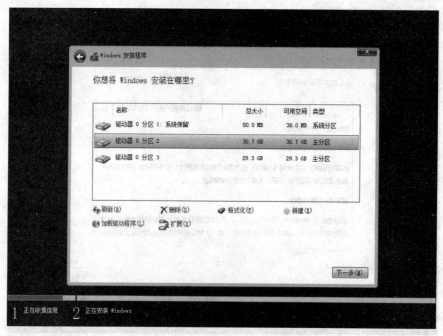

图 1-7　选择磁盘分区

图 1-8　完成安装

3. 重启并进入系统

步骤 1：安装完成后计算机将重新启动，启动后会出现登录的界面，如图 1-9 所示。

图 1-9　登录界面

步骤 2：在输入正确的密码并确定后，将进入 Windows 极其简洁的桌面环境并默认打开"服务器管理器"界面，如图 1-10 所示。

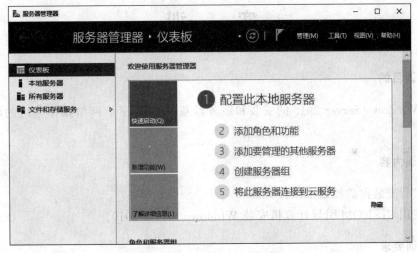

图 1-10　服务器管理器

服务器管理器是 Windows Server 中的管理控制台，可帮助 IT 专业人员从其桌面预配和管理基于 Windows 的本地和远程服务器，而无须物理访问服务器或启用远程桌面协议（RDP）与每个服务器的连接。相对于传统的界面来说，Windows Server 2019 的服务器管理器更容易让使用者将焦点放在服务器需要完成的任务上。它具有旧版本系统的所有功能，相比旧的系统更加智能，这些功能似乎并不会直接展示在技术员面前，而是当技术员需要它的时候出现，并且迅速地完成任务，使得需要技术员操作的地方更加简单、快捷。

在服务器管理器主窗口的左侧包含仪表板、本地服务器、所有服务器以及文件和存储服务等功能。默认情况下是显示的仪表板，即服务器管理器的欢迎界面和一些重要信息，比如服务器事件、日志等信息。本地服务器栏中显示了几乎全部的本地服务器信息。而文件和存储服务又分为服务器、存储池及卷。服务器主要显示当前所管理的服务器，可以将多个服务器同时进行管理，还可以使用各种筛选设置来选择指定的服务器；存储池可以将服务器中的硬盘添加到存储池中，然后再在存储池中包含虚拟磁盘和物理磁盘；卷就是 RAID 阵列的软件版，可以创建镜像、校验等。

在服务器管理器窗口顶部右侧的菜单栏分别有"管理""工具""查看"以及"帮助"菜单，

可以完成旧版本服务器管理器中的绝大多数任务。"管理"菜单中可以添加、删除角色和功能,添加服务器及创建服务器组。"工具"菜单中的东西非常多,这非常类似旧版本 Server 里的"管理工具"。"查看"菜单中可以调整整个面板的显示大小,可以更加方便地在不同设备(比如平板和高分辨率的显示器)之间切换等。"帮助"菜单中主要显示服务器管理器的帮助信息,比如帮助文件、TechCenter、TechNet Forum 等。

在菜单栏左边正常情况下会有一个小旗子,其功能类似于"操作中心"的提示,如果有新的通知或提示消息,它会以非常突出的形式显示。比如添加了一个功能,在安装阶段可以直接把向导关闭,这时就会显示在这个小旗子的地方,然后单击这个小旗子就可以看到具体的任务。在某些功能安装完毕后需要配置,小旗子旁就会显示一个感叹号,表示完成相关的配置。如果在安装过程中出现了错误,小旗子就会变成红色,提示发生了错误。

实　　训

1. 实训目的

掌握 Windows Server 2019 的安装和服务器基本配置,了解网络操作系统的功能及基本概念。

2. 实训内容

(1) 进行安装前的规划工作。

(2) 使用 CD-ROM 引导计算机安装 Windows Server 2019。

3. 实训要求

系统分区为 100GB,文件格式采用 NTFS,主机名为 wlos,IP 地址为 192.168.1.100。

习　　题

一、填空题

1. 网络操作系统是网络用户和_____之间的接口。

2. 网络操作系统为用户提供一个方便的接口,网络用户通过_____请求网络服务。

3. 网络操作系统应具有处理机管理、_____、设备管理、_____的功能。

4. UNIX 系统具有模块化的系统设计具体指_____模块和_____模块。

二、选择题

1. 在以下选项当中,不属于网络操作系统范畴的是(　　)。

　　A. UNIX　　　　B. DOS　　　　C. Linux　　　　D. Windows Server 2019

2. 网络操作系统是一种(　　)。

　　A. 系统软件　　　B. 系统硬件　　　C. 应用软件　　　D. 支援软件

3. 对网络用户来说,操作系统是指(　　)。

　　A. 能够运行自己应用软件的平台

　　B. 提供一系列的功能、接口等工具来编写和调试程序的裸机

　　C. 一个资源管理者

　　D. 实现数据传输和安全保证的计算机环境

4. 网络操作系统主要解决的问题是(　　)。

　　A. 网络用户使用界面

　　B. 网络资源共享与网络资源安全访问限制

　　C. 网络资源共享

　　D. 网络安全防范

5. 以下属于网络操作系统工作模式的是(　　)。

　　A. TCP/IP　　　　　　　　　　B. ISO/OSI 模型

　　C. Client/Server　　　　　　　D. 对等实体模式

三、简答题

1. 简述什么是网络操作系统。

2. 网络操作系统具有普通操作系统功能外,还应具有哪些主要功能?

3. 网络操作系统有哪些分类?

项目 2　用户及文件服务管理

项目描述：某公司随着规模的扩大，计算机数量不断增多，浏览互联网的速度越来越慢，后来发现不同的员工经常从互联网下载一些相同的常用软件；还有的员工反映自己共享的文件，有时候会被别人误删，影响正常使用。现需要解决这些问题。

项目目标：利用 Windows Server 2019 建立文件服务器，可将常用软件在服务器上作为共享文件发布，减少局域网出口带宽占用。在局域网内给员工分配不同权限的帐户，在使用共享文件时候的权限不同，以防止误操作。

任务 1　配置 Windows Server 2019 网络

任务描述：不同的网络操作系统、不同的网络应用模式，其网络组件的配置是相似的。为顺利组建对等网，方便使用共享资源，需要对操作系统做一些简单的设置，包括修改计算机名，配置网络属性等。

任务目标：通过学习，应当熟悉 Windows 网络基本配置的操作流程，了解相关的基础知识；能够正确选择组件中的各个参数，熟练掌握网络组件的配置方法。

2.1.1　配置计算机名

在 Windows 网络中，为了方便用户使用资源，需要给计算机规划一个名字。每台计算机的名称必须是唯一的。在 Windows Server 2019 系统中查看和更改计算机名既可以通过"文件资源管理器"入口，也可以通过"服务器管理器"入口。习惯 Windows 10 操作方式的读者可以使用"文件资源管理器"入口，而"服务器管理器"默认为自启动的组件，其管理功能更强大，操作也更简单。其操作步骤如下。

步骤 1：打开"服务器管理器"窗口，单击左侧导航栏中的"本地服务器"选项，如图 2-1 所示。

步骤 2：单击工作区中的计算机名链接，打开"系统属性"对话框，如图 2-2 所示。

步骤 3：在"系统属性"对话框的"计算机名"选项卡中可以看到计算机名及工作组名。如要修改，单击"更改"按钮，在如图 2-3 所示文本框中输入新计算机名，最后单击"确定"按钮，即可完成修改。

注意：修改计算机名及其他选项后，需要重启计算机后才能生效。

图 2-1　"服务器管理器"窗口

图 2-2　"系统属性"对话框

图 2-3　修改计算机名

2.1.2　配置 TCP/IP

为方便共享资源,除了需要给计算机配置一个机器名外,还要为计算机设置一个 IP 地址,才能够正常跟其他计算机通信。如果用户所在网络有 DHCP 服务器,可以自动获得 IP 地址。在大多数情况下,服务器需要用户手动配置一个由网络管理员分配的 IP 地址,具体操作既可以通过"文件资源管理器"入口,也可以通过"服务器管理器"入口。使用"服务器管理器"方式的步骤如下。

步骤 1:打开"服务器管理器"窗口,单击左侧导航栏中的"本地服务器"选项。

步骤 2:单击工作区中 Ethernet0 选项后的链接,打开"网络连接"窗口,双击工作区中的 Ethernet0 图标,出现"Ethernet0 状态"窗口,可看到网卡的连接状况;如要修改 IP 地址,单击"属性"按钮,在本地连接属性对话框中可以设置 IPv4 地址,先选择"Internet 协议版本 4(TCP/IPv4)"选项,再单击"属性"按钮,将出现如图 2-4 所示的对话框。

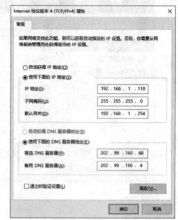

图 2-4　设置 TCP/IP 属性

步骤 3:再在对话中选择"使用下面的 IP 地址"选项,可对"IP 地址""子网掩码""默认网关"等进行修改。

任务 2　用户和组的管理

任务描述:组建网络后,为针对不同用户方便地对资源进行不同的管理与使用,首要的任务就是创建用户帐户和组帐户。

任务目标:通过帐户的管理和应用,了解用户帐户和组帐户的有关知识,养成使用"组帐户"进行管理的习惯,而不要逐一对单个帐户进行管理;掌握用户和组帐户的管理方法及使用方法。

2.2.1　用户帐户简介

用户是指计算机使用者。每个用户可以拥有一个或多个不同的用户帐户和密码。网络上的用户就像银行中的储户,储户到银行存取钱,必须先拥有帐户和密码,经银行验证之后才能操作。计算机网络用户也是如此,当每次登录时,要先输入用户帐户名和密码。经过网络的安全数据库验证合格后才可以进入。Windows Server 2019 网络具有很强的安全保护能力,用于确保只有系统的合法用户才能在 Windows Server 2019 操作系统中登录,而这种登录的权利是事先通过户管理授予的。

帐户名的命名规则是:在 Windows Server 2019 系统中设置的用户名必须唯一,即所用的用户名不能与计算机上的其他用户名或组名相同。所建立的用户名最多可以包含 20 个大写或小写的字符,但不能包含下列字符:" / \ [ ] : ; = , + * ? <>。

2.2.2 用户帐户的类型

根据创建用户帐户的位置和使用范围的不同,可以将帐户分为两种类型:本地用户帐户和域用户帐户。

(1) 本地用户帐户:本地用户帐户创建于非域控制器计算机,只能登录到创建时的计算机,主要应用于本机或对等网中。

(2) 域用户帐户:域用户帐户创建于域控制器,可以在网络中任何计算机上登录,使用范围是整个域。

此外,根据用户帐户创建形式的不同,可以将帐户分为两种类型:内置用户帐户和自定义用户帐户。

(1) 内置用户帐户:Windows Server 2019 系统自带的用户帐户,用于完成预定的任务。Windows Server 2019 系统中有两个内置用户帐户:Administrator 和 Guest。

- Administrator:系统的管理员帐户,具有最高权限,用于管理计算机或整个网络。
- Guest:来宾帐户。此帐户是为那些偶尔要访问计算机或网络,但又没有自己的用户帐户的用户使用的,它没有初始密码,权限也非常小,只能执行有限的操作。为了安全起见,在 Windows Server 2019 中,Guest 帐户默认是被禁用的。

(2) 自定义用户帐户:由系统管理员创建的用户帐户,其权限的大小、作用范围均由系统管理员来指定。

2.2.3 创建和管理本地用户帐户

在不同的网络操作系统中均会涉及用户的创建及管理。拥有帐户是用户能够登录到网络并使用网络资源的基础,因此帐户管理是网络管理中最常见的工作之一。采用工作组模式时,帐户管理是基于本机的,因此,下面建立的用户帐户,既可以在本地登录本机,也可以在远程登录本机。

1. 创建用户

步骤 1:在 Windows Server 2019 系统中,使用 Administrator 帐户登录后,选择"服务器管理器"中的"工具"/"计算机管理"命令,打开如图 2-5 所示的"计算机管理"窗口。

步骤 2:在"计算机管理"窗口中,打开左侧导航栏中"系统工具"/"本地用户和组",然后右击"用户"文件夹,在快捷菜单中选择"新用户"命令,打开如图 2-6 所示的"新用户"对话框。在此对话框中输入用户名和密码等信息,并根据情况选中密码属性后,单击"创建"按钮。

2. 删除用户

当系统中的某一个用户帐户不再被使用,或者管理员不再希望某个用户帐户存在于安全域中时,可将该用户帐户删除。

图 2-5　"计算机管理"窗口

图 2-6　"新用户"对话框

要删除一个用户帐户,在"计算机管理"窗口左侧栏选择"本地用户和组/用户",在工作区中右击要删除的用户,在快捷菜单中选择"删除"命令,出现信息确认框后,单击"是"按钮,即可删除该用户。

3. 停用用户

如果某个用户的帐户暂时不使用,可将其停用。例如,对于单位内长期出差的人员,可暂停其帐户的使用。停用帐户是为了防止其他用户假借暂时不使用的帐户登录。

停用用户帐户,在"计算机管理"窗口左侧栏选择"本地用户和组/用户",在工作区中右击要停用的用户帐户,在快捷菜单中选择"属性"命令,在如图 2-7 所示图中的"帐户已禁用(B)"选项前打"√",确认即可。

4. 分配权限

对于新创建的用户,必须使其拥有一定的

图 2-7　用户帐户属性

权限。为了便于对众多的用户进行管理,Windows Server 2019 沿用了 Windows NT 系统中的策略。通过将不同的用户添加到具有不同权限的组中,使该用户继承所在组的所有权限。同时作为管理员的用户也可以直接通过组来对多个用户帐户进行管理,这便减轻了对用户帐户的管理工作。

要为用户分配权限,打开该用户的属性对话框,如图 2-7 所示,单击"隶属于"选项卡,单击"添加"按钮,在"选择组"对话框的文本框中直接输入组名;也可以单击"高级"按钮,再单击"立即查找"按钮,在出现可选的用户组列表中选择,如图 2-8 所示。在组列表框中选择一个要添加的组,单击"确定"按钮,即可将用户添加到组。

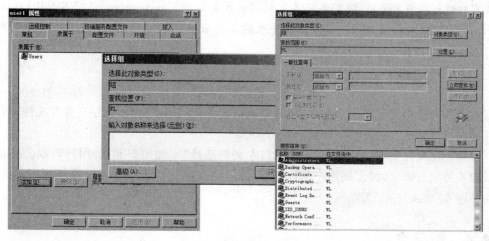

图 2-8　选择组

5. 重设密码

用户密码是用户登录时所必须使用的安全措施。当用户密码遗失或忘记的时候,需要通过管理员来重设密码。

要重设密码时,在"计算机管理"窗口左侧栏选择"本地用户和组/用户",右击该用户帐户,从快捷菜单中选择"设置密码"命令,在提示信息对话框中单击"继续"按钮,在随后的对话框中输入"新密码"及"确认密码"后确定即可。

6. 重命名帐户

Windows Server 2019 操作系统管理员默认的帐户是 Administrator,为了提高系统的安全性应该重新设置帐户名称,其他用户有需要时也可以修改帐户名称。要修改用户帐户的名称,在如图 2-5 所示"计算机管理"窗口左侧栏选择"本地用户和组/用户",右击要修改的用户帐户,在弹出的快捷菜单中选择"重命名"命令,即可在名称栏中对原有帐户名进行修改。

7. 指定用户帐户登录脚本

登录脚本是用户每次登录到计算机或网络时都自动运行的文件,登录脚本用来配置用户工作环境。要指定用户登录脚本,在"计算机管理"窗口左侧栏选择"本地用户和组/用户",双击要指定登录脚本的用户帐户,弹出该用户的属性对话框后,单击"配置文件"选项卡,如图 2-9 所示,然后将登录脚本的文件名输入"登录脚本"文本框中。

注意:登录脚本是扩展名为. bat 或. cmd 的批处理文件,扩展名为. exe 的可执行文件,VBScript 和 JScript 脚本文件等。如果此登录

图 2-9　"配置文件"选项卡

脚本要给域上的用户使用,则需要将其复制到域控制器的%systemroot%\SYSVOL\sysvol\domainname\scripts 文件夹内;如果此登录脚本要给本地用户使用,则需要将其复制到本地的共享名为 netlogon 共享文件夹内。

8. 指定用户帐户主文件夹

主文件夹是用于管理用户和数据的,指定主文件夹后,有的应用程序在保存文件时会自动存储在指定的用户主文件夹中。

要指定主文件夹,在"计算机管理"窗口左侧栏选择"本地用户和组/用户",双击要指定登录脚本的用户帐户,弹出该用户的属性对话框,单击打开"配置文件"选项卡,将主文件夹的路径输入"主文件夹"文本框。

2.2.4 组简介

组是 Windows Server 2019 从 Windows NT 系统继承下来的安全管理形式,它是指活动目录或本地计算机对象的列表,对象包含用户、联系人、计算机和其他组等。在 Windows Server 2019 中,组可以用来管理用户和计算机对网络资源的访问。

Windows Server 2019 组具有以下功能。

(1) 简化管理:有了组的概念之后,就可以将那些具有相同权限的用户或计算机划归到一个组中,使这些用户成为该组的成员,然后通过赋予该组权限来使这些用户或计算机都具有相同的权限,这就大幅减轻了管理员的用户帐户管理工作。

(2) 委派权限:域管理员可以使用组策略指派执行系统管理任务的权限给组,向组添加用户,用户将获得授予给该组的系统管理任务的权限。而且域管理员也可授予用户对域中所有组织单位的管理权限。

(3) 分发电子邮件列表:Windows Server 2019 向组的电子邮件帐户发电子邮件时,组中所有成员都将收到该邮件。

2.2.5 组的类型

在 Windows Server 2019 中,根据所包含的成员资格和访问资源,组可以分为以下两种类型。

1. 本地组

基于本地计算机实现,就像本地用户帐户一样,驻留在本地计算机的安全帐户数据库中。本地组只对创建他们的计算机有用,只有在该特定机器上定义的用户帐户才可能是本地组的成员。因此,本地组不包括其他机器上的用户,通过"计算机管理"窗口中的"本地用户和组"命令创建。

2. 域组

基于活动目录实现,驻留在域控制器上的活动目录数据库中。通过"Active Directory

用户和计算机"功能创建,有安全组和通信组两大类。每一类又分为本地域组、全局组和通用组 3 个作用域。

(1) 安全组:是用于将用户、计算机和其他组收集到的可管理的单位中,管理员可以为其指派权利和设置权限,具有安全功能,负责与安全相关的事件。

(2) 通信组:是用于通信的,负责与安全无关的事件。只用于分发电子邮件列表,是没有启用安全性的组,不涉及权限的设置。

Windows Server 2019 域组的有以下 3 种作用域。

(1) 本地域组:主要用于设置在其所属域内的访问权限,以便访问该域内的资源。域本地组存储在活动目录中。可以保护本域活动目录对象。在为资源授权时,仅在本域可见。在本机模式和 Windows Server 2019 域模式中可以包含本域用户,本域和信任域的用户、全局组和通用组。在混合模式中包含本域和信任域的用户和全局组。

(2) 全局组:主要用于组织用户,即可以将多个被赋予相同权限的用户帐户加入同一个全局组中。在为资源授权时,在整个域林范围内可见。在本机模式和 Windows Server 2019 域模式中可以包含本域的用户和全局组,在混合模式中只包含本域用户。

(3) 通用组:放于域林中,可以设定在所有域内的访问权限,以便访问每一个域内的资源。在为资源授权时,在整个域林范围内可见。通用组具备"通用领域"的特性,在本机模式和 Windows Server 2019 域模式中可以包含本域和信任域的用户、全局组和通用组。通用组在混合模式下不可用。

在 Windows Server 2019 中,根据组创建方式,可以分为以下两种。

(1) 用户自定义组:由管理员利用"本地用户和组"或"Active Directory 用户和计算机"工具创建的组。

(2) 内置组:在安装 Windows Server 2019 操作系统和活动目录时,由系统自动创建的组,有一组由系统事前定义好的执行系统管理任务的权利,可以执行相应的系统管理任务。管理员可以重命名内置组,但不能删除内置组。管理员也可以根据需要向内置组添加或删除成员。内置组又可以分为普通内置组和特殊内置组,其中,特殊内置组具有特殊功能的内置组,其成员由系统自动维护,管理员不能修改其成员。

2.2.6　创建和管理本地组

本地组是在非域控制器的计算机上创建。创建后驻留在本地计算机的安全帐户管理数据库中,只能授予本地组访问本地计算机的资源的权限和管理本地计算机的权利。本地组通过"本地用户和组"管理工具创建。在默认情况下,只有 Adminstrators 组和 Power Users 组成员能够创建本地组。本地组的管理包括向本地组添加成员,重命名本地组和删除本地组等系统管理任务。

1. 查看、创建本地组

在本地计算机上创建本地组的步骤如下。

步骤 1:选择"服务器管理器"中的"工具/计算机管理"菜单,打开"计算机管理"窗口,在左侧导航栏中选择"系统工具/本地用户和组"选项。单击"组"选项可以查看所有的组,如

图 2-10 所示。

图 2-10　本地用户和组

步骤 2：右击"组"，在弹出的快捷菜单中选择"新建组"命令，打开"新建组"对话框，如图 2-11 所示。

图 2-11　"新建组"对话框

步骤 3：在"组名"和"描述"文本栏中输入组名称和对组的描述，单击"添加"按钮可以添加成员。

步骤 4：单击"创建"按钮，可以创建本地组，然后单击"关闭"按钮。

2. 为本地组添加成员

组的主要功能之一是对用户帐户、计算机帐户和其他对象进行组织和管理，向组中添加的用户将自动获得赋予该组的权限。要为组添加成员，可参照以下步骤。

步骤 1：右击该组，在弹出的快捷菜单中选择"添加到组"或"属性"命令。

步骤 2：在打开的"属性"对话框中单击"添加"按钮，打开"选择用户"对话框，在"输入对象名称来选择"文本框中输入用户名或其他组名，如图 2-12 所示。

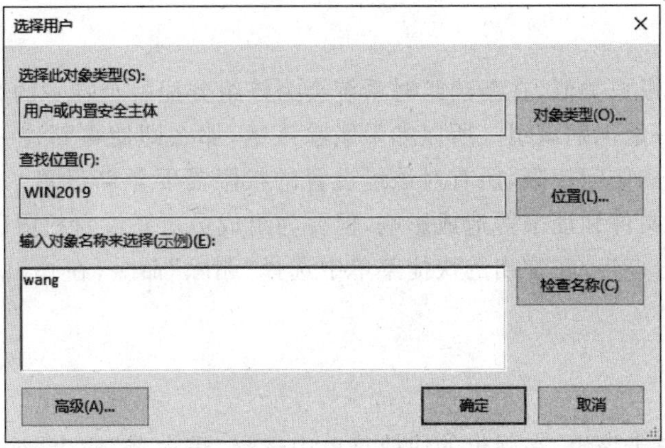

图 2-12 添加成员

步骤 3：或者在图 2-12 中单击"高级"按钮，打开另一个"选择用户"对话框后，再单击"立即查找"按钮，此时在对话框下面就会列出可以添加到该组的成员，包括了用户和系统的内置组，但不包括本地组。

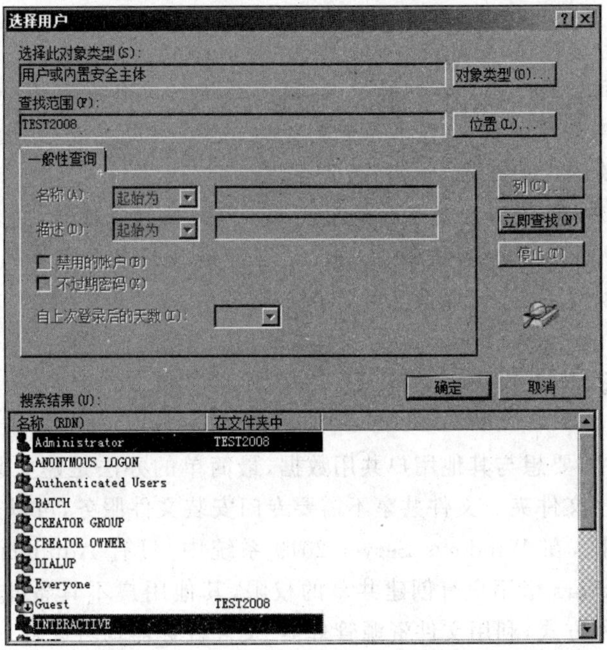

图 2-13 查找添加成员

注意：本地组只能包括某些系统的内置组，系统内置组不能包括本地组。

步骤 4：选中需要添加的用户或组，单击"确定"按钮，也可以按住 Ctrl 键的同时选择多个对象，如图 2-13 所示。

27

步骤 5：再单击"确定"按钮，回到"选择用户"对话框，这时可以看到已经选择的用户。单击"确定"按钮后关闭"选择用户"对话框，在组的属性对话框中，刚才选择的用户已经被添加到该组里。

3. 删除组

组帐户和用户帐户类似，在新建组时系统会为该组分配一个唯一的 SID，该 SID 也是不会重复的，用于唯一地识别该组。所以如果删除该组，那么即使再新建一个同名的组，也不能恢复原组的成员的访问权限，所有对该组设置的权限需要重新设置。即使误删除组后也不会对用户的加密文件和证书等造成影响，但要为组成员重新设置权限。

要删除组，右击该组，在弹出的快捷菜单中选择"删除"命令，在弹出的警告对话框中单击"是"按钮即可。

4. 重命名组

要重命名组，右击该组，在弹出的快捷菜单中选择"重命名"命令，这时组的名称就变成可编辑状态，直接为组输入新的名字并按 Enter 键即可。

注意：本地组的应用规则是把用户加入本地组，再对本地组设置权限。

任务 3　共享资源的管理

任务描述：建立好用户帐户和组帐户后，就可以进行工作组网络（对等网）资源的管理和使用。为确保共享资源的安全，资源管理时，应当能够实现资源的安全控制。此外，共享资源的管理一般可分为"发布"和"使用"两种操作。

任务目标：掌握共享资源的发布和使用技术。作为网络管理者，在发布共享资源时，应十分熟悉安全访问控制权限应用技术。此外，还应了解使用各种类型的共享资源的适用场合，以及显式共享、特殊共享、隐藏共享的特点与使用方法。

2.3.1　发布共享文件

在工作组网络中，要想与其他用户共用数据，最简单的办法是建立共享文件夹，把要共用的文件置于此共享文件夹。文件共享不需要专门安装文件服务，可以直接使用，但建立共享需要有一定的权限，在 Windows Server 2019 系统中，只有 Administrators 组和 Power Users/Server Operators 组用户有创建共享的权限，其他用户不具备此权限。文件夹共享的设置可以使用多种方式，利用文件资源管理器、文件服务器均可设置。

1. 利用文件资源管理器设置简单共享

在文件资源管理器中可以将文件夹设置为共享，操作非常简单，而且可以使用简单共享和高级共享。简单共享只能设置允许访问共享的用户帐户，以及简单的访问权限；高级共享不仅可以设置访问用户，而且可以设置连接数、共享名及脱机访问等。

步骤 1：选择文件资源管理器中的"本地磁盘"，右击工作区中的文件夹（如 test），在快捷菜单中选择"属性"命令，在如图 2-14 所示的窗口中选择"共享"选项卡。

步骤 2：在如图 2-14 所示的文件夹窗口中单击"共享"按钮，显示如图 2-15 所示的文件共享窗口。若在此窗口中直接单击下方的"共享"按钮，则默认 Everyone 组帐户以完全控制权限共享此文件夹。

步骤 3：若要自定义共享权限，可在文本框中输入或在用户下拉列表中选择允许访问该共享的用户帐户，然后单击"添加"按钮，将该用户添加到下方的用户列表中。在窗口用户列表选择某一用户，可在快捷菜单中为该用户帐户选择访问权限，包括读取、读取/写入权限；选择"删除"命令则可删除用户帐户，如图 2-16 所示。

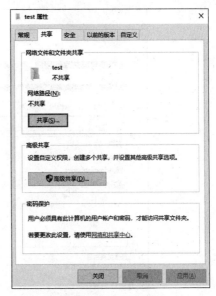

图 2-14　文件夹属性

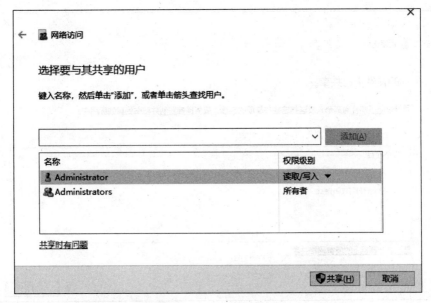

图 2-15　文件共享

步骤 4：设置完成后，单击"共享"按钮，提示该文件夹被共享，如图 2-17 所示。然后单击"完成"按钮后，将在文件夹属性窗口显示共享式文件夹的网络路径，如图 2-18 所示。

2. 在文件资源管理器中设置高级共享

通过高级共享功能可以设置、取消文件夹的共享，可对初次共享的文件夹设置共享名、权限、缓存等，对已共享的文件夹添加/删除共享名，并对不同的共享名设置不同的共享权限、缓存等。

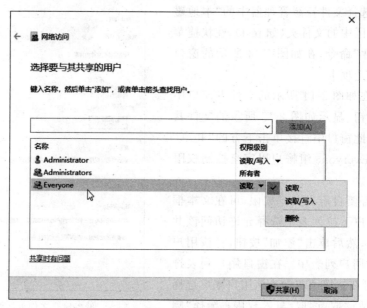

图 2-16　设置用户访问权限

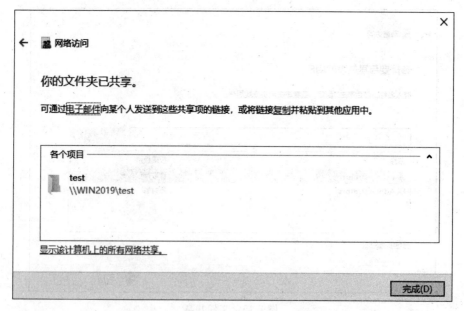

图 2-17　完成共享

　　步骤 1：在文件资源管理器中右击欲共享的文件夹，选择快捷菜单中的"属性"命令，打开文件夹属性窗口，选择"共享"选项卡，如图 2-18 所示。

　　步骤 2：单击"高级共享"按钮，显示如图 2-19 所示的"高级共享"对话框，选中"共享此文件夹"复选框即可共享此文件夹。在"共享名"文本框中可设置共享名称（初次共享），在"将同时共享的用户数量限制为"文本框中可设置同时连接的用户数量。

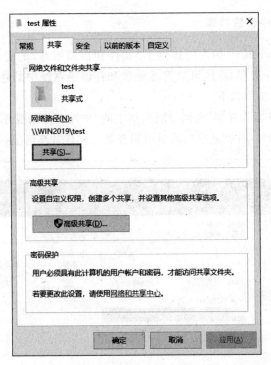

图 2-18 共享文件夹属性

步骤 3：单击"权限"按钮，显示如图 2-20 所示的对话框，用于设置访问权限，默认已添加了 Everyone 帐户。可单击"添加"按钮添加允许访问共享文件夹的用户帐户，并在权限列表中选择权限。

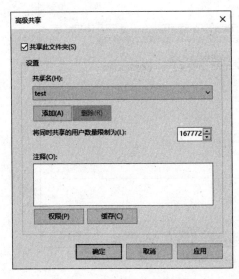

图 2-19 "高级共享"对话框

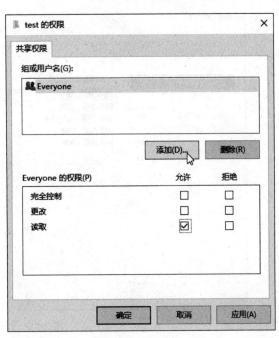

图 2-20 设置权限

3. 在文件服务器中设置共享

在 Windows Server 2019 中专门提供了"文件和存储服务"的管理,此功能不仅可以管理在网络上共享的文件夹和卷,还可以管理磁盘和存储子系统中的卷。使用"文件和存储服务"创建共享文件夹的步骤如下。

步骤 1:单击"服务器管理器"左侧导航窗格中的"文件和存储服务",在出现的服务器窗口中单击左侧二级导航窗口中的"共享",将显示服务器上文件共享情况,如图 2-21 所示。

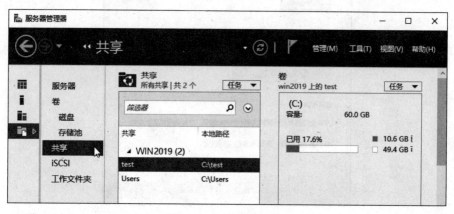

图 2-21　文件共享窗口

步骤 2:在如图 2-21 所示的共享窗口工作区右击,选择快捷菜单中的"新建共享…"命令,或在任务下拉列表中选择"新建共享…"命令,将出现如图 2-22 所示的新建共享向导。首先可为此共享选择配置文件,然后单击"下一步"按钮。

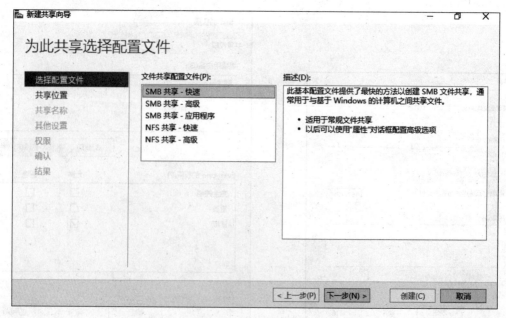

图 2-22　新建共享向导

步骤 3：在出现的"共享位置"向导界面中可以选择服务器（多服务器情况下）、共享卷、共享自定义的文件夹。若选择共享卷则会默认共享选定卷上\shares目录中的文件，否则需要在"键入自定义路径"文本框中输入共享文件夹的绝对路径，或单击"浏览"按钮选择文件夹，如图 2-23 所示。

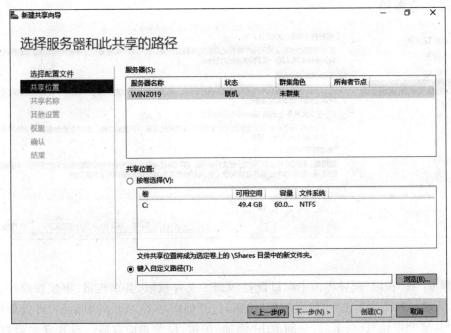

图 2-23　确定共享位置

步骤 4：确定好共享位置后，单击"下一步"按钮，在"共享名称"向导界面中，如图 2-24 所示，可修改共享名，然后单击"下一步"按钮。

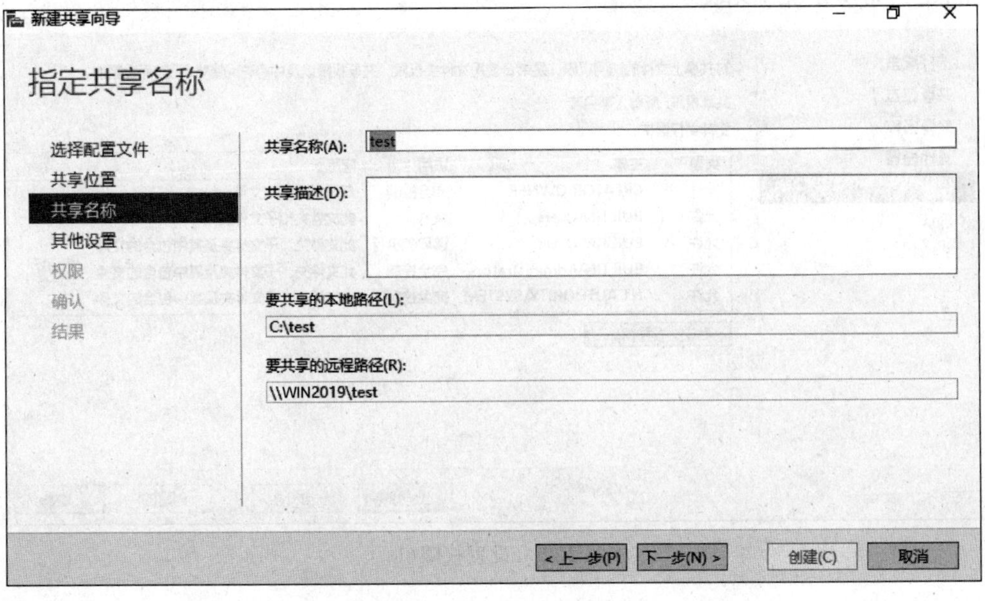

图 2-24　指定共享名

步骤 5：在"其他设置"向导界面，可根据需要选中"启用基于存取的枚举""允许共享缓存""加密数据访问"选项，如图 2-25 所示。然后单击"下一步"按钮。

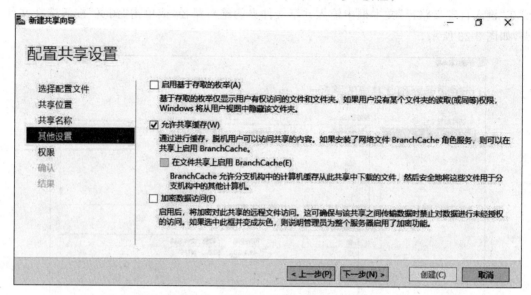

图 2-25 其他设置

步骤 6：在"权限"向导界面中可以设置 NTFS 文件权限、共享权限、审核权限等。在如图 2-26 所示的界面中单击"自定义权限"按钮，打开如图 2-27 所示的对话框，可以分别选择"权限""共享""审核"选项卡后，分别单击"添加"按钮，设置相应权限。设置完成后单击"下一步"按钮。

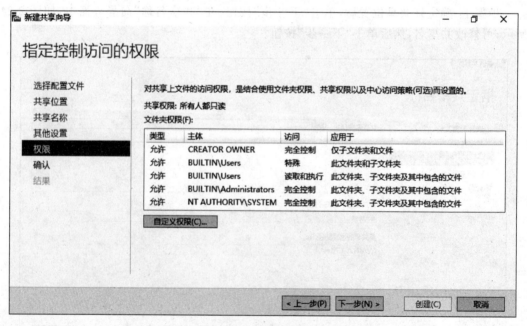

图 2-26 设置权限(1)

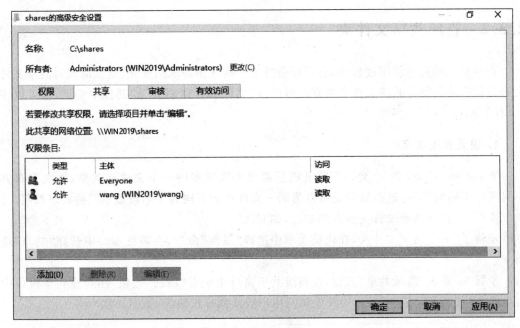

图 2-27 设置权限(2)

步骤 7：在"确认"向导界面中，如图 2-28 所示，如果确认无误后，单击"创建"按钮，即可在"结果"向导界面中看到共享创建成功。然后单击"关闭"按钮，完成共享文件夹的创建。

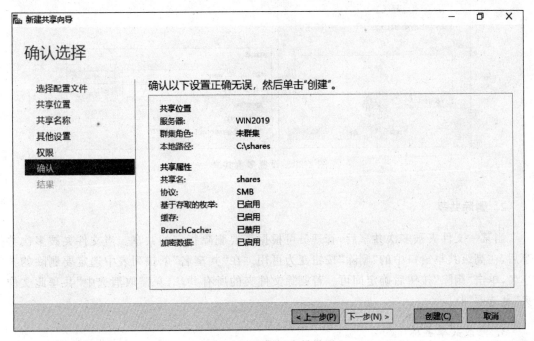

图 2-28 "确认"向导界面

2.3.2 管理共享文件夹

在共享文件夹的使用过程中,有可能会发生一些应用需求的变化,这就需要对共享文件夹进行相应的调整。共享文件夹的管理可以在"文件和存储服务"控制台中实现,也可以在"文件资源管理器"中实现。

1. 设置多重共享

Windows Server 2019 允许管理员根据需要多次发布同一个文件夹共享,每次发布共享可使用不同的名称,进而管理员可以为同一文件夹的不同共享名设置不同的共享权限。

步骤 1:打开共享文件夹所在的位置,如 C:\。

步骤 2:右击共享文件夹,在快捷菜单中选择"属性"命令,在属性窗口中选择"共享"选项卡。

步骤 3:单击"高级共享"按钮,在高级共享窗口中单击"添加"按钮,在新建共享窗口中可以输入"共享名""描述"及确定并发访问用户数及共享权限等,如图 2-29 所示。

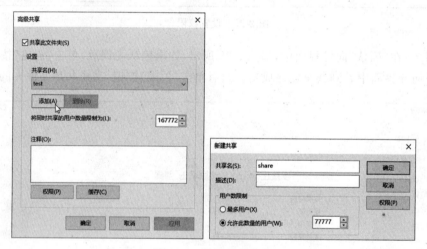

图 2-29 设置多重共享

2. 删除共享

当某一文件夹被多次共享后,管理员可根据需要删除指定的共享。当文件夹被多次共享后,在高级共享窗口中的"删除"按钮变为可用。在"共享名"下拉列表中选定要删除的共享名,单击"删除"按钮后确定即可。若删除文件夹的所有共享,只需取消选中"共享此文件夹"复选框即可。

3. 修改共享名称

Windows Server 2019 不能直接修改文件夹的共享名称。如果要修改文件夹的共享名,则只能删除旧共享后,再重新创建新共享名。需要注意的是,修改已共享的文件夹名,将导致其共享属性消失。

2.3.3　共享文件夹权限

通过共享文件夹权限可以控制用户通过网络对共享文件夹下的文件和子文件夹进行操作,从而确保共享文件夹下数据的安全。用户通过网络访问共享文件夹,必须拥有系统明确赋予共享文件夹的共享权限。共享文件夹权限仅应用于通过网络访问共享文件夹下的文件资源,通过本机访问共享文件夹下的文件资源时系统忽略共享文件夹权限。

在默认情况下,当把一个文件夹共享之后,系统会自动为该文件夹设置一个 Everyone 组,该组对共享文件夹有"完全控制"的访问权限,每一个通过网络来访问该文件夹的用户会被自动添加到该组中,而不管用户原先属于哪个组。因此在高安全性的网络中,Everyone 则是一个值得注意的组。

Windows Server 2019 共享文件夹权限只有"完全控制""更改"和"读取"三种。

(1) 完全控制:在更改权限基础上,能够修改文件权限,获得文件所有权。

(2) 更改:在读取权限基础上,能够创建和删除文件和文件夹,修改子文件和子文件夹的内容和属性。

(3) 读取:用户可通过网络读取该共享文件夹下文件的属性、内容和权限,运行共享文件夹下的应用程序,但不能修改共享文件夹下的属性、内容。

利用共享文件夹可以将文件资源发布到网络中,对该共享文件夹的控制可以通过共享文件夹权限来实现。与 NTFS 权限不同的是共享文件夹权限将只能控制对文件夹一级的访问,即不能设置用户对文件的访问权限。

共享文件夹权限只对从网络中访问过来的用户起作用,如果用户从共享文件夹所在的计算机上本地登录,共享文件夹权限不能限制用户对资源的访问。因此需要使用 NTFS 权限来限制本地登录用户的访问,因为 NTFS 具有本地安全性。

从网络中访问共享文件夹的用户可能属于不同的组,而这些不同的组可能被授予访问该共享文件夹不同的权限,用户最终的权限将由以下规则来确定。

(1) 权限最大法则。当用户属于不同的组,而这些不同的组被授予访问该文件夹不同的权限时,最终的权限将是用户所在组中被授予的最宽松的权限起作用,即加权限。

(2) "拒绝"权限超越其他权限。如果用户被授予了对某共享文件夹"拒绝"的权限,则最终该权限为用户访问共享文件夹的权限,而不管用户在所属的其他组中是被授予何种权限。

(3) 共享文件夹权限和 NTFS 权限取最严格的权限。当共享文件夹同时被授予共享文件夹权限和 NTFS 权限时,最终的权限将是这两种权限中最严格的权限。

管理员可根据需要设置、修改共享文件夹权限。其操作步骤如前所述,可在共享属性窗口中单击"高级共享"按钮设置即可。

2.3.4　使用共享文件

当设置好共享文件夹之后,网络上的用户就可以通过网络访问该共享文件夹。在 Windows 中,有多种方法通过网络访问一个共享文件夹。

1. 使用"网上邻居"

步骤 1：双击"网络"图标，打开"网络"窗口，如图 2-30 所示。

图 2-30 "网络"窗口

步骤 2：单击有共享文件夹的计算机，则会提示输入"用户名"和"密码"，如图 2-31 所示。正确输入后，单击"确定"按钮，则会看到共享文件夹的窗口。

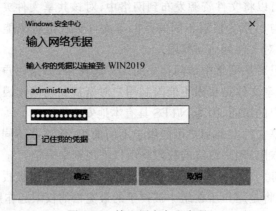

图 2-31 输入用户名和密码

2. 映射网络驱动器

步骤 1：右击"网络"图标，在弹出的快捷菜单中选择"映射网络驱动器"命令。

步骤 2：在"映射网络驱动器"对话框中的"驱动器"下拉菜单中选中一个字符作为该网络驱动器的盘符；在"文件夹"编辑框中可以直接输入网络驱动器的路径，路径形如\\server\share_name，如图 2-32 所示。也可以单击"浏览"按钮，在"浏览文件夹"对话框中找到共享文件夹即可。

步骤 3：勾选"登录时重新连接"复选框后，则当用户登录到计算机上的时候系统自动恢复与该共享文件夹的连接，否则需要用户自己手动建立连接。

步骤 4：单击"完成"按钮，则提示输入"用户名"和"密码"，正确输入后单击"确定"按钮即可。

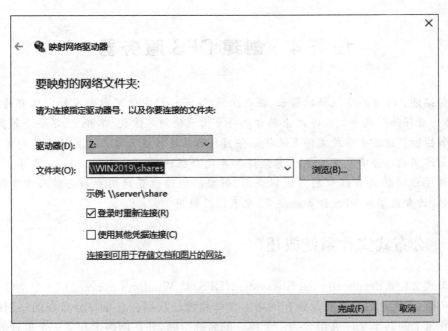

图 2-32　"映射网络驱动器"对话框

步骤 5：双击"计算机"图标后，将出现网络驱动器表示符，如图 2-33 所示。可以与本地驱动器一样正常使用。

图 2-33　网络驱动器

3. 使用 UNC 路径

UNC 即通用命名标准。使用格式为：\\计算机名称\共享名。可在"映射网络驱动器"对话框、"运行"对话框和地址栏中直接使用。

在 Windows 的任务栏搜索对话框或者"运行"对话框中输入 UNC 路径，如\\WIN2019\shares，单击"确定"按钮后，出现提示输入"用户名"和"密码"的对话框，正确输入后，单击"确定"按钮，将打开共享文件夹。

任务 4   创建 DFS 服务器

任务描述：随着网络规模的增长，在企业网(Intranet)中使用内部或外部现有的存储空间，把单一盘符映射到个别共享之上的方法将会出现使用不方便、不稳定、不安全等弊端。

任务目标：通过分布式文件系统将服务器和共享连接成为简单且更具意义的名称空间来解决上述问题。分布式文件系统卷允许共享被分级连接至其他 Windows 共享。通过分布式文件系统将物理存储映射为逻辑表示，数据的物理位置对用户和应用而言变得透明。通过学习，读者应掌握 DFS 服务的安装、配置以及应用。

2.4.1   分布式文件系统概述

分布式文件系统(distributed file system,DFS)是 Windows Server 2019 中文件服务器的一个功能，它能让用户更容易地在网络上查询和管理数据。它是将分布在同一网络中不同的计算机上的共享文件夹组合为一个单一的名称空间，并在网络上建立一个单独的、层次化的多重文件服务器系统，使得使用共享更为方便。

分布式文件系统利用 DFS 命名空间组织和管理网络中的共享文件夹。命名空间的基本结构可以包含位于不同服务器以及多个站点中的大量共享文件夹。使用分布式文件系统，用户可方便地访问和管理物理上分布在网络中各文件服务器上的文件资源。

"命名空间"是组织内共享文件夹的一种虚拟视图。命名空间的路径与共享文件夹的通用命名约定(UNC)路径类似，如\\Server1\Public\Software\Tools。在图 2-34 中，共享文件夹 Public 及子文件夹 Software 和 Tools 均包含在 Server1 上。

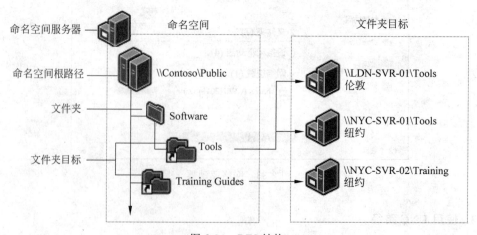

图 2-34   DFS 结构

图 2-34 中的内容说明如下。

- 命名空间服务器：命名空间服务器承载命名空间。命名空间服务器可以是成员服务器、域控制器或独立服务器。
- 命名空间根路径：命名空间根路径是命名空间的起点。在图 2-34 中，根目录的名称为 Public,命名空间的路径为\\Contoso\Public。如果命名空间路径以域名开头(例如 wl.com),此类型命名空间是基于域的命名空间,并且其元数据存储在 Active Directory 域服务(ADDS)中。尽管图 2-34 显示单个命名空间服务器,但是基于域的命名空间可以存放在多个命名空间服务器上,以提高命名空间的可用性。如果命名空间路径以计算机名开头(如 Contoso),则这是一个独立的命名空间。命名空间根目录对应到命名空间服务器内的一个共享文件夹,它必须位于 NTFS 分区。

- 文件夹:虚拟的文件夹,其目标是对应到其他服务器内的共享文件夹。没有文件夹目标的文件夹将结构和层次结构添加到命名空间,具有文件夹目标的文件夹为用户提供实际内容。用户浏览命名空间中包含文件夹目标的文件夹时,客户端计算机将收到透明地将客户端计算机重定向到一个文件夹目标的引用。

- 文件夹目标:文件夹目标是共享文件夹或与命名空间中的某个文件夹关联的另一个命名空间的 UNC 路径。文件夹目标是存储数据和内容的位置。在图 2-34 中,名为 Tools 的文件夹包含两个文件夹目标,一个位于伦敦,另一个位于纽约;名为 Training Guides 的文件夹包含一个文件夹目标,位于纽约。浏览到\\Contoso\Public\Software\Tools 的用户透明地重定向到共享文件夹\\LDN-SVR-01\Tools 或\\NYC-SVR-01\Tools(取决于用户当前所处的位置)。

注意:文件夹可以包含文件夹目标或其他 DFS 文件夹,但是不能在文件夹层次结构中的同一级别同时包含两者。

由此可见,分布式文件系统可以实现以下功能。

(1) 通过单个访问点可组织和访问网络中所共享文件夹。DFS 利用树形结构组织和管理网络中的共享文件夹。一个 DFS 系统首先要有一个 DFS 命名空间,这个命名空间根路径就是树形结构的根,其实是一个共享文件夹。在根中包含多个 DFS 链接(DFSlink),DFS链接指向网络中某个服务器的共享文件夹,这样用户只需要连接"\\DFS 服务器\DFS 命名空间",就可以看到整个网络中的共享资源。

(2) 用户访问文件更加容易。DFS 使用户更加容易访问共享文件夹中的文件。即使文件分布在网络中的多个文件服务器上,用户只需要连接到 DFS 命名空间即可访问文件。当更改共享文件夹的物理位置时,DFS 不会影响用户访问共享文件夹,因为通过 DFS 对用户来说所有看到的共享文件夹的位置未发生变化。由于 DFS 采用树形结构可将网络中的所有共享文件夹通过命名空间组织起来,用户不再需要多个网络驱动器映射即可访问所需要的文件。

(3) 增强的可用性。Windows Server 2019 操作系统支持两种 DFS 根:独立的 DFS 和域 DFS。域 DFS 采用以下方法确保用户对所共享文件的访问。

① 服务器自动将 DFS 映射发布到活动目录中,确保 DFS 的名称空间对于所有域用户总是可见的。

② 域 DFS 中,管理员可复制 DFS 命名空间和 DFS 文件夹。复制是指可将 DFS 命名空间和 DFS 文件夹复制到网络中多个指定的文件服务器。通过复制功能可以确保网络中某个服务器不可用时,用户仍然可以访问需要的共享文件夹资源。

(4) 文件资源访问负载平衡。域 DFS 的命名空间可以驻留在网络中的多个服务器上,当多个用户频繁访问某个文件时,可将该文件分布到多个文件服务器上。DFS 可确保用户对该文件的访问自动分布到多个服务器上,而不是单独访问某个服务器,从而实现负载平衡。

(5) 文件和文件夹安全。通过 DFS 访问共享文件夹时使用标准的 NTFS 权限和共享权限,管理员可通过安全组和用户帐户确保只有授权的用户才能访问重要数据。

2.4.2 安装 DFS 服务

在 Windows Server 2019 中,DFS 作为文件服务组件之一,在安装操作系统时并没有被默认安装。其具体安装步骤如下。

步骤 1:在服务器管理器仪表板工作区单击"添加角色和功能"链接,将出现"开始之前"向导界面,在此界面中提示了一些应提前完成的任务,如图 2-35 所示。确认无误后单击"下一步"按钮。

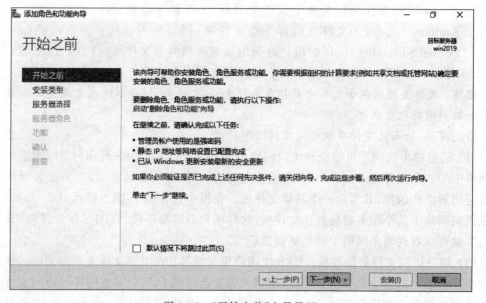

图 2-35 "开始之前"向导界面

步骤 2:在"安装类型"向导界面中可以选择是为本地服务还是为远程桌面服务,在此可选择"基于角色或基于功能的安装",即配置为本地物理机上的服务,如图 2-36 所示,然后单击"下一步"按钮。

步骤 3:在"服务器选择"向导界面中可以在选择本地服务器还是虚拟磁盘上安装,在此可选择"从服务器池中选择服务器"单选按钮,如图 2-37 所示,然后单击"下一步"按钮。

步骤 4:在"服务器选择"向导界面中,在角色列表中打开"文件和存储服务"目录树,再打开其二级目录"文件和 iSCSI 服务",如图 2-38 所示。选中"DFS 复制"和"DFS 命名空间"选项,然后单击"下一步"按钮。

步骤 5:在"功能"向导界面中,可根据需要在功能列表中选中相关选项,在此也可直接单击"下一步"按钮继续。

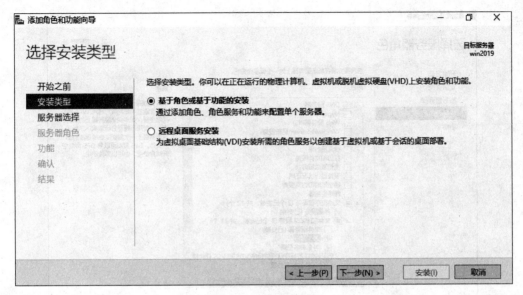

图 2-36　选择安装类型

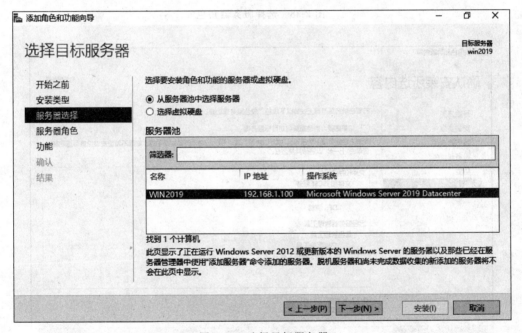

图 2-37　选择目标服务器

　　步骤 6：在"确认"向导界面中显示出安装的服务及工具，如果有需要，还可以单击"导出配置设置"及"指定备用源路径"链接进行设置，如图 2-39 所示。然后单击"安装"按钮开始安装。

　　步骤 7：在安装进度界面中可以显示出安装进度及安装结果，安装完成后单击"关闭"按钮即可。

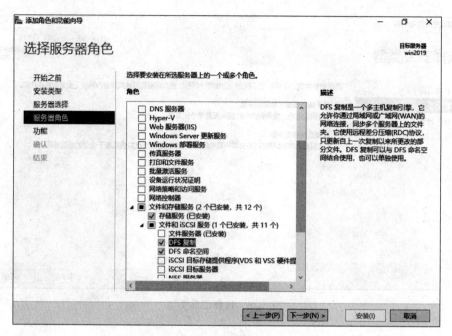

图 2-38　选择服务器角色

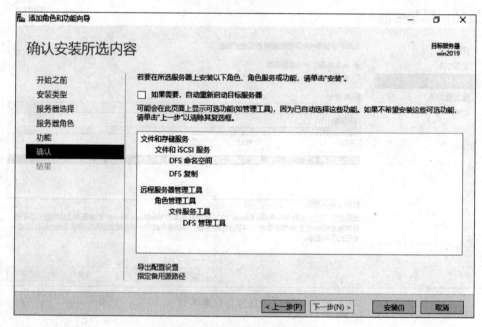

图 2-39　确认安装所选内容

2.4.3　配置 DFS 服务器

　　在安装完 DFS 服务之后,还应根据需求对服务器做进一步的配置。配置管理也是网络管理员主要的工作内容之一。

1. 新建 DFS 命名空间

步骤 1：单击"服务器管理器中"中的"工具/DFS management"菜单，打开 DFS 管理控制台，如图 2-40 所示。

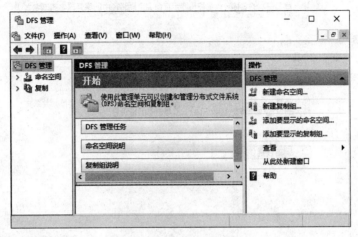

图 2-40 DFS 管理控制台

步骤 2：单击 DFS 管理控制台右侧操作栏中的"新建命名空间"命令，打开"新建命名空间向导"向导界面，在"服务器"文本框中输入相应的名称，如图 2-41 所示。

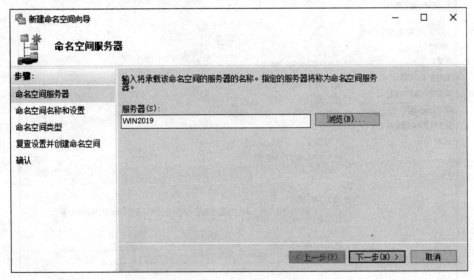

图 2-41 输入服务器名称

步骤 3：单击"下一步"按钮，在"命名空间名称和设置"向导界面中的"名称"文本框输入空间名称，如图 2-42 所示。再单击"编辑设置"按钮可以指定共享文件夹的本地路径（如果使用原有文件夹）及权限等。

步骤 4：单击"下一步"按钮，选择要创建的 DFS 命名空间的类型（如果系统没有安装域，只能选择独立 DFS 命名空间），如图 2-43 所示。

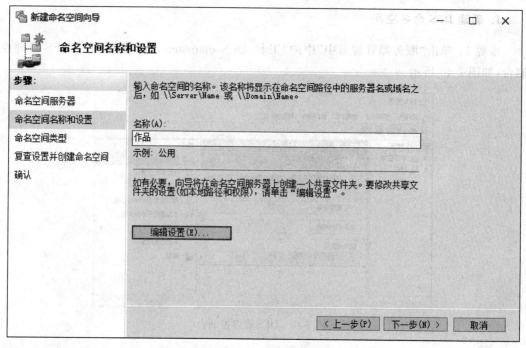

图 2-42　输入命名空间名称

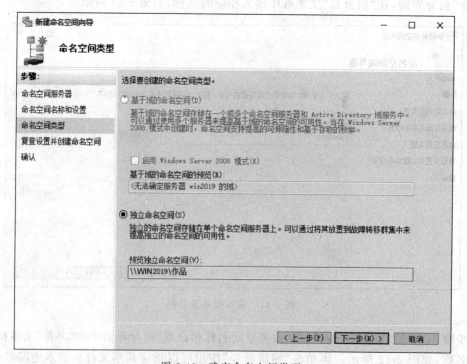

图 2-43　确定命名空间类型

步骤 5：单击"下一步"按钮，将出现如图 2-44 所示的"复查设置并创建命名空间"向导界面中，单击"创建"按钮完成 DFS 命名空间创建。最后确认后，单击"关闭"按钮。

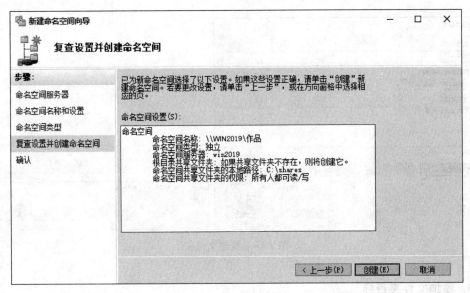

图 2-44　复查设置

2. 在命名空间中创建文件夹

步骤 1：在 DFS 管理器控制台中，打开左侧命名空间目录树，选中要添加目标文件夹的命名空间，如图 2-45 所示。

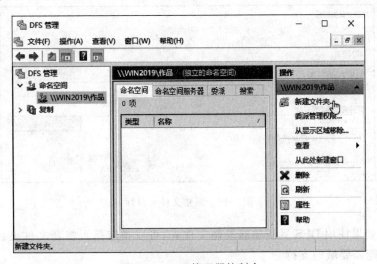

图 2-45　DFS 管理器控制台

步骤 2：单击窗口右侧操作栏中的"新建文件夹"命令，打开"新建文件夹"对话框，如图 2-46 所示。在"名称"文本框中输入新文件夹的名称，然后要将一个或多个文件夹目标添加到该文件夹中。单击"添加"按钮，输入目标文件夹路径或单击"浏览"按钮进行选择或新建文件夹，然后再单击"确定"按钮。

注意：添加多个文件夹目标可以提高命名空间中文件夹的可用性。

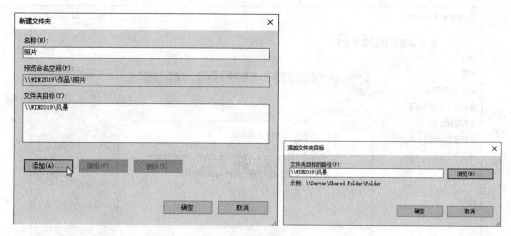

图 2-46 新建文件夹

3. 添加文件夹目标

步骤 1：在 DFS 管理器控制台中，打开窗口左侧的命名空间目录树，选中将要添加目标文件夹的文件夹。

步骤 2：单击窗口右侧操作栏中的"添加文件夹"命令，在图 2-47 中输入文件夹目标路径或单击"浏览"按钮进行选择，然后单击"确定"按钮。

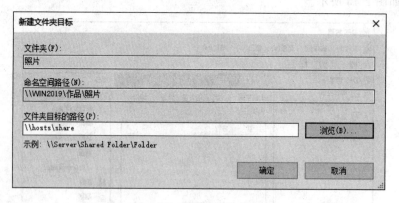

图 2-47 新建文件夹目标

步骤 3：如果使用 DFS 复制功能复制文件夹，可以指定是否将新文件夹目标添加到复制组，但此功能需要域的支持。

注意：文件夹可以包含文件夹目标或其他 DFS 文件夹，但是不能在文件夹层次结构中的同一级别同时包含两者。

4. 添加复制进行容错

可以使用 DFS 复制来保持文件夹目标内容的同步，这样无论客户端计算机引用哪个文件夹目标，用户均可以看到相同的文件。这些客户的请求可以跨越所有驻留该复制的服务器进行分布，提供容错和负载平衡。使用"DFS 复制"复制文件夹目标的步骤如下。

步骤 1：在 DFS 管理控制台树中的"命名空间"节点下选中击包含两个或更多的文件夹目标的文件夹，然后在右侧操作栏中单击"复制文件夹"命令。

步骤 2：按照复制文件夹向导中指示操作。

注意：复制不会立即开始。要在文件夹目标上配置复制，命名空间服务器必须允许在域控制器上，并且复制组中的每个成员必须轮询最接近的域控制器，以获取这些设置。该操作所花费的时间取决于 ADDS 复制延迟以及每个成员的长轮询间隔（60 分钟）。

说明：DFS 复制是一种有效的多主机复制引擎，可用于保持跨有限带宽网络连接的服务器之间的文件夹同步。它将文件复制服务（FRS）替换为用于 DFS 命名空间以及用于复制使用 Windows Server 2019 域功能级别的域中的 Active Directory 域服务（ADDS）SYSVOL 文件夹的复制引擎。

DFS 复制使用一种称为远程差分压缩（RDC）的压缩算法。RDC 检测对文件中数据的更改，并使 DFS 复制仅复制已更改文件块而非整个文件。

若要使用 DFS 复制，必须创建复制组并将已复制文件夹添加到组。复制组、已复制文件夹和成员在图 2-48 中进行了说明。

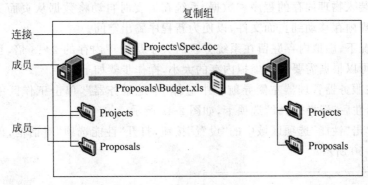

图 2-48　DFS 复制组成

如图 2-48 所示，复制组是一组称为"成员"的服务器，它参与一个或多个已复制文件夹的复制。"已复制文件夹"是在每个成员上保持同步的文件夹。图中有两个已复制文件夹：Projects 和 Proposals。每个已复制文件夹中的数据更改时，将通过复制组成员之间的连接复制更改。所有成员之间的连接构成复制拓扑。

如果在一个复制组中创建多个已复制文件夹，可以简化部署已复制文件夹的过程，因为该复制组的拓扑、计划和带宽限制将应用于每个已复制文件夹。若要部署其他已复制文件夹，可以使用 Dfsradmin.exe 或按照向导中的说明来定义新的已复制文件夹的本地路径和权限。

每个已复制文件夹具有唯一的设置，例如文件和子文件夹筛选器，以便可以为每个已复制文件夹筛选出不同的文件和子文件夹。

存储在每个成员上的已复制文件夹可以位于成员中的不同卷上，已复制文件夹不必是共享文件夹也不必是命名空间的一部分。但是，"DFS 管理"管理单元使得易于共享已复制文件夹，并选择性地在现有命名空间中发布它们。

任务5 环 境 设 置

任务描述：为形成独特的企业文化，需要统一桌面环境；为了优化系统使用体验，需要加速系统运行速度；为了防止因系统崩溃而数据丢失，需要有合理的容灾措施等。

任务目标：通过系统属性设置，优化系统性能，增强用户对网络中计算机的控制和管理。如通过用户配置文件，自定义用户的桌面环境；通过对启动和故障恢复的管理，查看或修改系统启动、系统失败和调试信息。

2.5.1 配置虚拟内存

Windows Server 2019 使用虚拟内存来运行所需内存大于计算机物理内存的应用程序。虚拟内存是物理磁盘上的一部分硬盘空间，用于模拟内存，优化系统的性能，使系统更好地工作。虚拟内存以特殊文件形式存放在硬盘驱动器上，也称页面文件（pagefile.sys）。用于存放不能装入物理内存的程序和数据，系统在需要时自动将数据从页面文件移动到物理内存或从物理内存移动到页面文件，以便为新程序腾出空间。

在默认情况下，虚拟内存驻留在系统分区的大小是物理内存的 2~3 倍，且系统会自动设置。管理员可以根据需要调整虚拟内存的大小，操作步骤如下。

步骤 1：在服务器管理器左侧导航栏中选择"本地服务器"，单击工作区中计算机名链接，打开系统属性后，选择"高级"选项卡，如图 2-49 所示。

步骤 2：单击"性能"选项区域中的"设置"按钮，打开"性能选项"对话框，再单击"高级"选项卡，如图 2-50 所示。

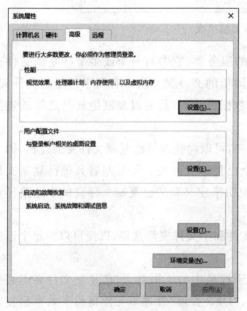

图 2-49 "系统属性"对话框

图 2-50 "性能选项"对话框

步骤 3：单击虚拟内存选项区域内的"更改"按钮，打开"虚拟内存"对话框，如图 2-51 所示。

步骤 4：取消选中"自动管理所有驱动器的分页文件大小"复选框后，在"驱动器"列表框中选择要驻留虚拟内存的驱动器，在所选驱动器的页面文件大小框中选择"自定义大小"单选按钮，并在"初始大小"和"最大值"文本框中输入页面文件的值，单击"设置"按钮，最后单击"确定"按钮即可。

2.5.2　启动和故障恢复设置

启动和故障恢复选项可指定计算机启动时的默认操作系统，以及系统意外停止时将执行的应用程序。配置启动和故障恢复策略的操作步骤如下。

步骤 1：在如图 2-49 所示的"系统属性"的"高级"选项卡中，单击"启动和故障恢复"选项区域中的"设置"按钮，打开"启动和故障恢复"对话框，如图 2-52 所示。

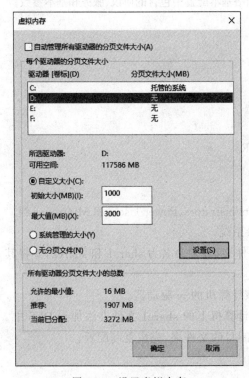

图 2-51　设置虚拟内存

图 2-52　"启动和故障恢复"对话框

步骤 2：在"默认操作系统"下拉式列表中选择计算机启动时的默认操作系统。

步骤 3：选中"显示操作系统列表的时间"复选框，然后输入计算机在自动启动默认操作系统之前显示操作系统列表时间。

步骤 4：在"系统失败"选项区域中指定在系统意外终止时 Windows 所要采取的故障恢复操作，包括将事件写入系统日志、自动重新启动及写入调试信息等。

实　　训

1．实训目的

（1）了解网络基本配置中包含的协议、服务和基本参数。

（2）掌握 Windows Server 2019 系统共享目录的设置和使用方法。

（3）掌握本地帐户和本地组的创建方法，体会"本地"的含义。

（4）掌握设置文件和文件夹共享及其使用的方法。

（5）掌握创建和使用分布式文件系统的方法。

2．实训内容

（1）设置计算机的主机名称和网络参数，了解网络基本配置中包含的协议、服务和基本参数。

（2）设置和使用共享文件。

（3）创建和使用分布式文件系统。

（4）创建本地帐户和本地组。

3．实训要求

（1）设置主机名为 WLOS。

（2）创建本地用户 USER1、USER2 和 USER3。

（3）更改用户 USER3 的密码。

（4）创建 MyGroups 组。

（5）将 USER1、USER2、USER3 分别加入 Administrators、Power Users 和 MyGroups组。

（6）分别用 USER1、USER2 和 USER3 登录系统。

（7）在邻近计算机的磁盘上设置 2 个共享文件夹，分别命名为 share1 和 share2，并将其设置为 Everyone 组的用户可以完全控制。

（8）在本计算机上将 share1 文件夹映射为该计算机的 w 驱动器。

（9）在本计算机上建立 DFS 根目录，将邻近计算机上的 share1 文件夹添加到 DFS 中。将邻近计算机的 share2 文件夹作为 DFS 副本复制目的文件夹，完成复制配置。

习　　题

一、填空题

1．拥有_____是计算机接入网络的基础，拥有_____是用户登录到网络并使用网络资源的基础。

2．如果某个用户的帐户暂时不使用，可将其_____；某一个用户帐户不再被使用，或者作为管理员的用户不再希望某个用户帐户存在于安全域中,可将该用户帐户_____,作为管理员经常需要将用户和计算机帐户_____到新的组织单元或容器中。

3. Administrator 是操作系统中最重要的用户帐户,平常俗称为超级用户,它属于系统中_____帐户。

4. Windows Server 2019 中组的类型分为_____、_____、通用组。

5. 要建立隐藏共享名时,只需要在共享名后加_____符号。

二、选择题

1. 下列说法中正确的是(　　)。
   A. 网络中每台计算机的计算机帐户唯一
   B. 网络中每台计算机的计算机帐户不唯一
   C. 每个用户只能使用同一用户帐户登录网络
   D. 每个用户可以使用不同用户帐户登录网络

2. Windows 2019 的域用户帐户可分为内置帐户和自定义帐户,下列属于内置帐户的是(　　)。
   A. User　　　　B. Anonymous　　　　C. Administrator　　　　D. Guest

三、简答题

1. 什么是本地用户和本地组?
2. 简述本地帐户和域帐户的区别。
3. 什么是 DFS? DFS 有何特性?
4. 什么是资源的安全互访? 如何实现? 实现时的设置内容有哪些?

项目3 文件系统管理

项目描述：某公司创建了自己的文件服务器，内有公司最新的设备资料、考勤状况、行政文件和各部门资料等。在使用过程中发现有以下需求：管理员需对所有文件夹拥有完全控制权；普通员工对共享文件夹只拥有读取权限；每位员工只对自己的文件夹拥有完全控制权，且不能读取其他员工的文件夹；每位员工所能使用的磁盘空间有一定的限制；每位员工希望能保存尽量多的数据。

项目目标：为了有效地在 Windows 2019 中进行文件系统管理，必须掌握 NTFS 的概念和应用。利用 NTFS 权限，管理员对使用共享数据的用户进行控制访问。利用文件夹的压缩功能，有效扩大磁盘的使用空间。利用加密文件系统加密文件数据，增强文件数据的安全性。

任务1　安全权限管理

任务描述：在网络中会有很多资源，例如操作系统、文件、目录和打印机等各种网络共享资源以及其他资源对象。在 Windows Server 2019 操作系统中，管理员可以灵活地控制特定的用户、组使用特定的资源，这样才能避免非授权的访问，并提供一个安全的网络环境。

任务目标：通过学习，读者应掌握资源对象访问控制的基本概念，以及文件和目录等资源对象的访问控制的操作技能。

3.1.1　Windows Server 2019 文件系统简介

文件系统是操作系统在硬盘上命名、存储和组织文件的方法，是在硬盘上存储信息的格式，在所有的计算机系统中都存在一个相应的文件系统，它规定了计算机对文件和文件夹进行操作处理的各种标准和机制。用户对所有的文件和文件夹的操作都是通过文件系统来完成的。

Windows Server 2019 操作系统支持 FAT、FAT32、NTFS、ReFS、exFAT 等文件系统。FAT 和 FAT32 文件系统提供了与其他系统的兼容性，使 Windows Server 2019 的计算机可安装多个操作系统，支持多引导功能；NTFS 文件系统是微软公司基于 Windows NT 内核操作系统特有的文件系统格式，它提供了多种特有的功能；ReFS 是为了保持较高的稳定性，可以自动验证数据是否损坏，并尽力恢复数据；exFAT 适用于闪存的文件系统，为了解决 FAT32 等不支持 4GB 及其更大的文件而推出；CDFS 是适用于光盘存储的文件系统。

1．FAT 文件系统

FAT(file allocation table，文件分配表)也称 FAT16，用于跟踪硬盘上每个文件的数据库，而 FAT 表存储关于簇的信息，这样以后就可以检索文件了。FAT 文件系统可以在所有版本 Windows、MS-DOS 或 OS/2 等众多操作系统上被正确识别。

FAT 文件系统最初用于小型磁盘和简单文件结构的简单文件系统。FAT 文件系统得名于它的组织方法：放置在卷起始位置的文件分配表。为了保护卷，使用了两份备份。另外，为确保正确装卸启动系统所必需的文件，文件分配表和根文件必须存放在固定的位置。

采用 FAT 文件系统格式化的卷以簇的形式进行分配，支持最大簇数为 65536。默认的簇大小由卷的大小决定。对于 511MB 的卷，其簇大小为 8KB。由于额外开销的原因，在大于 511MB 的卷中不推荐使用 FAT 文件系统。

2．FAT32 文件系统

FAT32(增强的文件分配表)文件系统提供了比 FAT 文件系统更为先进的文件管理特性，通过使用更小的簇来更有效率地使用磁盘空间，可以在大到 2TB 的驱动器上使用。

FAT32 是在大型磁盘驱动器(超过 512MB)上存储文件的极有效的系统，如果用户的驱动器使用了这种格式，则会在驱动器上创建多至几百兆的额外硬盘空间，从而更有效地存储数据。此外，可使程序运行加快，而使用的计算机系统资源却更少。

FAT 和 FAT32 可以与 Windows Server 2019 之外的其他操作系统兼容。如果设置了双重启动配置，很有可能需要 FAT 或 FAT32 文件系统。如果用户正在对 Windows Server 2019 和另外一个操作系统进行双重启动配置，请选择一个适用于后者的文件系统。选择的标准如下。

(1) 如果安装分区小于 2GB，或者如果希望双重启动配置 Windows Server 2019 和 Windows 98 等较早版本，将安装分区格式化为 FAT。

(2) 在大于或等于 2GB 的分区上使用 FAT32 文件系统。在 Windows Server 2019 安装程序中选择使用 FAT 格式化，且分区大于 2GB，安装程序将自动按 FAT32 格式化。

(3) 对于大于 32GB 的分区，建议使用 NTFS 而不用 FAT32 文件系统。

3．NTFS 文件系统

NTFS(new technology file system，新技术文件系统)是 Windows NT 操作环境和 Windows NT 高级服务器网络操作系统环境的文件系统，只有运行基于 NT 内核的操作系统才可以存取 NTFS 卷中的文件。NTFS 文件系统提供了 FAT 和 FAT32 文件系统所没有的、全面的性能，可靠性和兼容性，支持文件和文件夹级的访问控制(权限)，可限制用户对文件或文件夹的访问，审计文件的安全；支持文件压缩和文件加密功能，可节省磁盘空间和保护数据安全；支持磁盘配额功能。

NTFS 文件系统的设计目标就是用来在很大的硬盘上能够很快地执行诸如读、写和搜索这样的标准文件操作，甚至包括像文件系统恢复这样的高级操作。

NTFS 文件系统还支持对于关键数据完整性十分重要的数据访问控制和私有权限。除了可以赋予 Windows Server 2019 计算机中的共享文件夹特定权限外,NTFS 文件和文件夹无论共享与否都可以赋予权限。NTFS 是允许为单个文件指定权限。

像 FAT 文件系统一样,NTFS 文件系统使用簇作为磁盘分配的基本单元。在 NTFS 文件系统中,默认的簇大小取决于卷的大小。

Windows Server 2019 包括一个新版本的 NTFS,具有以下的功能和优点。

(1) 更好的伸缩性使扩展为大驱动器成为可能:NTFS 中最大驱动器的尺寸远远大于 FAT,而且 NTFS 的性能和存储效率并不像 FAT 那样随着驱动器尺寸的增大而降低。

(2) 活动目录:使网络管理者和网络用户可以方便灵活地查看和控制网络资源。域控制器和活动目录需要使用 NTFS。

(3) 压缩功能:包括压缩或解压缩驱动器、文件或者特定文件的功能。

(4) 文件加密:能够大幅提高信息的安全性。

(5) 文件级权限:可以对单个文件而不仅对文件夹设置权限。

(6) 远程存储:通过使可移动媒体(如磁带)更易访问,从而扩展了磁盘空间。

(7) 稀疏文件:稀疏文件是一些大型文件,应用程序以一种仅需有限磁盘空间的方式创建了这些文件。也就是说,NTFS 只为文件的写入部分分配磁盘空间。

(8) 磁盘配额:管理者可以管理和控制每个用户所能使用的最大磁盘空间。

(9) 磁盘活动的恢复日志:它将帮助用户在电源失效或其他系统故障时快速恢复信息。

(10) 重析点:是新型文件系统对象。重析点具有一个用户控制数据的可定义属性,且在输入输出(I/O)子系统中用于扩展功能。

(11) 改动日志:NTFS 使用改动日志以跟踪有关添加、删除和改动文件的信息。

(12) 分布式链接跟踪:Windows Server 2019 提供了分布式链接跟踪服务技术,这使客户应用程序可以跟踪在局部域内被移动或在一个域中移动的链接源。

4. ReFS 文件系统

ReFS 文件系统是微软公司的最新文件系统,可最大程度提升数据可用性、跨各种工作负载高效扩展到大数据集,并通过损坏复原提供数据完整性。ReFS 引入了复原功能,可以准确地检测到损坏并且还能够在保持联机状态的同时修复这些损坏,从而有助于增加数据的完整性和可用性。

(1) 完整性流。ReFS 将校验和用于元数据和文件数据(可选),这使 ReFS 能够可靠地检测到损坏。

(2) 存储空间集成。在与镜像或奇偶校验空间配合使用时,ReFS 可使用存储空间提供的备用数据副本自动修复检测到的损坏。修复过程将本地化到损坏区域且联机执行,并且不会出现卷停机时间。

(3) 挽救数据。如果某个卷损坏并且损坏数据的备用副本不存在,则 ReFS 将从命名空间中删除损坏的数据。ReFS 在处理大多数不可更正的损坏时,可将卷保持在联机状态,但在极少数情况下将卷保持在脱机状态。

(4) 主动纠错。除了在读取和写入前对数据进行验证之外,ReFS 还引入了称为"清理器"的数据完整性扫描仪。此清理器会定期扫描卷,从而识别潜在损坏,然后主动触发损坏数据的修复。

除了提供复原能力改进外,ReFS 还针对性能极其敏感和虚拟化的工作负载引入新功能。实时层优化、块克隆和稀疏 VDL 都是不断发展的 ReFS 功能,它们专为支持各种动态工作负载而设计。

- 镜像加速奇偶校验:镜像加速奇偶校验为数据提供高性能和容量高效的存储。
- 加快 VM 操作:ReFS 引入了为改善虚拟化工作负载的性能而专门设计了块克隆和稀疏 VDL 功能。块克隆可加快复制操作的速度,并且能够实现快速、低影响的 VM 检查点合并操作。稀疏 VDL 允许 ReFS 文件快速清零,从而将创建固定 VHD 所需的时间从几十分钟减少到仅仅几秒钟。
- 可变簇大小:ReFS 支持 4KB 和 64KB 的簇大小,4KB 是针对大多数部署的簇大小,64KB 簇适合于大型的、顺序输入/输出的工作负载。ReFS 不再支持 NTFS 的命名流、对象 ID、短名称、压缩、EFS、用户数据事务、稀疏、硬链接、扩展属性和配额等功能。目前,ReFS 不能用于启动分区,也不支持可移动存储。

5. exFAT 文件系统

exFAT(extended file allocation table,扩展文件分配表)是 Windows Embedded 5.0 以上引入的一种适合于闪存的文件系统,为了解决 FAT32 等不支持 4GB 及其更大的文件而推出。对于闪存,NTFS 文件系统不适合使用,exFAT 更为适用。对于磁盘则不太适用。

6. 将 FAT32 转换为 NTFS 文件系统

与早期的某些 Windows 版本中使用的 FAT 文件系统相比,NTFS 文件系统为硬盘和分区或卷上的数据提供的性能更好、安全性更高。如果有分区使用早期的 FAT16 或 FAT32 文件系统,则可以使用 convert 命令将其转换为 NTFS。转换为 NTFS 不会影响分区上的数据。具体步骤如下。

步骤 1:关闭要转换的分区或逻辑驱动器上所有正在运行的程序。

步骤 2:在 Windows 运行文本框中输入 cmd 命令,单击"确定"按钮。

步骤 3:在命令提示符窗口中,输入 convert *volume* /FS:ntfs,然后按 Enter 键。

步骤 4:输入要转换的卷的名称,然后按 Enter 键。

注意:将分区转换为 NTFS 后,无法再将其转换回来。如果要在该分区上重新使用 FAT 文件系统,则需要重新格式化该分区,这样会删除其上的所有数据。

3.1.2　文件权限

权限是指与计算机上或网络上的对象(如文件和文件夹)关联的规则。权限确定是否可以访问某个对象以及可以对它执行哪些操作。例如,用户可能有访问网络上共享文件夹中文档的权限,但是只能读取该文档而不能对其进行更改。系统管理员可以为个用户和组分配权限。

在 Windows Server 2019 中,文件权限只能适用于 NTFS、ReFS 磁盘分区,不能用于由

FAT 或者 FAT32 文件系统格式化的磁盘分区。

对于 NTFS、ReFS 磁盘分区上的每一个文件和文件夹,存储一个远程访问控制列表(ACL)。ACL 中包含那些被授权访问该文件或者文件夹的所有用户的帐户、组和计算机,还包含被授予的访问类型。针对相应的用户帐户、组或者该用户所属的计算机,ACL 中必须包含一个对应的元素,这样的元素叫作访问控制元素(ACE)。为了让用户能够访问文件或者文件夹,访问控制元素必须具有用户所请求的访问类型。如果 ACL 中没有相应的 ACE 存在,Windows Server 2019 就拒绝该用户访问相应的资源。

1. 标准权限

利用文件权限可以控制用户对特定的文件和文件夹进行访问和修改,Windows Server 2008 提供读、读和运行、写、修改、列出文件夹内容和完全控制 6 种标准的文件权限。

(1) 读取:可以读取文件或文件夹的内容,查看文件或文件夹的属性,但不修改文件内容。

(2) 读取和执行:包含读取能够执行的所有操作,并能运行应用程序和可执行文件。

(3) 写入:包含读取和执行的所有操作,可修改文件或文件夹属性和内容,在文件夹中创建文件和文件夹,但不能删除文件。

(4) 修改:包含写权限能够执行的所有操作,可以删除文件。

(5) 列出文件夹内容:仅对文件夹有此权限,查看此文件夹中的文件和子文件夹的属性和权限,读取文件夹中的文件内容。

(6) 完全控制:对文件的最高权力,除在拥有上述其他所有的权限外,还可以修改文件权限以及替换文件所有者。

(7) 特殊权限:是对文件或文件夹权限更为详细的设置。

2. 特殊权限

(1) 完全控制。对文件的最高权力,在拥有上述其他权限的所有权限以外,还可以修改文件权限以及替换文件所有者。

(2) 遍历文件夹/执行文件。"遍历文件夹"可以让用户即使在无权访问某个文件夹的情况下,仍然可以切换到该文件夹内。这个权限设置只适用于文件夹,不适用于文件。只有当组或用户在"组策略"中没有赋予"绕过遍历检查"用户权力时,对文件夹的遍历才会生效。默认情况下,Everyone 组具有"绕过遍历检查"的用户权力,所以此处的"遍历文件夹"权限设置不起作用。"执行文件"让用户可以运行程序文件,该权限设置只适用于文件,不适用于文件夹。

(3) 列出文件夹/读取数据。"列出文件夹"让用户可以查看该文件夹内的文件名称与子文件夹的名称。"读取数据"让用户可以查看文件内的数据。

(4) 读取属性。该权限让用户可以查看文件夹或文件的属性,例如只读、隐藏等属性。

(5) 读取扩展属性。该权限让用户可以查看文件夹或文件的扩展属性。扩展属性是由应用程序自行定义的,不同的应用程序可能有不同的设置。

(6) 创建文件/写入数据。"创建文件"让用户可以在文件夹内创建文件;"写入数据"让用户能够更改文件内的数据。

（7）创建文件夹/附加数据。"创建文件夹"让用户可以在文件夹内创建子文件夹；"附加数据"让用户可以在文件的后面添加数据，但是无法更改、删除、覆盖原有的数据。

（8）写入属性。该权限让用户可以更改文件夹或文件的属性，例如只读、隐藏等属性。

（9）写入扩展属性。该权限让用户可以更改文件夹或文件的扩展属性。扩展属性是由应用程序自行定义的，不同的应用程序可能有不同的设置。

（10）删除子文件夹及文件。该权限让用户可以删除该文件夹内的子文件夹与文件，即使用户对这个子文件夹或文件没有"删除"的权限，也可以将其删除。

（11）删除。该权限让用户可以删除该文件夹与文件。即使用户对该文件夹或文件没有"删除"的权限，但是只要他对其父文件夹具有"删除子文件夹及文件"的权限，他还是可以删除该文件夹或文件。

（12）读取权限。该权限让用户可以读取文件夹或文件的权限设置。

（13）更改权限。该权限让用户可以更改文件夹或文件的权限设置。

（14）取得所有权。该权限让用户可以夺取文件夹或文件的所有权。文件夹或文件的所有者，无论该文件夹或文件权限是什么，他永远具有更改该文件夹或文件权限的能力。

注意：尽管"列出文件夹内容"和"读取及执行"看起来有相同的特殊权限，但是这些权限在继承时却有所不同。"列出文件夹内容"可以被文件夹继承而不能被文件继承，并且它只在查看文件夹权限时才会显示。"读取及执行"可以被文件和文件夹继承，并且在查看文件和文件夹权限时始终出现。

3.1.3　文件权限的有效性

由于文件权限只能在特定分区设置，且可以分别给用户和组指派文件权限，再者要涉及文件和文件夹两种资源，因此针对某一资源的最终权限需要仔细考虑。

1. 资源权限发生重叠时

（1）权限的累加性。用户对某个资源的有效权限是所有权限的来源的总和。假设现在zhang 用户既属于 A 用户组，也属于 B 用户组，它在 A 用户组的权限是"读取"，在 B 用户组中的权限是"写入"，那么根据累加原则，zhang 用户的实际权限将会是"读取+写入"两种。

（2）"拒绝"权限会覆盖所有其他权限。虽然用户的有效权限是所有权限的来源的总和。但是只要其中有个权限是被设为拒绝访问，则用户最后的有效权限将是无法访问此资源。例如，zhang 这个用户既属于 zhangs 用户组，也属于 wangs 用户组，当对 wangs 组中某个资源进行"写入"权限的集中分配（即针对用户组进行）时，这个时候该组中 zhang 帐户将自动拥有"写入"的权限。而在 zhangs 组中同样也对 zhang 用户进行了针对这个资源的权限设置，但设置的权限是"拒绝写入"。基于"拒绝优于允许"的原则，zhang 在 zhangs 组中被"拒绝写入"的权限将优先 wangs 组中被赋予的允许"写入"权限被执行。因此，在实际操作中，zhang 用户无法对这个资源进行"写入"操作。

（3）文件会覆盖文件夹的权限。如果针对某个文件夹设置了权限，同时也对该文件夹内的文件设置了权限。则以文件的权限设置为优先。以 C:\test\readme.txt 为例来说明，若用户 A 对 C:\test 文件夹不具有任何的权限，但是却对其中的 readme.txt 文件具有"读取"的权限,则仍然可以读取该文件。

(4) 权限继承性原则。权限继承性原则是指下级文件夹或文件可以继承父级的权限。假设现在有个 DOC 目录,在这个目录中有 DOC01、DOC02、DOC03 等子目录,现在需要对 DOC 目录及其下的子目录均设置 shyzhong 用户有"写入"权限。因为有继承性原则,所以只需对 DOC 目录设置 shyzhong 用户有"写入"权限,其下的所有子目录将自动继承这个权限的设置。

2. 资源复制或移动时权限的变化与处理

在权限的应用中,不可避免地会遇到设置了权限后的资源需要复制或移动的情况,那么这个时候资源相应的权限会发生怎样的变化呢?

(1) 复制资源时。在复制资源时,原资源的权限不会发生变化,而新生成的资源将继承其目标位置父级资源的权限。

(2) 移动资源时。在移动资源时,一般会遇到两种情况:一是如果资源的移动发生在同一驱动器内,那么对象保留本身原有的权限不变(包括资源本身权限及原先从父级资源中继承的权限);二是如果资源的移动发生在不同的驱动器之间,那么不仅对象本身的权限会丢失,而且原先从父级资源中继承的权限也会被从目标位置的父级资源继承的权限所替代。实际上,移动操作就是首先进行资源的复制,然后从原有位置删除资源的操作。

(3) 非 NTFS、ReFS 分区。如果将资源复制或移动到非 NTFS、ReFS 分区(如 FAT16/FAT32 分区)上,那么所有的权限均会自动全部丢失。

3.1.4 设置文件权限

将某个磁盘格式化为 NTFS 或 ReFS 后,系统默认的权限设置为 Everyone 的权限都是完全控制,为了该磁盘内的文件与文件夹的安全性,应该改变这个默认值,也就是重新改变用户的访问权限。

1. 查看文件权限

如果用户需要查看文件或文件夹的属性,具体方法如下。

步骤 1:在文件资源管理器中,右击选定的文件或文件夹,在弹出的快捷菜单中选择"属性"命令。

步骤 2:在打开的文件或文件夹的属性对话框中单击"安全"选项卡,如图 3-1 所示,在"组或用户名"列表框中列出了对选定的文件或文件夹具有访问许可权限的组和用户。当选定某个组或用户后,该组或用户所具有的各种权限将显示在权限列表框中。

2. 修改文件权限

当用户需要修改文件或文件夹的权限的时候,必须具有对它的更改权限或拥有权。具体方法如下。

步骤 1:打开图 3-1 所示的文件或文件夹的属性对话框,在"安全"选项卡中单击"编辑"按钮,打开权限设置对话框。

步骤 2：在如图 3-2 所示的对话框中，可以在"组或用户名"列表中选择要设置的用户和组，然后在下面的权限列表中简单地选中相关权限后的复选框即可。

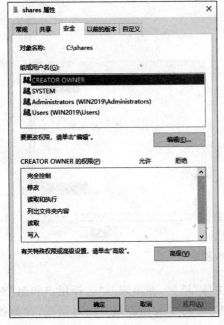

图 3-1 查看文件权限

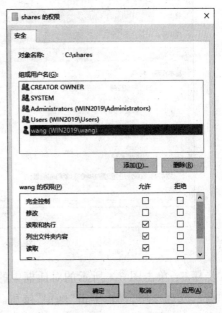

图 3-2 修改文件权限

步骤 3：如果要修改文件或文件夹的"特殊权限"，单击如图 3-1 所示属性对话框"安全"选项卡中的"高级"按钮，将打开如图 3-3 所示的高级安全设置对话框，在此可以看查该文件或文件夹的所有者、文件权限、审核权限、共享权限（若是共享文件夹）及最终有效访问权限等。

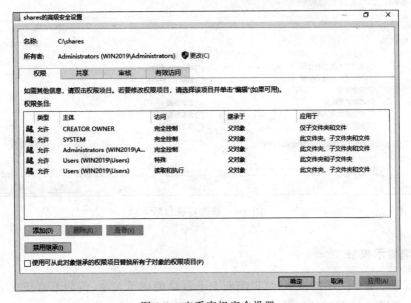

图 3-3 查看高级安全设置

步骤 4：选择"权限"选项卡，单击"添加"按钮，打开如图 3-4 所示的对话框。

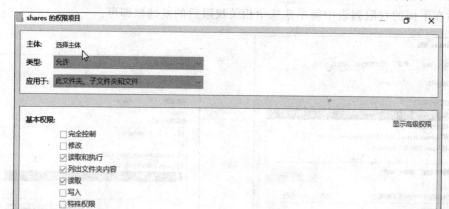

图 3-4　修改高级权限

步骤 5：单击图 3-4 所示的对话框中的"选择主体"链接，在出现的"选择用户和组"对话框中输入或选择用户后，单击"确定"按钮。然后图 3-4 将变为相应用户的对话框，在此就可以选中基本权限；也可以单击右侧的"显示高级权限"链接，将显示如图 3-5 所示的高级权限，在此选中相应选项后，单击"确定"按钮即可。

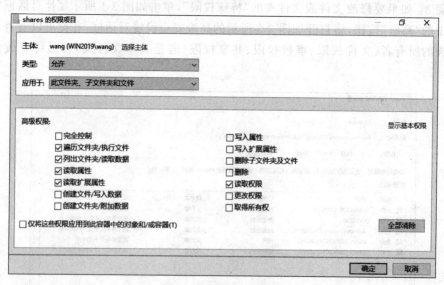

图 3-5　修改特殊权限

3. 取消继承权限

如果不希望继承父项的权限，可以阻断上下目录的继承关系，例如不希望"C:\试题"内的"A 卷"文件继承父项（C:\试题）权限，可执行如下步骤。

步骤 1：打开 A 卷文件的安全属性对话框，如图 3-6 所示，灰色对钩表示这些权限是继承下来的。

步骤 2：单击"高级"按钮，打开如图 3-3 所示的高级安全设置对话框，然后单击"禁用继承"按钮，弹出如图 3-7 所示的提示对话框。如果单击"将已继承的权限转换为此对象的显式权限。"链接，将保留原来从父项对象所继承来的权限；如果单击"从此对象中删除所有已继承的权限。"链接，将清除原来从父项对象所继承的权限。

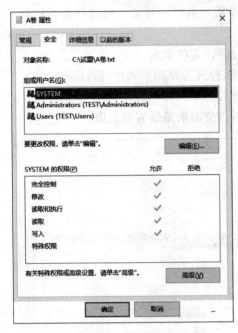

图 3-6 安全属性

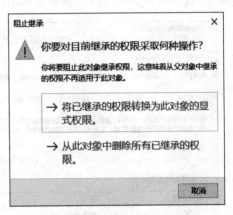

图 3-7 保留或删除继承权限

4. 取得所有权

很多用户都有过这样的经验：在计算机中病毒之后，当用户试图删除某个文件(夹)时，系统会提示磁盘空间不足或该文件拒绝访问，不能删除此文件，这是由于病毒程序对此文件(夹)设置了访问权限。所以用户在系统中试图删除文件夹时由于没有相应的权限，就会被拒绝访问。此时，只要用户夺回这个文件(夹)的控制权，那么就可以删除它了。但是当打开文件(夹)的属性对话框中的"高级"选项卡，却发现所有内容都是灰色的，无法做任何设置，这是因为文件的所有权不属于当前用户。

每个文件与文件夹都有其"所有者"，系统默认是建立文件或文件夹的用户，就是该文件或文件夹的所有者，所有者永远具有更改该文件或文件夹的权限能力。文件或文件夹的所有者是可以转移的，不过不是由所有者来执行转移的，而是由其他用户自行来夺取所有权实现转移的。Windows 的文件转移者必须具有以下权限。

(1) 拥有"取得所有权"的特殊权限。

(2) 具有"更改权限"的特殊权限。

(3) 拥有"完全控制"的标准权限。

(4) 任何一位具有 Administrator 权限的用户，无论对该文件或文件夹拥有哪种权限，他永远具有夺取所有权的能力。

要改变某个对象的所有权，可以在图 3-3 所示的对话框中看到当前所有者是 administrators。单击其后的"更改"按钮，将弹出"选择用户和组"对话框，在此对话框中输入或选择用户或组后，单击"确定"按钮即可。

5. 查看有效权限

通过设置文件或文件夹的权限之后，可以查看某一用户针对某一资源的最终权限。查看的具体步骤如下。

步骤 1：在图 3-3 所示的对话框中选择"有效访问"选项卡。

步骤 2：单击用户和组后面的"选择用户"链接，打开选择用户和组的对话框。

步骤 3：在"选择用户或组"对话框中确定要查看的用户后，单击"确定"按钮，再在图 3-8 中单击"查看有效访问"按钮，则会显示出该用户对该资源的最终有效权限。

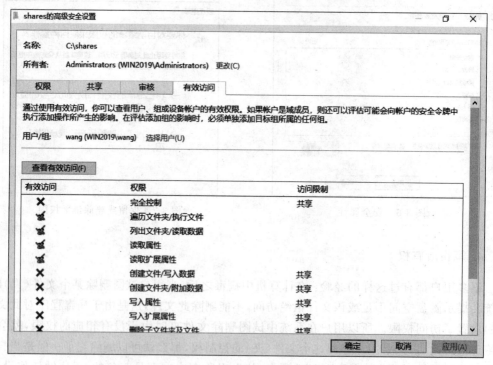

图 3-8　查看有效权限

任务 2　加密文件系统

任务描述：在日常操作中，用户希望对一些私有数据进行加密，但自己在使用过程中就像没有处理过一样方便，对其他用户则需授权访问。

任务目标：使用 Windows 自带的 EFS 加密系统加密一些数据，用户本人对这些数据的访问将是完全允许的，并不会受到任何限制。而其他非授权用户试图访问加密过的数据时，就会收到"访问拒绝"的错误提示。

3.2.1 EFS 简介

加密文件系统(encrypting file system,EFS)是 Windows 的一项功能,它允许用户将文件夹和文件以加密的形式存储在硬盘上。加密是 Windows 所提供的保护信息安全的最强的保护措施。该技术用于在 NTFS、ReFS 文件系统卷上存储已加密的文件夹或文件。加密了文件或文件夹之后,还可以像使用其他文件和文件夹一样使用它们。因此加密、解密对加密该文件的用户是透明的,即不必在使用前手动解密已加密的文件,就可以正常打开和更改文件。

使用 EFS 类似于使用文件和文件夹上的权限。两种方法都可用于限制数据的访问。然而,未经许可对加密文件和文件夹进行物理访问的入侵者将无法阅读这些文件和文件夹中的内容。如果入侵者试图打开或复制已加密文件或文件夹,入侵者将收到拒绝访问消息。文件和文件夹上的权限不能防止未授权的物理攻击。

正如设置其他任何属性(如只读、压缩或隐藏)一样,通过为文件夹和文件设置加密属性,可以对文件夹或文件进行加密和解密。如果加密一个文件夹,则在加密文件夹中创建的所有文件和子文件夹都自动加密。推荐在文件夹级别上加密。

1. EFS 的工作过程

在首次加密计算机上的文件夹或文件时,Windows 将会颁发一个证书,该证书关联一个加密密钥,EFS 使用该密钥来加密文件。然后系统利用用户加密文件系统证书中的公钥加密文件加密密钥,并将加密后的结果存放在文件头部的数据解密域(DDF)中。在用户加密文件夹或文件后,Windows 会在后台为用户处理所有的加密和解密工作。在关闭文件时,该文件将被加密,在重新打开该文件时,它将会被解密,以便用户能够使用。用户可按照通常的方式使用文件时,首先系统利用加密文件系统证书中的私钥解密 DDF 中的数据获得文件的加密密钥,然后再使用加密密钥解密文件。

系统加密文件同时,也利用数据恢复代理的公钥加密,并将加密后结果存放在文件头部的数据恢复域(DRF)中。当数据恢复代理要解密文件时,就利用其私钥解密 DRF 中的数据获得文件的加密密钥,然后再使用加密密钥解密文件。

(1) 公钥(public key):EFS 中公钥是一个运算函数,其作用就是用来加密数据,就相当于一把锁。这把锁可以放置在 Internet 上,让别人使用这把锁来加密数据然后传给锁的主人。任何人都可以看到并使用这把锁来加密数据,但是如果没有锁的钥匙就打不开锁,因此看不到锁住以后的数据内容,所以公钥暴露在公共场所并没有安全性的问题。

(2) 私钥(private key):对应公钥一对一对存在,其实就是用来开锁的钥匙。私钥不能随便泄露,如果私钥被盗或者被复制,那么别人使用用户公钥加密的数据如果传输时被拦截,就很容易被解密了。同理,如果用户自己的私钥损坏或者丢失了,那么同样不能打开这把锁,也不能对接收到的别人已经用用户公钥加密了的数据进行解密了,这种情况下,必须重新购买锁和对应的钥匙,并需要重新申请一对公钥和私钥。

(3) 恢复代理(recovery agent):另外一个有私钥的用户。为了防止私钥损坏或丢失,用户把私钥存放在另外一个人那里,这人就是恢复代理。当然,存放私钥的人必须是用户信任的人。同样 EFS 中也是采用类似的解决方法,也就是常常说到的恢复代理和恢复代理的证书。

2. 使用加密文件和文件夹时的注意事项

(1) 只有 NTFS、ReFS 卷上的文件或文件夹才能被加密。

(2) 不能加密压缩的文件或文件夹。如果用户加密某个压缩文件或文件夹,则该文件或文件夹将会被解压。换句话说,数据的压缩和加密只能选其一。

(3) 如果将加密的文件复制或移动到非 NTFS、ReFS 格式的卷上,该文件将会被解密(压缩也一样)。

(4) 如果将非加密文件移动到加密文件夹中,则这些文件将在新文件夹中自动加密。然而,反向操作则不能自动解密文件。

(5) 无法加密标记为"系统"属性的文件,并且位于％systemroot％目录结构中的文件也无法加密。

(6) 加密文件夹或文件不能防止删除或列出文件或目录。具有合适权限的人员可以删除或列出已加密文件夹或文件。因此,建议结合文件权限使用 EFS。

(7) 在允许进行远程加密的远程计算机上可以加密或解密文件及文件夹。然而,如果通过网络打开已加密文件,通过此过程在网络上传输的数据并未加密。必须使用诸如 SSL/TLS(安全套接字层/传输层安全性)或 Internet 协议安全性(IPSec)等其他协议通过有线加密数据。但 WebDAV 可在本地加密文件并采用加密格式发送。

3.2.2 加密与解密文件

为增加文件的安全性,可以对文件或文件夹加密,使其只能让当初加密的用户能够读取。

1. 加密文件

用户利用 EFS 进行加密或解密文件(或文件夹)的操作步骤如下。

步骤 1:在文件资源管理器窗口中,右击要加密的文件或文件夹,从弹出的快捷菜单中选择"属性"命令,在弹出其属性对话框的"常规"选项卡中单击"高级"按钮,打开"高级属性"对话框,如图 3-9 所示。

步骤 2:选中"加密内容以保护数据"复选框,然后单击"确定"按钮回到属性对话框,可实现对文件或文件夹的加密。

步骤 3:如果是对文件夹加密,在单击"确定"按钮后将会出现"确认属性更改"对话框,如图 3-10 所示。单击"仅将更改应用于此文件夹"单选按钮,系统将只将文件夹加密,里面的内容并没有经过加密,但是以后在其中创建的文件或文件夹将被加密。单击"将更改应用于此文件夹、子文件夹和文件"单选按钮,文件夹内部的所有内容被加密。单击"确定"按钮完成操作。

步骤 4:新建一个用户 user1,注销系统后以 user1 登录。

步骤 5:打开刚加密的文件夹后继续打开其中的文件,将会提示"拒绝访问"。

图 3-9　"高级属性"对话框　　　　图 3-10　"确认属性更改"对话框

步骤 6：注销系统，以刚才的用户登录，试着打开刚才加密过的文件，没有任何问题，用户根本感觉不到该文件被加密了，这就是 EFS 的特点。

很显然，刚才的操作说明系统用私钥加密了该文本文件，其他用户登录后，因为不同的用户私钥不一样，所以不能打开该文件了。

解密是加密的逆过程，其操作步骤与加密的步骤是一样的，只是在图 3-9 中取消选中"加密内容以便保护数据"复选框。

2. 设置数据恢复代理

加密文件系统的公钥和私钥：用户首次执行为文件设置加密属性的操作后，就会自动启用 EFS，这时系统会产生一个针对该用户的公钥/私钥对。其中公钥保存在该用户的加密文件系统证书中，通过运行"证书管理器"可以进行查看；私钥通过用户的登录系统口令派生一个主密钥并保存在该用户的个人配置文件中。在对证书备份时可以同时导出私钥。

EFS 数据恢复代理：由于 EFS 的加密和解密与用户的帐户信息和个人配置文件密切相连，如果用户忘记了自己的登录口令或是登录口令被系统管理员更改，个人配置文件损坏或丢失，都会造成文件永远处于加密状态不允许任何人进行访问。由于 EFS 的加密强度极高，因此恢复的可能性极小。为了预防这些情况的发生，用户在启用 EFS 后，要配置数据，恢复代理，并为自己留一条后路。

加密文件系统使用故障恢复策略提供内置的数据恢复功能。故障恢复策略是一种公钥策略，可指定一个或多个用户帐户作为数据恢复代理，数据恢复代理可以解密其他用户加密的文件和文件夹。故障恢复策略为单独的计算机在本地配置的，对于网络中的计算机，可以在域、组织单元或单独计算机级别上配置故障恢复策略，并将其应用到所有基于 Windows Server 2019 操作系统的计算机上。

管理员可根据需要添加或删除数据恢复代理，要指定数据恢复代理，应在使用 EFS 加密文件之前执行如下步骤。

步骤 1：打开"命令行提示符"窗口，运行 cipher /r：C:*key_bak* 命令，生成数据恢复代理的公钥/私钥对，即创建了数据恢复证书。命令完成后，将生成 *key_bak*.cer 和 *key_bak*.pfx

两个文件。

注意：命令中的 key_bak 是生成的证书的文件名，用户可以随意命名；过程中会提示输入一个密码来保护.pfx 文件，用户可随意设置。

步骤 2：单击服务器管理器中的"工具/本地安全策略"菜单，打开"本地安全策略"窗口。展开"公钥策略"项，如图 3-11 所示。

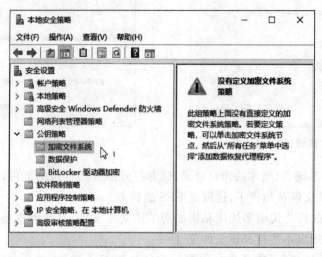

图 3-11　"本地安全策略"窗口

步骤 3：右击"加密文件系统"项，从弹出的快捷菜单中选择"添加数据恢复代理程序"命令，打开"添加故障恢复代理向导"界面。

步骤 4：单击"下一步"按钮，打开"选择数据恢复代理"向导界面。通过"浏览目录"或"浏览文件夹"按钮选择数据代理用户帐户或证书文件，如图 3-12 所示，然后按照提示完成本地计算机注册数据恢复代理。

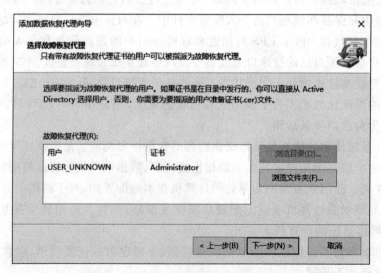

图 3-12　"选择数据恢复代理"对话框

步骤 5：在设置了有效的恢复代理后，可以用普通用户 userA 登录，在磁盘 D 上创建测试用文件夹 test,并在其下创建文本文件 test.txt 并录入内容,然后将文件夹 test 加密。

步骤 6:这时以其他用户(包括 Administrator)登录,尝试打开加密文件 test.txt,将发现无法看到文件内容。

步骤 7:用恢复代理用户(Administrator)登录,双击原来生成的 *key_bak*.pfx 文件启动证书导入向导,按照向导提示导入原来生成的证书。导入成功后,恢复代理用户(Administrator)用户便可以打开加密的文件了。

注意:如果在设置恢复代理之前就加密过数据,那么这些数据恢复代理仍然是无法打开的。

任务 3　文 件 压 缩

任务描述:为了节省磁盘空间,用户在存储数据时希望操作系统能够自动对数据进行压缩,在打开数据时也由操作系统自动解压,以方便使用。

任务目标:使用 Windows Server 2019 透明地对文件压缩与解压缩,用户在使用被压缩的文件时与普通文件没什么不同,以节省磁盘空间的占用。

数据压缩功能是 NTFS、ReFS 文件系统的内置功能,文件系统的压缩过程和解压缩过程对于用户而言是完全透明的,用户只要将数据应用压缩功能即可,当用户或应用程序使用压缩过的数据时操作系统会自动在后台对数据进行解压缩,无须用户干预。利用这项功能,可以节省一定的硬盘使用空间。但是,数据的压缩和解压缩过程是要消耗 CPU 运算资源的,是以牺牲 CPU 运算性能为代价而换取空间的(这也是任何一种压缩软件的共性)。因此如果不是硬盘空间十分吃紧,建议不要使用该功能。另外本压缩功能对于一些已经是压缩过的文件(如 ZIP 文件、JPG 文件、MP3 文件等)来说不会进一步缩小该类文件所占用的硬盘空间。

压缩 NTFS、ReFS 分区上的数据可执行如下操作。

步骤 1:右击需要压缩的文件或文件夹,并从弹出快捷菜单中选择"属性"命令。

步骤 2:单击"高级"按钮,打开"高级属性"对话框,如图 3-9 所示。选中"压缩内容以便节省磁盘空间"复选框,单击"确定"按钮。

步骤 3:在文件夹属性对话框中单击"应用"按钮,将弹出类似于图 3-10 所示的"确认属性更改"对话框。选中"仅将更改应用于此文件夹"单选按钮,将只压缩选择的文件夹以及之后添加到这一文件夹下的任何文件和文件夹;选中"将更改应用于此文件夹、子文件夹和文件"单选按钮,将压缩该文件夹和所有已经加入、之后加入这个文件夹下的文件、文件夹及子文件夹。

步骤 4:单击"确定"按钮结束操作。

解压缩的操作,取消选中图 3-9 中的"压缩内容以便节省磁盘空间"复选框,然后单击"应用"按钮时也会弹出类似于如图 3-10 所示的对话框,其中选项的意义和前面所述相同,只是将压缩改为解压缩。

实　　训

1. 实训目的

掌握文件权限的设置、加密、压缩文件和文件夹。

2. 实训内容

（1）设置文件权限。

（2）加密、压缩文件。

3. 实训要求

（1）目前系统中有两个用户 userA 和 userB，以及对应的文件夹 shareA 和 ShareB。设置权限，使用户 userA 在对文件夹 B 有完全控制权限的情况下，文件夹 B 中的文件却不能被 userA 读取。

（2）设置文件权限，使用户 userB 使用磁盘的空间不超过 10MB。

（3）进行设置，使得在一定磁盘空间下，能够容纳尽可能多的文件。

（4）对指定的文件进行加密、解密。

习　　题

一、填空题

1. Windows 文件权限有 6 个基本的权限：完全控制、_____ 、_____、列出文件夹目录、_____、_____。

2. 运行 Windows Server 2019 计算机的主磁盘分区可使用的三种文件系统是：FAT、_____、_____。

3. FAT 文件系统转换为 NTFS，使用的命令为_____。

4. FAT 是_____的缩写。

二、选择题

1. 在以下文件系统类型中，能使用文件访问许可权的是（　　）。

　　A. FAT　　　　　　　B. EXT　　　　　　　C. NTFS　　　　　　　D. FAT32

2. 在采取 NTFS 文件系统的 Windows Server 2019 中，对一文件夹先后进行如下的设置：先设置为读取，后又设置为写入，再设置为完全控制，则最后该文件夹的权限类型是（　　）。

　　A. 读取　　　　　　B. 写入　　　　　　C. 读取、写入　　　　D. 完全控制

3. 下列说法中正确的是(　　)。

　A. 文件或文件夹在同一个 NTFS 卷移动,则该文件或文件夹保持它自己原有的权限

　B. 文件或文件夹在同一个 NTFS 卷移动,则该文件或文件夹继承目标文件夹的权限

　C. 文件或文件夹被移动到其他 NTFS 卷,该文件或文件夹将会丢失其原有权限,并继承目标文件夹的权限

　D. 文件或文件夹移动到非 NTFS 分区,所有权限丢失

4. EFS 加密(　　)。

　A. Windows 系统文件　　　　　　　B. FAT 文件

　C. 压缩文件　　　　　　　　　　　D. NTFS 文件

三、简答题

1. 什么是 NTFS 文件系统? NTFS 文件系统有什么特点?

2. 如何使用 NTFS 权限设置文件和文件夹的访问权限?

3. 在移动或复制文件时,NTFS 权限会发生什么样的变化?

4. 在移动或复制文件时,其加密属性会发生什么样的变化?

项目4　磁盘管理

项目描述：某公司新购买一台服务器拟作为文件服务器,现希望用最低成本实现以下功能：为文件分配必要的存储空间；提高磁盘存储空间的利用率；提高对磁盘的 I/O 速度,以改善文件系统的性能；采取必要的冗余措施来确保文件系统的可靠性。

项目目标：Windows Server 2019 集成了许多"磁盘管理"程序,这些实用程序是用于管理硬盘、卷或它们所包含的分区的系统实用工具。利用磁盘管理可以初始化磁盘,创建卷,使用 NTFS 或 ReFS 格式化卷以及创建磁盘容错系统。磁盘管理可以在不需要重新启动系统或中断用户使用的情况下执行多数与磁盘相关的任务；大多数配置更改可以立即生效。用户合理地对磁盘进行管理、设置与维护,可以保证服务器快速、安全与稳定地工作,确保为网络提供稳定的服务。

任务1　基本磁盘的管理

任务描述：用户欲使用主分区、扩展分区和逻辑驱动器等传统的方式组织数据,并实现对磁盘的简单管理。

任务目标：在 Windows Server 2019 中,使用基本磁盘时最多可以划分为 3 个主分区和 1 个扩展分区。扩展分区可以包含多个逻辑驱动器。基本磁盘上的分区不能与其他分区共享或拆分数据。基本磁盘上的每个分区都是该磁盘上一个独立的实体。基本磁盘是包含主分区、扩展分区或逻辑驱动器的物理磁盘。基本磁盘上的分区和逻辑驱动器称为基本卷。只能在基本磁盘上创建基本卷。

4.1.1　认知磁盘

1. MBR 磁盘与 GPT 磁盘

Windows Server 2019 的磁盘分为 MBR 磁盘和 GPT 磁盘两种分区形式。

(1) MBR 磁盘。MBR 磁盘是传统的标准使用方式,其磁盘分区表存储在 MBR (master boot record,主引导记录)内。MBR 位于磁盘的最前端,计算机启动时,主机板上的 BIOS(基本输入/输出系统)会首先读取 MBR,并将计算机的控制权交给 MBR 内的程序,然后由此程序来继续后续的启动工作。

(2) GPT 磁盘。GPT 磁盘的磁盘分区表是存储在 GPT(GUID partition table,GUID

磁盘分区表)内,它也是位于磁盘的前端,而且它有主分区表与备份磁盘分区表,可提供故障转移功能。GPT 磁盘基于 Intel 安腾处理器的计算机 EFI(可扩展固件接口)作为硬件与操作系统之间通信的桥梁,EFI 所扮演的角色类似于 MBR 磁盘的 BIOS。

2. 基本磁盘与动态磁盘

Windows Server 2019 又将磁盘分为基本磁盘和动态磁盘两种硬盘配置类型。

(1) 基本磁盘。基本磁盘是桌面操作系统常用的磁盘类型,低版本的 Windows 操作系统都支持和使用它。基本磁盘包括主分区和扩展分区,而在扩展分区中又可以划分出一个或多个逻辑驱动器。

① 分区。分区是物理磁盘的一个区域,它的作用如同一个物理分隔单元。格式化的分区也称为卷(术语"卷"和"分区"通常互相换用)。分区通常分为主分区和扩展分区。

② 主分区。主分区是用来启动操作系统的分区,即系统的引导文件存放的分区。当计算机自检之后会自动在物理硬盘上按设定找到一个被激活的主分区,并在这个主分区中寻找启动操作系统的引导文件。

③ 扩展分区。扩展分区只能用来存储文件,不能用来启动操作系统,并且扩展分区在划分好之后不能直接使用,不能被赋予盘符,必须要在扩展分区中划分逻辑分区才可以使用。可以将扩展分区划分为一个或多个逻辑驱动器。

④ 逻辑驱动器。逻辑驱动器是在被包含在扩展分区内的卷,逻辑驱动器的容量可以与扩展分区一样,也可以比扩展分区小(这样就可以容纳多个逻辑驱动器)。

在 Windows Server 2019 中,一个 MBR 磁盘内,每个基本磁盘最多可以被划分 3 个主分区和 1 个扩展分区。使用磁盘管理在基本磁盘上创建分区时,创建的前 3 个卷被格式化为主分区,从第 4 个卷开始,会将每个卷配置为扩展分区内的逻辑驱动器。每一块硬盘上只能有一个扩展分区。通常情况下,除了 3 个主分区以外的所有磁盘空间划分为扩展分区。每个主分区和逻辑驱动器都被赋予一个盘符,即平时在资源管理器中看到的 D 盘、E 盘等。

一个 GPT 磁盘内最多可以创建 128 个主分区,而每一个主分区都可以被赋予一个驱动器号。GPT 磁盘没有扩展分区,也就没有逻辑驱动器。大于 2TB 的分区必须使用 GPT 磁盘。

(2) 动态磁盘。动态磁盘是在 Windows 2000 后引入的一种磁盘类型,它可以包含无数个"动态卷",其功能与基本磁盘上使用的主分区的功能相似。基本磁盘与动态磁盘之间的主要区别在于,动态磁盘可以在计算机上的两个或多个动态硬盘之间拆分或共享数据。例如,一个动态卷实际上可以由两个单独硬盘上的存储空间组成。另外,动态磁盘可以在两个或多个硬盘之间复制数据以防止单个磁盘出现故障。在动态磁盘上,不再使用分区的概念,而是使用卷来描述动态磁盘上的每一个空间划分。与分区相同,卷也要赋予一个盘符,并且也要经过格式化之后才能使用。

动态磁盘有 5 种主要类型的卷,这些卷又分为两大类:一类是非磁盘阵列卷,包括简单卷和跨区卷;另一类是磁盘阵列卷,包括带区卷、镜像卷和带奇偶校验的带区卷。

① 简单卷。要求必须建立在同一磁盘的连续空间中,但在建立好之后可以扩展到同一磁盘中的其他非连续空间中。

② 跨区卷。可以将来自多块物理磁盘(最少 2 块,最多 32 块)中的空间置于一个跨区卷中,用户在使用的时候感觉不到是在使用多块硬盘。但向跨区卷中写入数据必须先将同一跨区卷中的第一个硬盘中的空间写满,才能再向同一个跨区卷中的下一个磁盘空间中写入数据,每块硬盘用于组成跨区卷的空间不必相同。

③ 带区卷(RAID0 卷)。采用独立磁盘冗余阵列(redundant array of independent disks, RAID)技术,RAID 保护数据的主要方法是数据冗余存储,将数据同时保存到多块硬盘上,提高数据的可用性。带区卷可以将来自多块硬盘(最少 2 块,最多 32 块)中的相同空间组合成一个卷。向带区卷中写入数据时,数据按照 64KB 分成若干块,这些大小为 64KB 数据块被交替存放于组成带区卷的各个硬盘空间中。该卷具有很高的文件读/写效率,但不支持容错功能。如果带区卷中的某个磁盘发生故障,则整个卷中的数据都会丢失。带区卷中的成员,要求其容量必须相同,并且来自不同的物理硬盘。

④ 镜像卷(RAID1 卷)。这是将一份数据复制两个相同的副本,并且每一份副本存放在不同的硬盘中。当向其中一个卷作修改(写入或删除)时,另一个卷也完成相同的操作。当一个硬盘出现故障时,仍可从另一个硬盘中读取数据,因而有很好的容错能力。镜像卷的可读性能好,但是磁盘利用率很低(50%)。

⑤ 带奇偶校验的带区卷(RAID5 卷)。该卷具有容错能力,在向 RAID5 卷中写入数据时,系统会通过特殊算法计算出任何一个带区校验块的存放位置。这样就可以确保任何对校验块进行的读/写操作都会在所有的 RAID 磁盘中均衡,从而消除了产生瓶颈的可能。当一块硬盘出现故障时,可以利用其他硬盘中的数据和校验信息恢复失去的数据。RAID5 卷的读效率很高,写入效率一般。RAID5 卷不对存储的数据进行备份,而是把数据和相对应的奇偶校验信息存储到组成 RAID5 卷的硬盘上。RAID5 卷需要至少 3 块硬盘,最多 32 块。

4.1.2 初始化新磁盘

在计算机内增加新磁盘(硬盘)后,进行联机后必须经过初始化后才能使用它们,操作步骤如下。

步骤 1:单击服务器管理器中"工具/计算机管理"菜单,然后单击计算机管理窗口左侧导航栏中的"存储/磁盘管理"选项,将弹出"初始化磁盘"窗口中选择 MBR 或 GPT 磁盘分区形式,如图 4-1 所示。单击"确定"按钮后,磁盘将变为联机状态,就可以在新磁盘内创建分区。

步骤 2:单击服务器管理器中左侧导航栏中的"文件和存储服务"选项,在其二级导航栏中单击"磁盘"选项,将会看到新加磁盘 1 的状态。右击新加磁盘,在弹出的快捷菜单中选择"初始化磁盘"命令,在弹出的信息对话框中单击"是"按钮,即可完成初始化。此方法只能初始化为 GPT 磁盘。

4.1.3 创建分区

安装完 Windows Server 2019 系统后,可以继续对剩余空间进行分区并格式化。在使

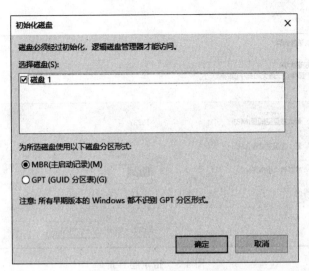

图 4-1　"初始化磁盘"对话框

用新磁盘之前,也需要对其进行分区并格式化。

1. 创建主分区

创建主分区的步骤如下。

步骤 1:单击服务器管理器中"工具/计算机管理"菜单,打开计算机管理控制台,单击窗口左侧目录树中"存储"下的"磁盘管理"选项,如图 4-2 所示。

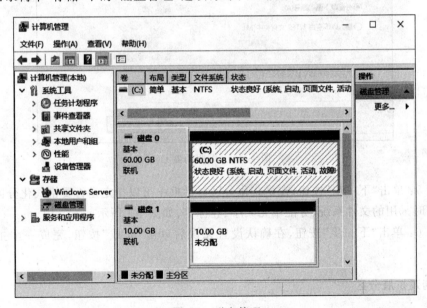

图 4-2　磁盘管理

步骤 2:在工作区栏中右击"磁盘 1"中的未分配空间,在弹出的快捷菜单中选择"新建简单卷"命令,将会出现新建简单卷向导。

步骤 3:单击"下一步"按钮,在"指定卷大小"向导界面中,指定"简单卷大小"的数值,如

图 4-3 所示。

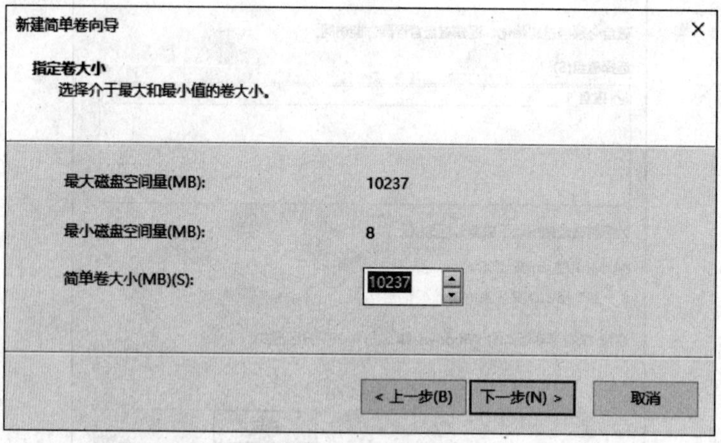

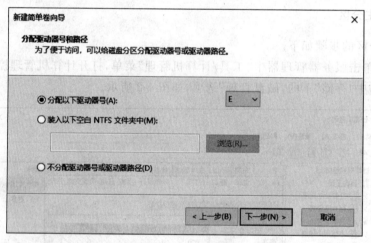

图 4-3　指定卷容量

步骤 4：单击"下一步"按钮，在"分配驱动器号和路径"向导界面中可以指定卷的驱动器号，如图 4-4 所示。

图 4-4　分配驱动器号

步骤 5：单击"下一步"按钮，在格式化分区对话框中可以指定是否要格式化分区以及格式化分区时采用的文件系统、分配单元大小、卷标等，如图 4-5 所示。

步骤 6：单击"下一步"按钮，在确认设置无误后单击"完成"按钮，完成一个主分区的创建。

2. 创建扩展分区

如果一块新磁盘要创建 4 个以上的卷，将会用到扩展分区了。由于扩展分区不能被分配驱动器号，在创建第 4 个简单卷时，前 3 个主分区剩余的空间将被创建为扩展分区，同时新建的简单卷被创建为逻辑驱动器。创建扩展分区的方法与创建主分区的步骤相同。创建扩展分区后的结果如图 4-6 所示的磁盘 1。

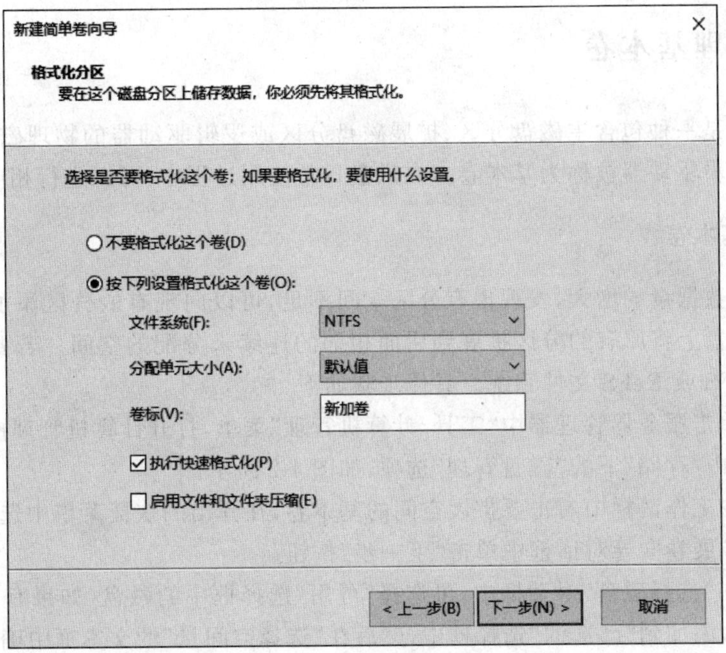

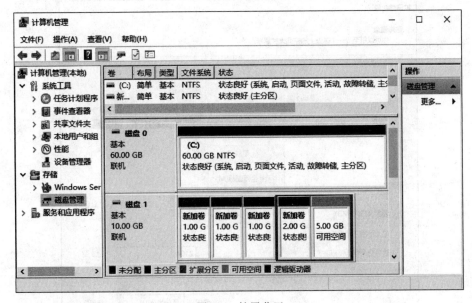

图 4-5　格式化分区

图 4-6　扩展分区

3. 创建逻辑驱动器

在扩展分区中可以进一步创建逻辑驱动器。方法是在扩展分区的可用空间右击,在弹出的快捷菜单中选择"新建简单卷"命令,其步骤与上述创建主分区的步骤相同。

4.1.4 管理基本卷

基本磁盘是一种包含主磁盘分区、扩展磁盘分区或逻辑驱动器的物理磁盘。基本磁盘上的分区和逻辑驱动器被称为基本卷。在磁盘日常使用过程中,可以进行相应管理。

1. 扩展基本卷

如果随着数据量的增大,发现现有分区空间不足,可以向现有的分区添加更多空间,方法是在同一磁盘上将原有的分区扩展到后面相邻的连续未分配的空间。若要扩展基本卷,必须使用 NTFS 或 ReFS 文件系统。具体步骤如下。

步骤 1:单击服务器管理器中"工具/计算机管理"菜单,打开计算机管理控制台,单击窗口左侧目录树中"存储"下的"磁盘管理"选项,如图 4-2 所示。

步骤 2:在工作区栏中右击要扩展空间的基本卷,在弹出的快捷菜单中选择"扩展卷"命令,在打开的扩展卷向导对话框中单击"下一步"按钮。

步骤 3:在"选择磁盘"对话框中,可选择"可用"选择框中的磁盘(如果有多块磁盘),单击"添加"按钮,添加到"已选的"选择框中,然后在"选择空间量"的文本框中确定要扩展的空间大小,如图 4-7 所示。

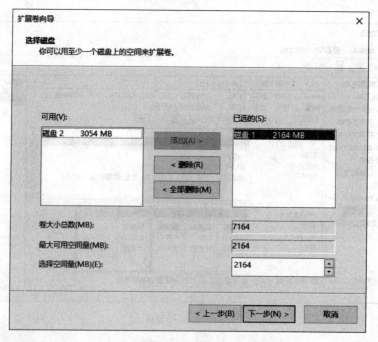

图 4-7 选择磁盘

步骤 4:单击"下一步"按钮,在完成扩展卷向导对话框中确认设置无误后,单击"完成"按钮。

步骤 5:观察计算机管理控制台中基本卷的容量,会发现发生了变化。

2. 压缩基本卷

如果要减少分区的空间,可以使用压缩基本卷功能,从而产生未分配空间以做他用。收缩后的分区无须重新格式化,可正常使用。操作方法是右击要收缩空间的分区,在弹出的快捷菜单中选择"压缩卷"命令,在弹出的对话框中确定要压缩的空间量,如图 4-8 所示。最后单击"压缩"按钮即可。

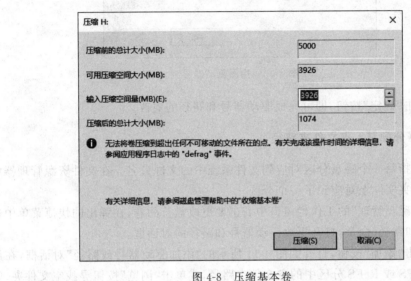

图 4-8　压缩基本卷

注意:如果分区是包含数据(如数据库文件)的原始分区(即无文件系统的分区),则收缩分区可能会破坏数据。

3. 更改驱动器号和路径

每一个基本卷或动态卷都有一个唯一的标识,利用磁盘管理可以重新分配卷的驱动器号。具体步骤如下。

步骤 1:在"磁盘管理"的右侧窗口中右击要更改盘符的卷,在弹出的快捷菜单中选择"更改驱动器号和路径"命令,打开更改的驱动器号和路径的对话框,如图 4-9 所示。

图 4-9　更改驱动器号和路径

步骤 2:单击"更改"按钮,打开如图 4-10 所示的"更改驱动器号和路径"对话框,在该对话框中可以在"分配以下驱动器号"后面下拉列表中选择一个新的驱动器号。

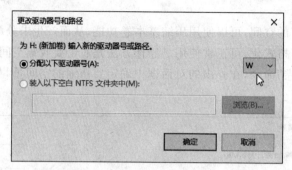

图 4-10 指派驱动器号

步骤 3：单击"确定"按钮，即可完成驱动器号和路径的更改。

4. 向驱动器分配装入点文件夹路径

装入点就是指每一个磁盘分区对应到文件系统中的文件夹名。在文件资源管理器中看到的装入点文件夹实际上对应到了一个分区。

步骤 1：在"磁盘管理"的工作栏窗口中右击要更改盘符的卷，在弹出的快捷菜单中选择"更改驱动器号和路径"命令，打开更改驱动器号和路径的对话框。

步骤 2：单击"添加"按钮，打开如图 4-11 所示的"添加驱动器号或路径"对话框，在该对话框中输入 NTFS 或 ReFS 分区中的空文件夹路径，或单击"浏览"按钮寻找空文件夹。

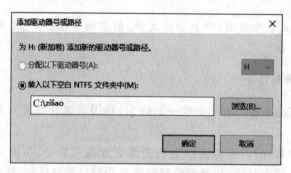

图 4-11 指定驱动器装入点

步骤 3：单击"确定"按钮，即可完成驱动器号和路径的更改。

注意：如果要修改装入点文件夹路径，需要先删除该路径，然后使用新位置创建新的文件夹路径。不能直接修改。

5. 分区格式化

如果创建分区时没有进行格式化或需要重新格式化，则可以右击该分区，在弹出的快捷菜单中选择"格式化"命令，在弹出的对话框中单击"确定"按钮即可。

6. 修改卷标

卷标是一个磁盘的一个标识，在有些应用中会使用磁盘卷标，要修改分区的卷标可右击磁盘分区,选择弹出的快捷菜单中的"属性"命令,然后在"常规"选项卡中的磁盘图标后的文本框中输入后,单击"确定"按钮即可。

任务 2　动态磁盘的管理

任务描述:某用户欲在指定的分区安装某个软件,发现此分区磁盘空间不够,需要使用操作系统自带功能扩充分区空间。此外,还需要使用操作系统自有功能实现分区的容灾备份。

任务目标:在 Windows Server 2019 系统中,使用动态磁盘的功能可以轻易将空间扩展到新的未用空间中,甚至还可以扩展到另一磁盘上,而且卷可以提供多种容错功能。

4.2.1　基本磁盘与动态磁盘的转换

在基本磁盘上,只准许同一磁盘上的连续空间划分为一个分区;而在动态磁盘上没有分区的概念,它以"卷"命名。卷和分区差距很大,同一分区只能存在于一个物理磁盘上,而同一个卷却可以跨越多达 32 个物理磁盘,这在服务器上是非常实用的功能。在 Windows Server 2019 中,可以将基本磁盘装换为动态磁盘,以创建不同类型的动态卷。转换为动态磁盘后,将不再包括基本卷(主分区和逻辑驱动器)。

1. 将基本磁盘转换为动态磁盘

操作步骤如下。

步骤 1:单击服务器管理器中"工具/计算机管理"菜单,在计算机管理控制台中单击窗口左侧目录树中"存储"下的"磁盘管理"选项。

步骤 2:右击要转换的磁盘,在弹出的快捷菜单中选择"转换到动态磁盘"命令,在弹出的对话框中选择要装换的磁盘。如果是已被分区的磁盘,将提示无法从此磁盘上的任何卷(除了当前启动卷外)启动已安装的操作系统。

步骤 3:单击"确定"按钮,系统自动完成转换。

2. 将动态磁盘转换为基本磁盘

如果还没有划分卷的动态磁盘可以直接进行转换,已划分卷的动态磁盘操作步骤如下。

步骤 1:将全部卷内数据备份到其他磁盘上。

步骤 2:在"磁盘管理"中,右击要转换为基本磁盘的动态磁盘上的卷,然后单击"删除卷"按钮。对该磁盘上的所有卷逐个进行上述操作,以删除磁盘上的全部卷。

步骤 3:删除磁盘上全部卷后,右击该磁盘,再单击"转换为基本磁盘"按钮。

注意:磁盘在转换为基本磁盘时不能包含任何卷和数据。如果要保留数据,在转换为基本磁盘之前备份该磁盘上的数据,或将其移动到其他卷上。一旦将动态磁盘改回为基本磁盘,在该磁盘上就只能创建分区和逻辑驱动器。

4.2.2 创建动态卷

1. 创建简单卷

动态磁盘中最常用的是简单卷,其创建的方法与基本磁盘中的创建方法相同。

2. 创建跨区卷

跨区卷是一种由多个物理磁盘空间所组成的动态卷。如果简单卷不是系统卷或启动卷,可以将其扩展到其他磁盘。如果跨越多个磁盘扩展简单卷,则该卷将成为跨区卷。

例如,创建跨区卷 H,该卷空间来自磁盘 1 和磁盘 2,磁盘 1 占用空间 3GB,磁盘 2 占用 2GB。其具体步骤如下。

步骤 1：单击服务器管理器中"工具/计算机管理"菜单,在计算机管理控制台中,单击窗口左侧目录树中"存储"下的"磁盘管理"选项,如图 4-12 所示。

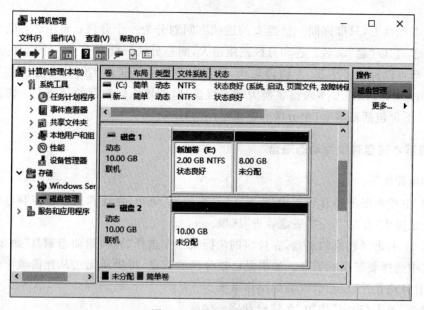

图 4-12 动态磁盘管理

步骤 2：右击磁盘 1,在弹出的快捷菜单中选择"新建跨区卷"命令,在欢迎创建向导对话框中单击"下一步"按钮。

步骤 3：在选择磁盘对话框中,可先把磁盘 2 添加到"已选的"框中,然后选中"已选的"框的"磁盘 1"后,修改"选择空间量"的值；再选中"已选"框的"磁盘 2"后,修改"选择空间量"的值,如图 4-13 所示。

步骤 4：单击"下一步"按钮,出现"指派驱动器号和路径"对话框。

步骤 5：单击"下一步"按钮,出现"卷区格式化"对话框。

步骤 6：单击"下一步"按钮,出现完成创建跨区卷的向导对话框,可检查设置是否正确。

步骤 7：单击"完成"按钮,系统将两块磁盘上的空间组合到一个卷中。卷的容量是两块

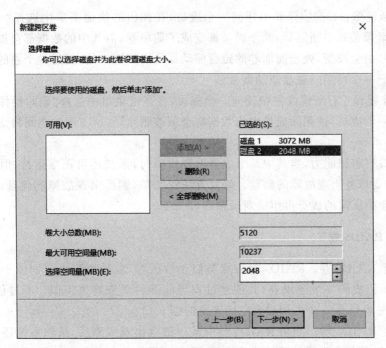

图 4-13　设置跨区卷

磁盘上的空间的和。

注意：只能扩展无文件系统的卷或使用 NTFS、ReFS 文件系统格式化的卷，不能扩展使用 FAT 或 FAT32 格式化的卷。

3. 创建带区卷

带区卷是一种以带区形式在两个或多个物理磁盘上存储数据的动态卷。带区卷上的数据被均匀地以带区形式跨磁盘交替分配，无法扩展。

例如，创建带区卷 M，该带区卷空间来自磁盘 1 和磁盘 2，每个磁盘占用空间 2GB。

创建带区卷的步骤与创建跨区卷的步骤类似，只是在选择磁盘对话框中，选中"已选的"框中的"磁盘 1"后，修改"选择空间量"的值；在"已选的"框中的"磁盘 2"的容量自动跟随磁盘 1 的值变化。

创建完毕后，系统将两块磁盘上的空间组合到一个卷中。卷的容量仍是两块磁盘上的空间的和。

4. 管理镜像卷

镜像卷的创建步骤与创建带区卷是一样的。与跨区卷、带区卷不同的是，它可以包含系统卷和启动卷。

镜像卷的创建有两种形式：可以由一个简单卷与另一磁盘中的未指派空间组合而成（添加镜像），也可以由两个未指派的可用空间组合而成（新建镜像卷）。

镜像卷的创建过程类似于前面几种动态卷的创建过程，在此不再重复。

创建完毕后，如果想单独使用镜像卷中的某一个成员，可以通过下列方法之一实现。

　　（1）中断镜像：右击镜像卷中任何一个成员，在弹出的快捷菜单中选择"中断镜像卷"命令即可。镜像关系中断以后，两个成员都变成了简单卷，但其中的数据都会被保留。并且磁盘驱动器号也会改变，处于前面卷的磁盘驱动器号沿用原来的，而后一个卷的磁盘驱动器号将会变成下一个可用的磁盘驱动器号。

　　（2）删除镜像：右击镜像卷中任何一个成员，在弹出菜单中选择"删除镜像"命令，选择删除其中的一个成员，被删除成员中的数据将全部被删除，它所占用的空间将变为未指派的空间。

　　镜像卷具有容错能力，当其中某个成员出现故障时，系统还可正常运行，但是不再具有容错能力，需要修复出现故障的磁盘。修复方法很简单，删掉出现故障的硬盘，添加新硬盘后与原镜像卷中正常的成员再组成新镜像即可。

5. 管理 RAID5 卷

　　（1）创建 RAID5 卷。RAID5 卷有点类似于带区卷，也是由多个分别位于不同磁盘的未指派空间所组成的一个逻辑卷，其创建过程与前面的动态卷也类似。不过创建完毕后，RAID5 卷的总容量是 n 个占用磁盘空间容量的 $(n-1)/n$。

　　（2）修复 RAID5 卷。如果 RAID5 卷中某一磁盘出现故障后，虽然系统还是能够得知其内的数据，但是却丧失了故障转移功能，此时应该尽快修复故障的磁盘，以便继续提供故障转移功能。假设在图 4-14 中的磁盘出现严重故障，将在"磁盘管理器"中将会看到标记为"丢失"的字样。要修复 RAID5 卷，可执行以下步骤。

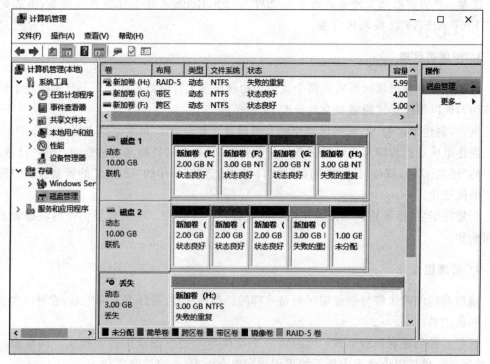

图 4-14　磁盘故障

　　步骤 1：将故障盘从计算机中拔出，将新磁盘正确接入计算机。

步骤2：将新加的磁盘初始化，新磁盘将处于联机状态。

步骤3：右击原来 RAID5 卷中正常的成员之一（显示状态为"失败的重复"），在弹出的快捷菜单中选择"修复卷"命令。然后，在弹出的对话框中选择新磁盘后单击"确定"按钮，RAID5 卷恢复正常。如果新磁盘还没有转换为动态磁盘，将出现提示转换为动态磁盘的提示。

步骤4：右击标记"丢失"的磁盘，在弹出的快捷菜单中选择"删除磁盘"命令，将这个磁盘符号删除以免引起误解。

如果某块磁盘出现的是脱机故障，只需将磁盘联机后，右击 RAID5 卷中正常的成员之一，在弹出的快捷菜单中单击"重新激活卷"命令即可恢复 RAID5 卷。

任务3　磁盘配额

任务描述：在某公司的文件服务器上欲实现如下功能：登录到服务器上的用户不能干涉其他用户的工作；一个或多个用户不能独占公用服务器上的磁盘空间；在个人共享文件夹中，用户不能使用过多的磁盘空间；不同级别的用户可使用文件服务器的磁盘容量不同。

任务目标：使用 Windows Server 2019 的磁盘配额功能控制用户在服务器中的磁盘使用量。当用户使用了一定的服务器磁盘空间以后，系统可以采取发出警告、禁止用户对服务器磁盘的使用、将事件记录到系统日志中等操作，这样，用户便不可以随意使用服务器空间，防止在服务器磁盘中存放过期的、没用的文件了。

4.3.1　认知磁盘配额

所谓磁盘配额就是管理员可以对登录系统的每个用户所能使用的磁盘空间进行配额限制，即每个用户只能使用最大配额范围内的磁盘空间。磁盘配额监视个人用户卷的使用情况，因此，每个用户对磁盘空间的利用都不会影响同一卷上其他用户的磁盘配额。磁盘配额具有如下特性。

1. 配额和用户

磁盘配额监视用户使用卷的情况，每个用户对磁盘空间的利用都不会影响同一卷上的其他用户的磁盘配额。例如，如果卷 F 的配额限制是 500MB，而用户已在卷 F 中保存了 500MB 的文件，那么该用户必须首先从中删除或移动某些文件之后才可以将其他数据写入卷中。但是只要磁盘有足够的空间，其他每个用户就可以在该卷中保存最多 500MB 的文件。

磁盘配额是以文件所有权为基础的，并且不受卷中用户文件的文件夹位置的限制。如果用户把文件从一个文件夹移动到相同卷上的其他文件夹，则卷空间使用不变，但是如果用户将文件复制到相同卷上的不同文件夹中，则卷空间使用将加倍，或者如果另一个用户创建了 200KB 的文件，而当前用户取得了该文件的所有权，那么另一用户的磁盘使用将减少 200KB，而当前用户的磁盘使用将增加 200KB。

2．配额和卷

磁盘配额只应用于卷，且不受卷的文件夹结构及物理磁盘上的布局的影响，如果卷有多个文件夹，则分配给该卷的配额将整个应用于所有文件夹。如"\\服务器\share1"和"\\服务器\share2"是 E 卷上的共享文件夹，则用户存储在这些文件夹中的文件不能使用多于 E 卷配额限制设置的磁盘空间。

如果单个物理磁盘包含多个卷，并把配额应用到每个卷，则每个卷配额只适用于特定的卷。例如，用户共享两个不同的卷，分别是 E 卷和 F 卷，则即使这两个卷在相同物理磁盘上，也分别对这两个卷的配额进行跟踪。

如果一个卷跨越多个物理磁盘，则整个跨区卷使用该卷的同一配额。例如，E 卷的配额限制为 500MB，则不管 E 卷是在一个物理磁盘上还是跨越 3 个磁盘，都不能把超过 500MB 的文件保存到 E 卷。

3．配额和文件系统转换

磁盘配额都是以文件所有权为基础的，对卷做任何影响文件所有权状态的更改，包括文件系统转换，都可能影响该卷的磁盘配额。因此，在现有的卷从一个文件系统转换到另一文件系统之前，管理员应该了解这种转换可能引起所有权的变化。

磁盘配额只有在 NTFS、ReFS 文件系统才支持，以卷为单位管理磁盘配额，必须在 NTFS、ReFS 格式的卷上才可以实现该功能。

磁盘配额不支持文件压缩，当磁盘配额程序统计磁盘使用情况时，都是统一按未压缩文件的大小来统计，而不管它实际占用了多少磁盘空间。这主要是因为使用文件压缩时，不同类型的文件类型有不同的压缩比，相同大小的两种文件压缩后大小可能截然不同。

4.3.2　管理磁盘配额

在 Windows Server 2019 中设置和使用磁盘配额非常简单。磁盘配额的管理主要包括启用磁盘配额和为特定用户指定磁盘配额两个方面的内容，现在分别予以完成。

1．启用磁盘配额

启用磁盘配额，当用户使用超过管理员所指定的磁盘空间时，阻止其进一步使用磁盘空间或记录用户的使用情况。其操作步骤如下。

步骤 1：如果已经创建好 NTFS/ReFS 的卷，在文件资源管理器中，右击要设置配额的磁盘，在弹出的快捷菜单中选择"属性"命令，打开本地磁盘属性对话框。

步骤 2：单击"配额"选项卡，在如图 4-15 所示的对话框中选中"启用配额管理"复选框，其下的各个复选框将变为可用状态，其中，"拒绝将磁盘空间给超过配额限制的用户"复选项，磁盘使用空间超过配额限制的用户将收到来自 Windows 的"磁盘空间不足"的提示信息，并且在没有从中删除和移动现存文件的情况下无法将额外的数据写入卷中。如果清除该复选框，则用户可以超过配额限制，无限制地使用磁盘空间。选中"不限制磁盘使用"单选按钮，则用户可以无限制地使用服务器磁盘空间。

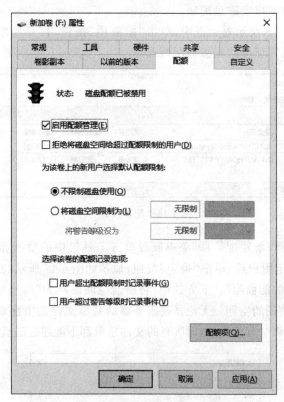

图 4-15 磁盘配额

选中"将磁盘空间限制为"和"将警告等级设置为"单选按钮,并输入允许卷的新用户使用的磁盘空间,和用户使用的磁盘空间接近警告值时发出警告。在磁盘空间和警告级别中可以使用十进制数值(如 20.5),并从下拉列表中选择适当的单位(如 KB、MB、GB 等)。

选中"用户超出配额限制时记录事件"复选项,如果启用磁盘配额,则只要用户超过管理员设置的配额限制,事件就会写入本地计算机的系统日志中。管理员可以用事件查看器,通过筛选磁盘事件类型来查看这些事件。默认情况下,配额事件每小时都会被写入本地计算机的系统日志。

选中"用户超过警告等级时记录事件"复选项,如果启用配额,则只要用户超过管理员设置的警告级别,事件就会写入本地计算机的系统日志中。管理员可以用事件查看器,通过筛选磁盘事件类型来查看这些事件。

步骤 3:单击"确定"按钮,保存所做设置,启用磁盘配额。

除了可以在本地服务器的卷上启动磁盘配额外,还可以管理远程计算机上的磁盘配额。在管理远程计算机的磁盘配额之前,先要使用映射网络驱动器功能把远程计算机的卷进行连接。当远程计算机的卷映射为网络驱动器之后,就可以通过"文件资源管理器"对其进行操作了,如同对本地磁盘进行操作一样简单。不过,远程计算机中的卷也必须是 NTFS/REFS 文件系统格式的卷。

2. 为特定用户指定磁盘配额

如果需要单独为某一用户指定磁盘配额,比如设置更多的磁盘使用空间或更少的磁盘空间,可以为该用户单独指定磁盘配额。

步骤 1：在如图 4-15 所示对话框中,单击"配额项"按钮,打开如图 4-16 所示配额管理窗口,此时可以查看到管理员的配额分配情况。

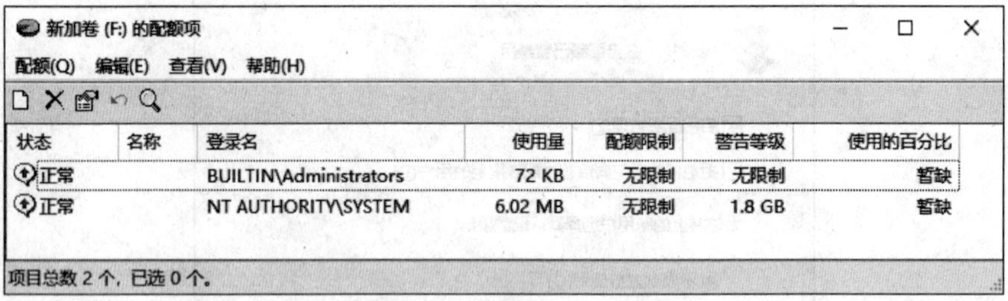

状态	名称	登录名	使用量	配额限制	警告等级	使用的百分比
正常		BUILTIN\Administrators	72 KB	无限制	无限制	暂缺
正常		NT AUTHORITY\SYSTEM	6.02 MB	无限制	1.8 GB	暂缺

图 4-16　配额管理

步骤 2：单击"配额/新建配额项"菜单或者单击工具栏中的 图标,打开"选择用户"对话框。在对话框中指定用户后,单击"确定"按钮,显示如图 4-17 所示的"添加新配额项"对话框。在"设置所选用户的配额限制"下方选中"将磁盘空间限制为"单选按钮,并在文本框中为该用户设置访问磁盘使用的空间。无论是在服务器的共享文件夹中存放文件,还是通过 FTP 来上传文件,磁盘配额都是有作用的,即所有的文件总量都不能超过磁盘限额所规定的空间。

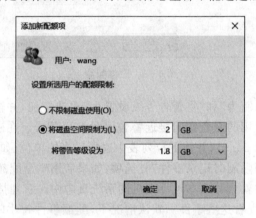

图 4-17　"添加新配额项"对话框

步骤 3：单击"确定"按钮,保存所做设置,至此为用户指定了磁盘配额,指定的用户被添加到本地卷配额项列表中,如图 4-18 所示。

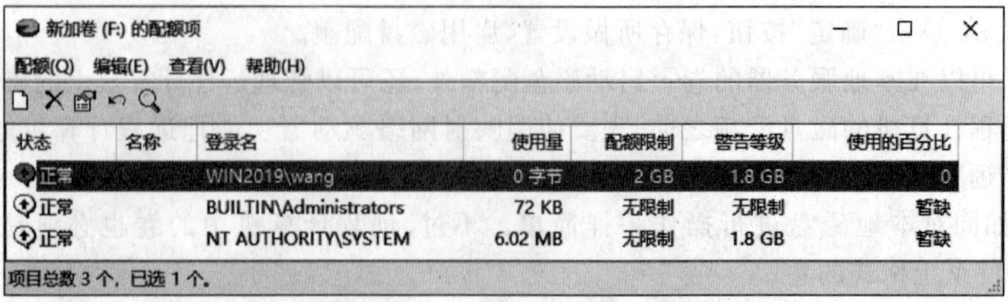

状态	名称	登录名	使用量	配额限制	警告等级	使用的百分比
正常		WIN2019\wang	0 字节	2 GB	1.8 GB	0
正常		BUILTIN\Administrators	72 KB	无限制	无限制	暂缺
正常		NT AUTHORITY\SYSTEM	6.02 MB	无限制	1.8 GB	暂缺

图 4-18　磁盘配额设置成功

步骤 4：分别在添加新配额项和磁盘属性窗口中单击"确定"按钮,完成磁盘配额。

如果想删除指定的配额项,可在本地磁盘的配额项窗口中选中欲删除的列表项,然后单击鼠标右键,从弹出的快捷菜单中选择"删除"命令即可。

实　　训

1. 实训目的

(1) 深入理解 Windows Server 2019 磁盘管理的方法。

(2) 熟悉 Windows Server 2019 磁盘管理的相关操作。

2. 实训内容

(1) 在基本磁盘上建立分区、格式化分区、更改驱动器字母、设置驱动器路径等。

(2) 将基本磁盘转化为动态磁盘。

(3) 建立简单卷、跨区卷、带区卷、镜像卷、RAID5 卷。

(4) 设置磁盘配额。

3. 实训要求

(1) 在 Windows 系统中增加 3 块磁盘。

(2) 将磁盘 1~磁盘 3 转换为动态磁盘。

(3) 分别创建简单卷、跨区卷、带区卷、镜像卷、RAID5 卷,其容量均为 500MB。

(4) 禁用 RAID5 卷用到的两块磁盘,观察其中存入的数据。

(5) 尝试修复出故障的 RAID5 卷。

(6) 设置用户 user1 限制磁盘空间的可用大小为 10MB。警告级别为 9MB,并进行测试。

习　　题

一、填空题

1. Windows Server 2019 动态磁盘可支持多种特殊的动态卷,包括 _____、_____、带区卷、镜像卷等。

2. Windows 2019 可以通过两种方式管理磁盘,分别是 _____ 和 _____。

3. RAID5 卷的总容量是 n 个占用磁盘空间容量的 _____。

4. RAID5 卷至少包含 _____ 块磁盘,最多可包含 _____ 块磁盘。

二、选择题

1. 在 Windows Server 2019 的动态磁盘中,具有容错力的是(　　)。
　　A. 简单卷　　　　　B. 跨区卷　　　　　C. 镜像卷　　　　　D. RAID5 卷

2. 以下 Windows Server 2019 所有磁盘管理类型中,运行速度最快的卷是(　　)。
　　A. 简单卷　　　　　B. 带区卷　　　　　C. 镜像卷　　　　　D. RAID5 卷

3. 下列基本磁盘升级为动态磁盘后的变化正确的是(　　)。
　　A. 主磁盘分区→简单卷　　　　　　　　B. 扩展磁盘分区→简单卷
　　C. 镜像集→镜像卷　　　　　　　　　　D. 带区集→带区卷

4. 以基本磁盘方式管理磁盘时,最多可以在磁盘中建立(　　)个主分区。
　　A. 1　　　　　　　B. 2　　　　　　　C. 3　　　　　　　D. 4

三、简答题

1. 简述分区、主分区、扩展分区之间的关系。
2. 使用磁盘配额应遵循哪些原则?
3. 试比较 RAID1 和 RAID5 的区别。
4. 为什么带区卷比跨区卷能提供更好的性能?

项目 5　DNS 服务器配置与管理

项目描述：某公司员工经常利用 IP 地址访问本公司的 Web 站点、FTP 站点、E-mail 站点及其他信息系统，但经常混淆或忘记 IP 地址。现要求能像访问百度、网易那样，用域名网址的方式来访问这些服务器。

项目目标：利用 Windows Server 2019 系统的 DNS 服务即可实现利用容易记忆的域名来代替 IP 地址来访问各个站点。在此，要掌握 DNS 服务器的配置技术和在不同环境的应用方法。

任务 1　认知 DNS 服务器

任务描述：使用 DNS 服务的网络有 Intranet（内联网）和 Extranet（外联网），实现成千上万域名解析的 DNS 系统是一个庞大的分布式系统，因此，系统管理员必须掌握和理解 DNS 服务相关的概念、理论以及技术的应用方式。

任务目标：通过学习，深入理解 DNS 的基本概念、作用、组件，以及 DNS 服务的工作过程等内容。

5.1.1　DNS 服务

在网络服务使用过程中，如果直接利用 IP 地址来访问服务器，如 http://202.206.80.35，这样的方式对于用户极不方便。于是，人们想出了利用服务器的主机名或域名来访问服务器，如利用 http://www.sjzpt.edu.cn 来访问网站，这样既直观又容易记忆。但是，计算机只能识别 IP 地址，这就要求需要一套专门用于将域名转化为 IP 地址的系统。

早在 Internet 发展初期，整个网络上只有数百台计算机，使用 hosts 文件保存所有主机名字和 IP 的对应关系，只要用户输入一个主机名字，计算机就可以立即根据此文件内记录找到该主机对应的 IP 地址。但随着 Internet 规模的扩大，只由一台计算机承担全网的名称解析是不现实的。1983 年，Internet 开始采用层次结构命名作为主机的名字，并使用域名系统 DNS 来完成域名解析服务。Internet 的域名系统是一个联机分布式数据库系统，采用"客户机/服务器"模式。这种域名系统使大多数名字解析在本地完成，仅少数名字的解析在 Internet 上完成，即使某台承担名称解析的计算机出现故障，也不会影响整个域名解析系统的运行。

DNS 服务就是对采用层次结构的 Internet 域名系统的解析服务，包括将 Internet 域名解析成 IP 地址和将 IP 地址解析成 Internet 域名。承担 DNS 服务的计算机称作 DNS 服务器,由 DNS 服务器负责解析的域名集合称作区域。

5.1.2　域名结构

现今的 Internet 上,计算机名采用分层结构来命名,首先在最高层划分名称空间,并指定代理者负责下一级的名称管理,然后在第二层划分名称空间,以此类推,最后形成一个树状名称空间,也叫域名空间。DNS 域名空间可有 5 级组成,分别是根域、顶级域、二级域、子域和主机(资源)名称,如图 5-1 所示。

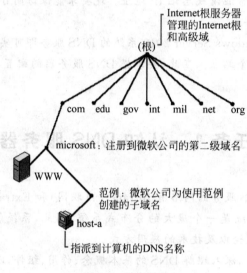

图 5-1　域名结构

根域在域树结构的最顶部,它代表整个 Internet 或 Intranet,根名也可表示为空标记"",但在文本格式中被写为"."。根域代表未命名的级别,在 Internet 中,根域包括 13 台根域服务器,用来管理 Internet 的根和最高域。

顶级域(一级域)位于根域的下面,用于对 DNS 的分类管理。如 com(商业机构)、net(网络服务机构)、edu(教育机构)、gov(政府部门)、org(非商业机构)、cn(中国)、jp(日本)等。

二级域位于顶级域下面,是为了在 Internet 上使用而由个人或单位注册的名称。如果企业网络要接入 Internet 并对外提供网络服务,必须申请注册全球唯一的二级域名。

三级以下的域名都可被称为子域,通常由已登记注册的二级域名的单位来创建和指派。该单位可以在申请到的组织名下添加子域,子域下面还可以划分任意多个低层子域,例如,edu.cn 中的 sjzpt。

主机或资源名称位于 DNS 树中的最底层,是 DNS 叶节点,它用于标识特定的主机名或资源名,在 DNS 服务器中用于定位主机的 IP 地址。

在域名系统中,完全合格域名(FQDN)是从叶节点的域名依次向上,直到根的所有标记组成的串,标记之间由"."分隔开。例如,www.sjzpt.edu.cn 就是一个完全合格的域名。

5.1.3　DNS 区域资源记录

DNS 数据库包括 DNS 服务器所使用的一个或多个区域文件。每个区域都拥有一组结构化的资源记录,资源记录的种类决定了该资源记录对应的计算机的功能。也就是说,如果建立了主机记录,就表明计算机是主机;如果建立的是邮件服务器记录,就表明该计算机是邮件服务器。

1. DNS 资源记录的格式

如表 5-1 中所述,所有的资源记录都有一个使用相同顶级字段的定义格式。

表 5-1　资源记录格式

字　　段	描　　述
名称(name)	名称字段,此字段是资源记录引用的域对象名,可以是一台单独的主机也可以是整个域。字段值:"."是根域;@是默认域,即当前域
生存时间(TTL)	对于大多数资源记录,该字段是可选的。生存时间字段,它以秒为单位定义该资源记录中的信息存放在 DNS 缓存中的时间长度。通常此字段值为空,表示采用 SOA 记录中的最小 TTL 值(即 1 小时)
地址类(address class)	包含表示资源记录类别的标准记录文本。例如,IN 设置指明资源记录属于 Internet 类别,此类别是 Windows Server 2019 DNS 服务器支持的唯一类别
记录类型(record type)	包含表示资源记录种类的标准记录文本。例如,助记符 A 表示资源记录存储主机地址信息。该字段是必需的
记录特定的数据	包含用于描述资源的信息而且长度可变的必要字段。该信息的格式随资源记录的种类和类别而变化

2. 常见的资源记录

(1) A 记录。A 记录代表"主机名称"与 IP 地址的对应关系,它的作用是把名称转换成 IP 地址。

(2) CNAME 记录。某些名称并没有对应的 IP 地址,而只是一个主机名的别名。CNAME 记录代表别名与规范主机名称之间的对应关系。如管理员可能公告他们网站的主机名称为 www.a.com,但其实 www.a.com 只是一个指向 server1.a.com 的 CNAME 记录而已。而在 server1.a.com 维护期间,可以临时将 www.a.com 指向 server2.a.com。

(3) MX 记录。MX 记录提供邮件路由信息。提供网域的"邮件交换器"(mail exchanger)的主机名称以及相对应的优先值。当 MTA 要将邮件送到某个网域时,会优先将邮件交给该网域的 MX 主机。同一个网域可能有多个邮件交换器,所以每一个 MX 记录都有一个优先值,供 MTA 作为选择 MX 主机的依据。

(4) PTR 记录。PTR 记录代表"IP 地址"与"主机名"的对应关系,作用刚好与 A 记录相反。当多个域名对应同一个 IP 时,PTR 记录应指向该 IP 地址的规范主机名。

5.1.4 DNS 解析的工作过程

当 DNS 客户端需要查询程序中使用的名称时,它会查询 DNS 服务器来解析该名称。客户端发送的每条查询消息都包括三条信息,指定服务器回答的问题如下。

(1) 指定的 DNS 域名规定为完全合格的域名(FQDN)。

(2) 指定的查询类型可根据类型指定资源记录,或者指定为查询操作的专门类型。

(3) DNS 域名的指定类别。对于 Windows DNS 服务器,它始终应指定为 Internet (IN)类别。

例如,指定的名称可以是计算机的 FQDN,例如,host-a. example. microsoft. com,而指定的查询类型可以是通过该名称搜索地址(A)资源记录。将 DNS 查询看作客户端向服务器询问由两部分组成的问题,例如,"您是否拥有名为 hostname. example. microsoft. com 的计算机的 A 资源记录"? 当客户端收到来自服务器的应答时,它将读取并解译应答的 A 资源记录,获取根据名称询问的计算机的 IP 地址。

DNS 查询以各种不同的方式进行解析。有时,客户端也可使用从先前的查询获得的缓存信息就地应答查询。DNS 服务器可使用其自身的资源记录信息缓存来应答查询。DNS 服务器也可代表请求客户端查询或联系其他 DNS 服务器,以便完全解析该名称,并随后将应答返回至客户端。这个过程称为递归。

另外,客户端自己也可尝试联系其他的 DNS 服务器来解析名称。当客户端这么做的时候,它会根据来自服务器的参考答案,使用其他的独立查询。该过程称作迭代。

总之,DNS 查询过程按两部分进行:

(1) 名称查询从客户端计算机开始,并传送至解析程序即 DNS 客户程序进行解析。

(2) 不能就地解析查询时,可根据需要查询 DNS 服务器来解析名称。

下面将详细地解释这两个过程。

1. 本地解析程序

图 5-2 显示了完整的 DNS 查询过程的概况。

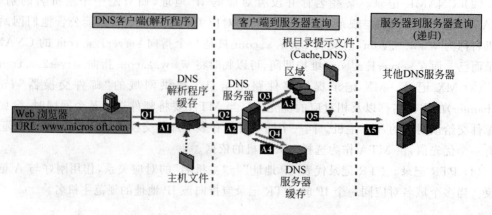

图 5-2 DNS 查询过程

如查询过程的初始步骤所示,DNS 域名由本机的程序使用。该请求随后传送至 DNS 客户程序,以便使用本地缓存信息进行解析。如果可以解析查询的名称,则应答该查询,该处理完成。

本地解析程序的缓存可包括从两个可能的来源获取的名称信息:

(1) 如果本地配置主机(host)文件,则来自该文件的任何主机名称到地址的映射,在 DNS 客户程序启动时将预先加载到缓存中。

(2) 从以前的 DNS 查询应答的响应中获取的资源记录,将被添加至缓存并保留一段时间。

如果此查询与缓存中的项目不匹配,则解析过程继续进行,客户端查询 DNS 服务器来解析名称。

2. 查询 DNS 服务器

如图 5-2 所示,客户端将查询首选 DNS 服务器。当 DNS 服务器接收到查询时,首先检查它能否根据在服务器的本地配置区域中获取的资源记录信息做出权威性的应答。如果查询的名称与本地区域信息中的相应资源记录匹配,则使用该信息来解析查询的名称,服务器做出权威性的应答。

如果区域信息中没有查询的名称,则服务器检查它能否通过来自先前查询的本地缓存信息来解析该名称。如果从中发现匹配的信息,则服务器使用该信息应答查询。接着,如果首选服务器可使用来自其缓存的肯定匹配响应来应答发出请求的客户端,则此次查询完成。

如果无论从缓存还是从区域信息,查询的名称在首选服务器中都未发现匹配的应答,那么查询过程可继续进行,使用递归来完全解析名称。这涉及来自其他 DNS 服务器的支持,以便帮助解析名称。在默认情况下,DNS 客户端程序要求服务器,在返回应答前使用递归过程来代表客户端完全解析名称。在大多数情况下,DNS 服务器被默认配置为支持递归过程,如图 5-3 所示。

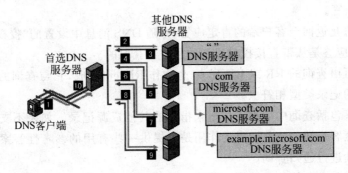

图 5-3　递归查询

为了使 DNS 服务器正确执行递归过程,首先需要在 DNS 域名空间内有关于其他 DNS 服务器的一些有用的联系信息。该信息以根提示的形式提供,它是一张初始资源记录列表,DNS 服务可利用这些记录定位其他 DNS 服务器,它们对 DNS 域名空间树的根具有绝对控制权。根服务器对于 DNS 域名空间树中的根域和顶级域具有绝对控制权。

使用根提示查找根服务器,DNS 服务器可完成递归的使用。理论上,该过程启用 DNS

服务器,以便那些对域名空间树的任何级别使用的任何其他 DNS 域名具有绝对控制权的服务器。

例如,当客户端查询单个 DNS 服务器时,请考虑使用递归过程来定位名称 host-b. example. microsoft. com。在 DNS 服务器和客户端首次启动,并且没有本地缓存信息可帮助解析名称查询,就会进行上述过程。根据其配置的区域,它假定由客户端查询的名称是域名,该服务器对该域名没有本地知识。

首先,首选服务器分析全名,并确定它需要对顶级域 com 具有权威性控制的服务器的位置。随后,对 com 的 DNS 服务器使用迭代查询,以便获取 microsoft. com 服务器的参考信息。接着,来自 microsoft. com 服务器的参考性应答,传送到 example. microsoft. com 的 DNS 服务器。

最后,与服务器 example. microsoft. com 联系上。因为该服务器包括作为其配置区域一部分的查询名称,所以它向启动递归的源服务器做出权威性地应答。当源服务器接收到表明已获得对请求查询的权威性应答的响应时,它将此应答转发给发出请求的客户端,这样递归查询过程就完成了。

尽管执行上述递归查询过程可能需要占用大量资源,但对于 DNS 服务器来说它仍然具有一些性能上的优势。例如,在递归过程中,执行递归查询的 DNS 服务器,获得有关 DNS 域名称空间的信息。该信息由服务器缓存起来并可再次使用,以便提高使用此信息或与之匹配的后续查询的应答速度。虽然打开与关闭 DNS 服务时,这些缓存信息将被清除,但是随着时间的推移,它们会不断增加并占据大量的服务器内存资源。

前面对 DNS 查询的讨论,都假定此过程在结束时会向客户端返回一个肯定的响应。然而,查询也可返回其他应答。最常见的应答有:

(1) 权威性应答。

(2) 肯定应答。

(3) 参考性应答。

(4) 否定应答。

权威性应答是返回至客户端的肯定应答,并随 DNS 消息中设置的"授权机构"位一同发送,消息指出此应答是从带直接授权机构的服务器获取的。

肯定应答可由查询的 RR 或 RR 列表(也称作 RRset)组成,它与查询的 DNS 域名和查询消息中指定的记录类型相符。

参考性应答包括查询中名称或类型未指定的其他资源记录。如果不支持递归过程,则这类应答返回至客户端。这些记录的作用是为提供一些有用的参考性答案,客户端可使用参考性应答继续进行递归查询。

参考性应答包含其他的数据,如不属于查询类型的资源记录(RR)。例如,如果查询主机名称为 www,并且在这个区域未找到该名称的 ARR,相反找到了 www 的 CNAME RR,DNS 服务器在响应客户端时可包含该信息。

如果客户端能够使用迭代过程,则它可使用这些参考性信息为自己进行其他查询,以求完全解析此名称,并以肯定或否定响应的形式,解析程序将查询结果传回请求程序,再把响应消息缓存起来。

来自服务器的否定应答可以表明:当服务器试图处理并且权威性地彻底解析查询的时

候,可能遇到的情况是在 DNS 名称空间中没有查询的名称;或者查询的名称存在,但地名称不存在指定类型的记录。

在进行域名解析时,DNS 服务器又可以提供两种不同方向的查询。

(1) 正向解析:DNS 服务器根据客户端请求的域名查询其对应的 IP 地址。

(2) 反向解析:DNS 服务器根据客户端提供的 IP 地址查询其对应的域名。

任务 2　安装 DNS 服务器

任务描述:当某单位的各类应用服务需要使用域名方式来访时,就需要架设 DNS 服务器,解决 DNS 的主机名称自动解析为 IP 地址的问题。

任务目标:通过学习,理解安装过程中遇到的各种术语、选项的含义,并能够做出正确选择,为以后 DNS 服务器的管理打下坚实的基础。

5.2.1　安装 DNS 服务的步骤

默认情况下 Windows Server 2019 系统中没有安装 DNS 服务器。在此,首先安装主要 DNS 服务器,其步骤如下。

步骤 1:在服务器管理器仪表板工作区单击"添加角色和功能"链接,出现开始之前向导,在此界面中提示了一些应提前完成的任务。确认无误后单击"下一步"按钮。

步骤 2:在"安装类型"向导界面中可以选择是在物理机安装还是在虚拟机安装,在此可选择"基于角色或基于功能的安装",即在本地物理机上安装本服务,然后单击"下一步"按钮。

步骤 3:在"服务器选择"向导界面中可以先选择在物理硬盘还是虚拟磁盘上安装,然后在服务器池列表中选择服务器,在此可选择"从服务器池中选择服务器"选项,即在物理硬盘上安装,在服务器池中选定服务器后单击"下一步"按钮。

步骤 4:在"服务器角色"向导界面中,在角色列表中选中"DNS 服务器"选项,将弹出提示对话框,如图 5-4 所示,单击"添加功能"按钮将选中 DNS 服务器,然后单击"下一步"按钮。

步骤 5:在"功能"向导界面中,可根据需要在功能列表中选中相关功能,在此可直接单击"下一步"按钮继续。

步骤 6:在 DNS 服务器介绍界面中介绍了有关概念,在此可直接单击"下一步"按钮继续。

步骤 7:在"确认"向导界面中显示出安装的服务及工具。如果有需要,还可以单击"导出配置设置"及"指定备用源路径"链接进行设置。然后单击"安装"按钮开始安装。

步骤 8:在安装进度界面中可以显示出安装进度及安装结果,安装完成后单击"关闭"按钮即可。

注意:

① 安装 DNS 服务器的用户必须是 Administrators 且为 Domain Admins 组的成员,即先以上述组的成员帐户登录,如使用 Administrator 帐户登录。

② 服务器 IP 地址应设为静态的 IP 地址。

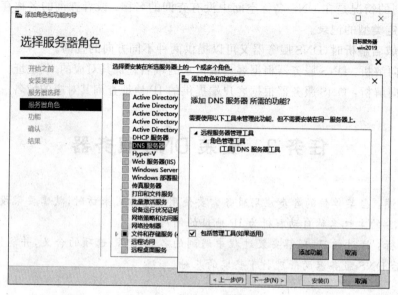

图 5-4　选择服务器角色

5.2.2　DNS 服务器属性

系统管理员在完成了 DNS 服务器的安装以后，还需要对 DNS 服务器的一些重要属性进行设置。

1. 配置接口

在默认情况下，DNS 服务器会接受来自安装在 DNS 服务器上所有的接口的查询。如果需要，可以配置服务器只接受来自特定接口的查询。操作步骤如下。

步骤 1：依次单击服务器管理器中"工具/DNS"菜单，打开"DNS 管理器"窗口，如图 5-5 所示。

步骤 2：在"DNS 管理器"窗口中右击服务器，在弹出的快捷菜单中选择"属性"命令，打开 DNS 服务器属性对话框，如图 5-6 所示。

图 5-5　"DNS 管理器"窗口

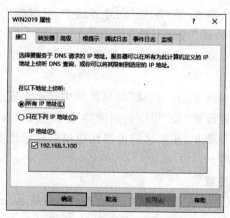

图 5-6　DNS 服务器属性对话框

步骤 3：在 DNS 服务器属性对话框中选择"接口"选项卡,可以选择"只在下列 IP 地址",在这个列表中包括了安装 DNS 服务器时所有活动的接口。

步骤 4：在列表中可以选择允许查询的接口,最后单击"确定"按钮。

2．配置转发器

转发器就是转发 DNS 服务器,也叫缓存域名服务器。通常每个 DNS 服务器都维护了最近解析的域名的缓存。如果客户端请求解析某个域名,DNS 服务器总是首先会在自己缓存中查找。在拥有多个单独 Internet 查询域名的 DNS 服务器的企业,很可能某个 DNS 服务器中的信息可以满足其他 DNS 服务器收到的查询要求,这种情况下就需要转发器。当本地 DNS 服务器收到的查询请求通过自己的缓存无法解析,本服务器的区域中又没有该查询的信息,则 DNS 服务器在自己解析这个查询前可以先将查询发给转发器。可以想象,若企业内部的 DNS 服务器都指向同一转发器,便可以减少许多企业外部的重复查询。

当然,也可用来将外部 DNS 名称的 DNS 查询转发给该网络外的 DNS 服务器,还可使用"条件转发器"按照特定域名转发查询。通过让网络中的其他 DNS 服务器将它们在本地无法解析的查询转发给网络上的 DNS 服务器,该 DNS 服务器即被指定为转发器。使用转发器可管理网络外名称的名称解析(如 Internet 上的名称),并改进网络中的计算机的名称解析效率。图 5-7 显示了如何使用转发器定向外部名称查询。

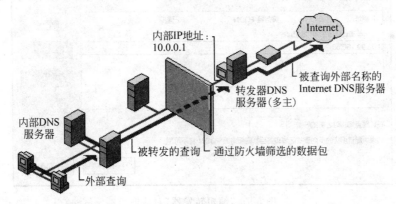

图 5-7　DNS 转发

转发器的具体配置步骤如下。

步骤 1：在 DNS 服务器属性对话框中选择"转发器"选项卡,如图 5-8 所示,单击"编辑"按钮。

步骤 2：在"编辑转发器"对话框中可以输入或删除转发器的 IP 地址,然后单击"确定"按钮即可,如图 5-9 所示。

3．配置高级选项

在 DNS 服务器属性对话框中选择"高级"选项卡,可以查看 DNS 服务器软件版本信息、配置 DNS 服务器选项和指定启动服务时从哪里加载区域数据等,如图 5-10 所示。

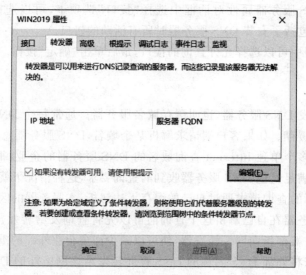

图 5-8 "转发器"选项卡

图 5-9 "编辑转发器"对话框

4. 配置根提示属性

当 DNS 服务器无法使用本地缓存和区域文件解析 DNS 查询时,通常它会从根域中查找 DNS 域名,这样服务器必须知道至少一台负责根域的服务器的标识。DNS 服务器安装后,一般不需改动默认根域服务器,但如果是在企业专用的 DNS 域名空间内,可能需要改变它。配置步骤如下。

步骤 1:在 DNS 服务器属性对话框中选择"根提示"标签,在如图 5-11 所示的窗口中单击"添加"按钮。

步骤 2:在弹出的对话框中在"服务器完全限定的域名(FQDN)"文本框中输入域名后,单击"解析"按钮,解析无误后单击"确定"按钮即可,如图 5-12 所示。

图 5-10　"高级"选项卡

图 5-11　"根提示"选项卡

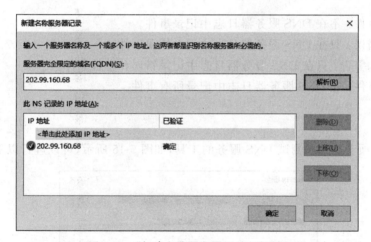

图 5-12　"新建名称服务器记录"对话框

5．调试日志

"调试日志"选项卡主要用于指定是否将从该 DNS 服务器发送和接收的数据包记录在日志文件中。要获得有用的调试记录，需要设定记录哪些方向的数据包、哪些传输协议的数据包等。

在 DNS 服务器属性对话框中选择"调试日志"选项卡，选中"调试日志数据包"复选框，即可对需要记录的内容进行选择，如图 5-13 所示。

6．事件日志

"事件日志"选项卡主要用于指定哪些事件将被记录到事件日志中，以便根据这些信息来分析服务器的性能，如图 5-14 所示，可选的项如下。

图 5-13 "调试日志"选项卡

图 5-14 "事件日志"选项卡

- 没有事件：不在 DNS 服务器日志中记录事件。
- 只是错误：只在 DNS 服务器日志中记录错误事件。
- 错误和警告：只在 DNS 服务器日志中记录错误和警告事件。
- 所有事件：在 DNS 服务器日志中记录所有事件。

7. 监视

"监视"选项卡是用来测试 DNS 服务的工具，如图 5-15 所示，可以进行以下两种测试。

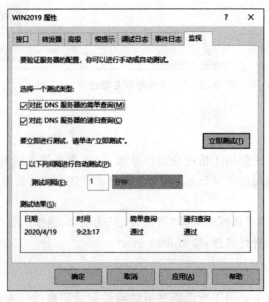

图 5-15 "监视"选项卡

- 对本 DNS 服务器的简单查询,这种测试确定服务器是否可从本区域数据中解析查询。
- 对本 DNS 服务器的递归查询,DNS 服务器将会试图使用递归查找询问其他 DNS 服务器。

测试结果显示在"测试结果"中,如果多数新近的测试失败,则在 DNS 控制台中相应服务器名字旁显示一个"信息"图标。

任务 3　配置与管理 DNS 服务器

任务描述:某分公司因办公需要架设了自己的邮件服务器,现需要解析域名 mail. test. net,由于安全原因,该 DNS 服务器无法直接与外网通信,需要借助总公司的 DNS 服务器实现互联网上域名的解析。

任务目标:通过学习,能够熟练利用 DNS 控制台,准确配置 DNS 服务器的正向区域、反向区域;掌握主机、别名、邮件交换等记录的配置及管理方法;能够配置管理转发器和根服务器,并体会在生产中的实际作用。

5.3.1　部署 DNS 服务器

由于目前的 Internet 采用分布式名字空间管理方式,负荷可以分布在多个 DNS 服务器上,所以 DNS 是可以扩展的,扩展的方法如下。

1. 用多个域名服务器提供区域服务

两个或者多个域名服务器作为同一个区域的冗余服务器。客户端查询其中任意一个域名服务器就可以获得该域的记录。其优点是:提供容错,如果某个域名服务器出了问题,客户就可以使用备用服务器;提高性能,客户端可以把它们的查询分布在所有可用的 DNS 服务器上,从而增强区域的查询响应。

Windows Server 2019 DNS 服务提供了两种支持多台 DNS 服务器部署于同一区域的方法:一个是通过主要区域和辅助区域实现,另一个是利用集成了 Active Directory 的区域实现。

在多数 DNS 服务器中,其主要区域用于保存和修改区域数据,而辅助区域中存储了从主要区域或者其他辅助区域中获得的区域数据复制。区域数据只能在主要区域更新,不能在辅助区域修改。

2. 委派授权

如果企业很小,则只需要一个 DNS 区域就可以了,但如果企业有很多办公地点或部门,就可能需要将处在不同地点的 DNS 区域作为子区域托管在当地的 DNS 服务器上,这正好可以通过创建子域并委派子域授权来实现。例如,某公司有一台 DNS 服务器 S1,负责区域 test. net,现在该公司的研发部也有一台 DNS 服务器 S2,其中管理着多个子域名,并且自己管理本部门的域名空间。那么可以在 S1 上创建一个子域 rd. test. net,并将该子域托管在 DNS 服务器 S2 上,当 S1 收到一个该子域的查询时,便由 S2 提供查询结果。

5.3.2　创建正向查找区域

区域(zone)是指 DNS 树状结构的一部分,它可以将 DNS 的域名空间分为较小的区段,以方便管理。每个 DNS 区域都对应着一个区域文件,用于保存 DNS 区域内的资源记录。在 Windows Server 2019 支出 3 种类型的区域。

主要区域:主要区域用于存储此区域内所有记录的文本。在主要区域内可以创建、修改、删除记录。主要区域的区域文件可以以文本的形式存储,也可以保存在活动目录数据库中。如果 DNS 服务器是非域控制器计算机,则以文本形式存储,其路径及文件名为 windows\system32\dns\域名.dns。若 DNS 服务器为域控制器,则可以将区域文件存储在活动目录中,并且会通过活动目录复制过程被复制到其他域控制器中。

辅助区域:辅助区域用来存储此区域所有记录的副本。在辅助区域内不能创建、修改、删除记录,只能不断地从主要区域复制区域记录。创建辅助区域的目的是减轻主要区域所在服务器的工作负荷,因为辅助区域可以帮助主要区域进行名称解析。

存根区域:存根区域同样保存区域记录的副本,但它与辅助区域不同,该区域只保存少量记录(如 SOA 记录和 NS 记录等),利用这些记录可以找到此区域的授权服务器。

创建正向查找区域的步骤如下。

步骤 1:在 DNS 管理器的窗口(图 5-5)中右击"正向查找区域"选项,在弹出的快捷菜单中选择"新建区域"命令,将出现新建区域向导。

步骤 2:在欢迎页面中单击"下一步"按钮,打开"区域类型"向导界面,如图 5-16 所示,在此选中"主要区域"单选按钮,然后单击"下一步"按钮。

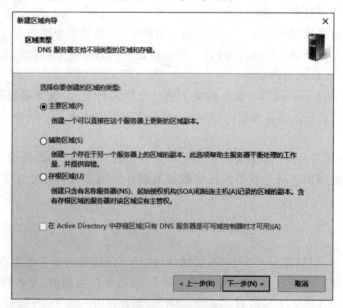

图 5-16　选择区域类型

步骤 3：在打开"区域名称"向导界面中，在"区域名称"文本框中输入本服务管理的一个区域名称（如 test.net），单击"下一步"按钮，如图 5-17 所示。

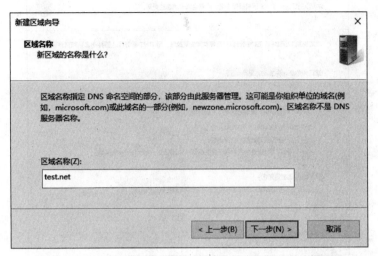

图 5-17　输入区域名称

步骤 4：在打开的"区域文件"向导界面中，已经根据区域名称默认填入了一个文件名。该文件是一个 ASCII 文本文件，里面保存着该区域的信息。保持默认值不变，单击"下一步"按钮，如图 5-18 所示。

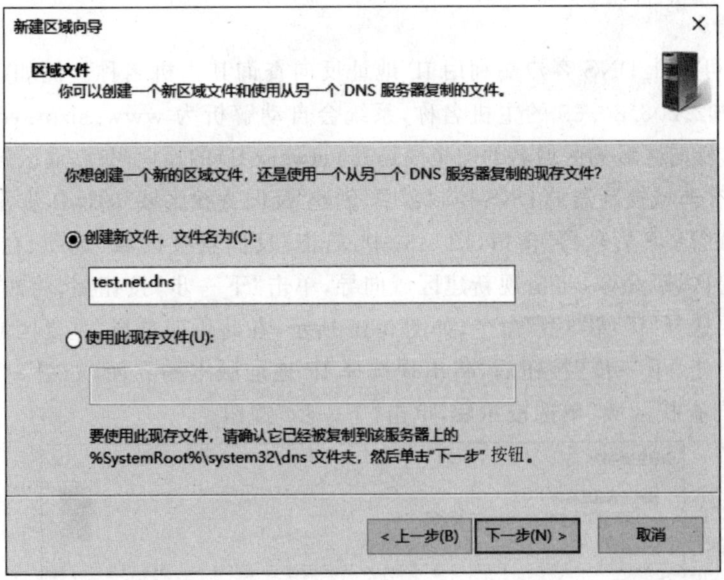

图 5-18　创建区域文件

步骤 5：在打开的"动态更新"向导界面中指定该 DNS 区域能够接受的注册信息更新类型。允许动态更新可以让系统自动地在 DNS 中注册有关信息，但安全性较弱，因此在此选中"不允许动态更新"单选按钮，单击"下一步"按钮，如图 5-19 所示。

步骤 6：在完成的新建区域向导界面中，将再次显示新建区域名称，确认无误后单击"完

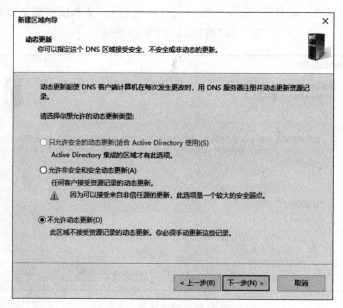

图 5-19　选择"不允许动态更新"

成"按钮,关闭向导并创建了正向查找区域。

5.3.3　创建反向查找区域

反向区域可以让 DNS 客户端利用 IP 地址反向查询其主机名称。例如,客户端可以查询 IP 地址为 202.206.80.35 的主机名称,系统会自动解析为 www.sjzpt.edu.cn。反向区域不是必要的,反向区域的区域名的前半段是其 network ID 的反向书写,而区域名的后半段为 in-addr.arpa。在非域控制器的 DNS 控制台中,创建"反向查找区域"的操作步骤如下。

步骤 1：在"DNS 管理器"窗口(图 5-5)中,右击"反向查找区域"选项,在弹出的快捷菜单中选择"新建区域"命令,将出现新建区域向导,单击"下一步"按钮后,将跟创建正向查找区域一样,需要选择"区域类型"命令,如图 5-16 所示,在此仍旧选择"主要区域"。

步骤 2：单击"下一步"按钮后,将出现选择 IP 地址版本的界面,如图 5-20 所示。在此选中"IPv4 反向查找区域"单选按钮后,单击"下一步"按钮。

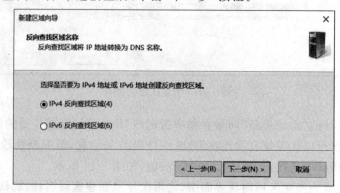

图 5-20　选择 IP 地址版本

步骤 3：在接下来出现的"反向查找区域名称"向导界面中，可选择输入"网络 ID"或"反向查找区域名称"。若选择并输入"网络 ID"，则输入正常的网络号；若选择并输入"反向查找区域名称"，则输入反向的网络号，如图 5-21 所示。

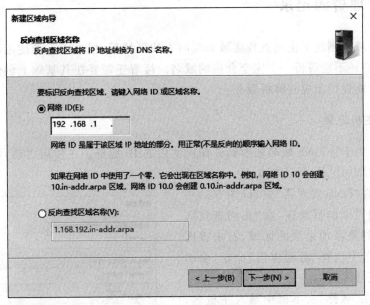

图 5-21　输入网络 ID

步骤 4：单击"下一步"按钮后，将出现"区域文件"向导界面，在此选中"创建新文件，文件名为："，文件名用默认值即可，然后单击"下一步"按钮，如图 5-22 所示。

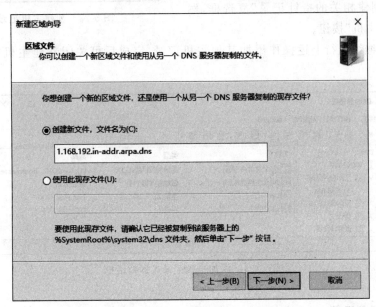

图 5-22　确定区域文件名

步骤 5：在接下来的界面中，建立正向查找区域时一样需要确定是否允许动态更新，在此仍旧选择"不允许动态更新"，然后单击"下一步"按钮。

步骤6：在随后的界面中将显示完成反向查找区域的摘要，确认无误后单击"完成"按钮，关闭向导并创建了反向查找区域。

5.3.4 管理资源记录

利用向导成功创建了正向查找区域和反向查找区域后，用户还不能使用某个域名来访问站点，因为它还不能解析一个完全合格的域名。接着还需要在其基础上创建指向不同资源的记录名才能提供相应的解析服务。

1. 创建主机记录

主机地址用于将 DNS 域名映射到计算机使用的 IP 地址。在使用之前，需要在相应的正向查找区域添加记录，其步骤如下。

步骤1：在"DNS 管理器"窗口（图 5-5）中打开窗口左侧栏中的目录树，在"正向查找区域"选项中找到要添加记录的区域，右击该区域，在弹出菜单中选择"新建主机"命令，会出现"新建主机"对话框。

步骤2：在"名称"文本框中输入主机名，在"IP 地址"框中输入对应的 IP 地址，如图 5-23 所示。如果已经创建了反向查找区域并希望自动产生对应的反向查找主机记录指针，可选中"创建相关的指针记录"复选框，然后单击"添加主机"按钮。

图 5-23　新建主机记录

步骤3：继续执行上述操作添加其他主机记录，完成后可关闭新建主机窗口，结果如图 5-24 所示。

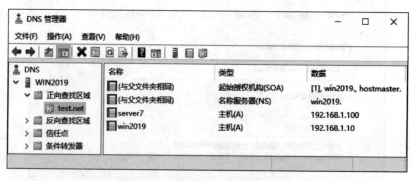

图 5-24　添加主机记录后的对话框

2. 创建别名记录

别名也被称为规范名字。这种记录允许将多个名字映射到同一台计算机。例如，有一台计算机名为 host.mydomain.com（A 记录）。它同时提供 WWW 和 FTP 服务，为了便于用户访问服务,可以为该计算机设置两个别名(CNAME):WWW 和 FTP。这两个别名的全称就是 www. mydomain. com 和 ftp. mydomain. com,实际上它们都指向 host. mydomain. com。配置步骤如下。

步骤 1:在如图 5-24 所示的 DNS 管理器窗口左侧导航栏中,右击相应的区域名,在弹出的快捷菜单中选择"新建别名"命令。

步骤 2:在如图 5-25 所示的新建资源记录对话框中输入"别名"和"目标主机的完全合格的域名"的内容后,单击"确定"按钮。

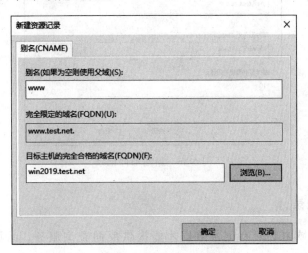

图 5-25   新建别名记录

3. 创建邮件交换器记录

邮件交换记录是指向一个邮件服务器,用于电子邮件系统发邮件时根据收信人的地址后缀来定位邮件服务器。例如,当 Internet 上的某用户要发一封信给 user@mydomain. com 时,该用户的邮件系统通过 DNS 查找 mydomain. com 这个域名的 MX 记录,如果 MX 记录存在,用户计算机就将邮件发送到 MX 记录所指定的邮件服务器上。创建步骤如下。

步骤 1:在如图 5-24 所示的"DNS 管理器"窗口左侧导航栏中,右击相应的区域名,在弹出的快捷菜单中选择"新建邮件交换器"命令。

步骤 2:出现如图 5-26 所示的"新建资源记录"对话框后,在"主机或子域"和"邮件服务器的完全合格域名"文本框中输入相应的内容后,单击"确定"按钮。

4. 创建其他资源记录

如果需要解析其他资源记录,如服务位置、邮箱信息、主机信息等,可按以下步骤创建。

步骤 1:在如图 5-24 所示的"DNS 管理器"窗口中,右击相应区域名,在弹出的快捷菜单中选择"其他新记录"命令。

步骤 2:在如图 5-27 所示的"资源记录类型"的对话框中,先选择需要创建的资源后,再单击"创建记录"按钮,做相应的配置即可。

图 5-26　新建邮件记录

5. 创建指针记录

在反向查找区域内必须有记录数据才能提供反向查询服务。添加指针记录的步骤如下。

步骤 1：在"DNS 管理器"窗口（图 5-24）中，打开窗口左侧栏中的目录树，在"反向查找区域"选项中找到要添加记录的区域，右击该区域，在弹出菜单中选择"新建指针"命令，会出现"新建指针"对话框。

步骤 2：在如图 5-28 所示的"新建资源记录"对话框中，在"主机 IP 地址"和"主机名"的文本框中输入内容后，单击"确定"按钮即可。

图 5-27　选择记录类型

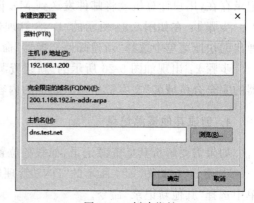

图 5-28　创建指针

任务 4　配置 DNS 客户端

任务描述：在 DNS 系统中，要验证服务器端的配置是否准确无误，需要利用客户端进行相应测试，而且 DNS 客户机的必要设置是正常使用 DNS 服务的前提。

任务目标：通过学习，应能够掌握 DNS 客户机的配置方法及步骤；熟悉在客户端测试 DNS 服务的方式方法。

5.4.1　设置 Windows DNS 客户端

尽管 DNS 服务器已经创建成功，并且创建了合适的域名，可是在客户机的浏览器中仍无法使用 www.mydomain.com 这样的域名访问网站。这是因为虽然已经有了 DNS 服务器，但客户机并不知道 DNS 服务器在哪里，因此不能识别用户输入的域名。用户必须在客户机手动设置所使用的 DNS 服务器。

在不同版本 Windows 系统中设置客户端的操作步骤大同小异，以下是 Windows 10 的设置步骤如下。

步骤 1：右击 Windows 10 中的"网络"，在弹出的快捷菜单中选择"属性"命令。

步骤 2：在打开的"网络和共享中心"窗口中，单击"以太网"链接，在弹出"以太网状态"窗口中单击"属性"按钮。

步骤 3：在打开的"以太网 属性"对话框中（图 5-29），选中"Internet 协议版本 4（TCP/IPv4）"，再单击"属性"按钮，打开"Internet 协议版本 4（TCP/IPv4）属性"对话框。

步骤 4：在"Internet 协议版本 4（TCP/IPv4）属性"对话框中，选中"使用下面的 DNS 服务器地址"单选按钮，在"首选 DNS 服务器"文本框中输入刚刚部署的 DNS 服务器的 IP 地址（如 192.168.1.100），如图 5-30 所示，最后单击"确定"按钮。

图 5-29　本地连接属性

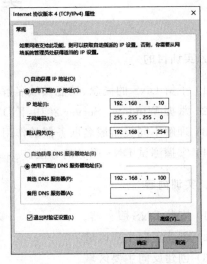

图 5-30　设置 DNS 服务器地址

111

5.4.2 DNS 测试

在 DNS 服务器与客户机配置完毕后,可以采用 Windows 自带的 nslookup 命令来测试,如果工作不正常,可诊断是哪一部分配置出了问题。操作步骤如下。

步骤 1:在客户机的"运行"窗口的"打开"文本框中输入 cmd 命令,单击"确定"按钮。

步骤 2:在打开的命令窗口中的命令提示符后输入 nslookup 命令,然后按 Enter 键,此时会看到本机所指向的 DNS 服务器的 IP 地址。

步骤 3:如果 DNS 服务器的指向没有问题,在命令提示符后输入要测试的资源记录名称,如 server3. test. net 等。

步骤 4:如果 DNS 服务器安装配置没有问题,则会看到相应的资源记录所对应的 IP 地址,如图 5-31 所示。

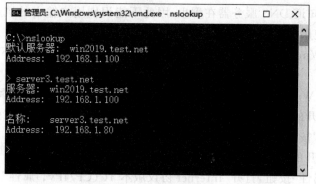

图 5-31 DNS 测试窗口

实　　训

1. 实训目的

(1) 了解 DNS 的概念、功能及域名解析的方法。

(2) 掌握 Windows Server 2019 下 DNS 服务器的安装和配置。

(3) 理解不同类型域名服务器的作用。

(4) 掌握测试 DNS 服务的方法。

2. 实训内容

(1) 安装 DNS 服务器。

(2) 创建正向主要区域。

(3) 创建反向主要区域。

(4) 创建资源记录。

（5）配置 DNS 转发器。

（6）测试 DNS 服务器。

3. 实训要求

（1）设置 DNS 服务器。在安装 Windows Server 2019 的计算机上，设置其 IP 地址为 192.168.1.200，子网掩码为 255.255.255.0，设置主机域名与 IP 地址的对应关系，host.test.edu.cn 对应 192.168.1.250/24，邮件服务器 mail.test.edu.cn 对应 192.168.1.251，文件服务器 ftp.test.edu.cn 对应 192.168.1.252，host.stu.test.edu.cn 对应 192.168.1.253，设置 host.test.edu.cn 别名为 www.test.edu.cn，设置 host.stu.test.edu.cn 别名为 www.stu.test.edu.cn。

配置域名的转发，设置转发器为 202.206.80.33。转发有全部转发和条件转发两种，用转发器或根提示都可实现转发，各 DNS 服务器之间可以用递归或迭代方式连接，请尝试用不同的方法进行转发。

（2）设置客户端。设置客户计算机的首选 DNS 服务器为 192.168.1.200。

① 启用客户端计算机的 IE，访问校园网主页服务器 www.test.edu.cn、www.stu.test.edu.cn，并访问 Internet。

② 在 DOS 环境下，通过"ping 域名"命令可与将域名解析为 IP 地址。试用 ping 解析 www.sina.com.cn、www.263.net、www.yahoo.com.cn、www.test.edu.cn、mail.test.edu.cn、www.stu.test.edu.cn、www.Sohu.com 等主机对应的 IP 地址。

③ 通过 nslookup 命令来验证配置的正确性。

注意：可根据实际实训环境合理规划 IP 和域名。

习　　题

一、填空题

1. DNS 是一个分布式数据库系统，它提供将域名转换成对应的_____信息。

2. 域名空间由_____和_____两部分组成。

3. 当本地的 DNS 服务器不能解析地址时，往往采用_____来进行转发。

4. 专门提供主机域名查询的服务器称为_____服务器。

二、选择题

1. DNS 区域不包括的类型是（　　）。

　　A. 标准辅助区域　　　　　　　　B. 逆向解析区域

　　C. Active Directory 集成区域　　D. 标准主要区域

2. 应用层 DNS 协议主要用于实现的网络服务功能为（　　）。

　　A. 网络设备名字到 IP 地址的映射　B. 网络硬件地址到 IP 地址的映射

　　C. 进程地址到 IP 地址的映射　　　D. 用户名到进程地址的映射

113

3. 测试 DNS 主要使用的命令为(　　　)。

    A. ping   B. IPconfig   C. nslookup   D. Winipcfg

三、简答题

1. 简述 DNS 服务器的工作过程。

2. 什么是域名解析？

3. MX 记录有什么用？

4. 什么是 DNS 系统中的转发器？它有什么用？

项目 6　DHCP 服务器配置与管理

项目描述：某公司由于规模不断扩大，联网计算机的数量也越来越多，由原来的几十台增加到几百台，经常会出现计算机的 IP 地址冲突的现象，影响正常使用网络。另外，有的公司员工需要用笔记本电脑在家与单位上网，这样就要不断修改 IP 地址、网关等参数，非常不方便。现需要解决上述问题。

项目目标：使用 Windows Server 2019 的 DHCP 服务可以实现自动为客户机指派 IP 地址、网关、DNS 等 TCP/IP 配置，解决 IP 地址冲突及使用不方便的问题。

任务 1　认知 DHCP 服务器

任务描述：DHCP 经常应用在各种设备的配置中。在不同的设备配置管理的步骤有所区别，但其工作过程是一样的。用户应首先明白 DHCP 是如何工作的。

任务目标：通过学习，掌握 DHCP 的基本概念和工作过程，以便更好地对 DHCP 进行配置、管理，并能在不同的系统中举一反三。

6.1.1　DHCP 租约生成过程

在常见的小型网络中，网络管理员都是采用手工分配 IP 地址的方法，而到了大中型网络，这种方法就不太适用了。大中型网络往往有超过 100 台的客户机，手动分配 IP 地址的方法就显得非常麻烦了，因此，必须引入一种高效的 IP 地址分配方法。

DHCP(dynamic host configuration protocol)服务器可以解决上述难题。DHCP 服务器的主要作用是为网络客户机分配动态的 IP 地址。这些被分配的 IP 地址都是 DHCP 服务器预先保留的一个由多个地址组成的地址集，而且它们一般是一段连续的地址(除了管理员在配置 DHCP 服务器时排除的某些地址)。当网络客户机请求临时的 IP 地址时，DHCP 服务器便会查看地址数据库，以便于为客户机分配一个仍没有被使用的 IP 地址。

1. DHCP 的分配形式

首先，必须至少有一台 DHCP 服务器工作在网络上面，它会监听网络的 DHCP 请求，并与客户端磋商 TCP/IP 的设定环境。它提供 3 种 IP 定位方式。

(1) 手动分配：网络管理员为某些少数特定的主机绑定固定 IP 地址，且地址不会过期。

(2) 自动分配：一旦 DHCP 客户端第一次成功地从 DHCP 服务器端租用到 IP 地址之

后,就永远使用该地址。

（3）动态分配：当 DHCP 第一次从 DHCP 服务器端租用到 IP 地址之后,并非永久的使用该地址,只要租约到期,客户端就得释放这个 IP 地址,以给其他工作站使用。当然,客户端可以比其他主机更优先的更新租约,或者是租用其他的 IP 地址。

2. DHCP 的优缺点

（1）优点。网络管理员可以验证 IP 地址和其他配置参数,而不用去检查每个主机；DHCP 不会同时租借相同的 IP 地址给两台主机；DHCP 管理员可以约束特定的计算机使用特定的 IP 地址；可以为每个 DHCP 作用域设置很多选项；客户机在不同子网间移动时不需要重新设置 IP 地址等。

（2）缺点。DHCP 不能发现网络上非 DHCP 客户机已经在使用的 IP 地址；当网络上存在多个 DHCP 服务器时,一个 DHCP 服务器不能查出已被其他服务器租出去的 IP 地址；DHCP 服务器不能跨路由器与客户机通信,除非路由器允许 BOOTP 转发。

3. DHCP 工作流程

DHCP 服务的工作流程具体如下。

（1）发现阶段。发现阶段即 DHCP 客户机寻找 DHCP 服务器的阶段。DHCP 客户机以广播方式（因为 DHCP 服务器的 IP 地址对于客户机来说是未知的）发送 DHCPdiscover 发现信息来寻找 DHCP 服务器,即向地址 255.255.255.255 发送特定的广播信息。网络上每一台安装了 TCP/IP 协议的主机都会接收到这类广播信息,但只有 DHCP 服务器才会做出响应。

（2）提供阶段。提供阶段即 DHCP 服务器提供 IP 地址的阶段。在网络中接收到 DHCPdiscover 发现信息的 DHCP 服务器都会做出响应,它从尚未出租的 IP 地址中挑选一个分配给 DHCP 客户机,向 DHCP 客户机发送一个包含出租的 IP 地址和其他设置的 DHCPoffer 提供信息。

（3）选择阶段。选择阶段即 DHCP 客户机选择某台 DHCP 服务器提供的 IP 地址的阶段。如果有多台 DHCP 服务器向 DHCP 客户机发来的 DHCPoffer 提供信息,则 DHCP 客户机只接受第一个收到的 DHCPoffer 提供信息,然后它就以广播方式回答一个 DHCPrequest 请求信息,该信息中包含向它所选定的 DHCP 服务器请求 IP 地址的内容。之所以要以广播方式回答,是为了通知所有的 DHCP 服务器,它将选择某台 DHCP 服务器所提供的 IP 地址。

（4）确认阶段。确认阶段即 DHCP 服务器确认所提供的 IP 地址的阶段。当 DHCP 服务器收到 DHCP 客户机回答的 DHCPrequest 请求信息之后,它便向 DHCP 客户机发送一个包含它所提供的 IP 地址和其他设置的 DHCPack 确认信息,告诉 DHCP 客户机可以使用它所提供的 IP 地址,然后 DHCP 客户机便将其 TCP/IP 协议与网卡绑定。另外,除了 DHCP 客户机选中的服务器外,其他的 DHCP 服务器都将收回曾提供的 IP 地址。以上 4 个阶段如图 6-1 所示。

（5）重新登录。重新登录即以后 DHCP 客户机每次重新登录网络时,就不需要再发送 DHCPdiscover 发现信息了,而是直接发送包含前一次所分配的 IP 地址的 DHCPrequest 请求信息。当 DHCP 服务器收到这一信息后,它会尝试让 DHCP 客户机继续使用原来的 IP

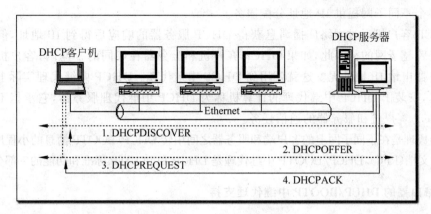

图 6-1　DHCP 工作过程

地址,并回答一个 DHCPack 确认信息。如果此 IP 地址已无法再分配给原来的 DHCP 客户机使用时(如此 IP 地址已分配给其他 DHCP 客户机使用),则 DHCP 服务器给 DHCP 客户机回答一个 DHCPnack 否认信息。当原来的 DHCP 客户机收到此 DHCPnack 否认信息后,它就必须重新发送 DHCPdiscover 发现信息来请求新的 IP 地址。

(6) 更新租约。更新租约即 DHCP 服务器向 DHCP 客户机出租的 IP 地址一般都有一个租借期限,期满后 DHCP 服务器便会收回出租的 IP 地址。如果 DHCP 客户机要延长其 IP 租约,则必须更新其 IP 租约。DHCP 客户机启动时和 IP 租约期限过一半时,DHCP 客户机都会自动向 DHCP 服务器发送更新其 IP 租约的信息。

为了便于理解,可以把 DHCP 客户机比作餐馆里的客人,DHCP 服务器比作服务员(一个餐馆里也可以有多个服务员),IP 地址比作客户需要的食物。那么可以描述整个过程如下。客人走进餐馆问:"有没有服务员啊?"(DHCPdiscover)多个服务员同时回答:"有,我这里有鸡翅。""有,我这里有汉堡。"(DHCPoffer)客人说:"好吧,那我要一份汉堡"(DHCPrequest,这个客人比较死板,总是选择第一次听到的食物)。端着汉堡的服务员回应了一声:"来啦。"(DHCPack)并把食物端到客人面前,供其享用(将网卡和 IP 地址绑定)。客人再次来的时候,就直接找上次那个服务员点自己喜欢的汉堡了(DHCPrequest);如果还有汉堡,服务员会再次确认并上菜(DHCPack);如果已经卖完了,服务员则会告诉客人:"不好意思,已经全部售完了。"(DHCPnack)当然,服务员隔一段时间会来收拾一次桌子,除非客人特意说明这菜还要继续吃,否则服务员会将剩菜端走。

6.1.2　DHCP 代理

伴随局域网规模的逐步扩大,一个网络经常会被划分成多个不同的子网,以便根据不同子网的工作要求来实现个性化的管理要求。考虑到规模较大的局域网一般会使用 DHCP 服务器来为各个工作站分配 IP 地址,不过一旦局域网被划分成多个不同子网,是不是也必须在各个不同的子网中分别创建 DHCP 服务器,来为每一子网中的工作站提供 IP 地址分配服务呢? 如果是这样,不但操作麻烦,而且不利于局域网网络的高效管理。其实,只要启用 Windows 服务器系统内置的中继代理功能,完全可以将原先的 DHCP 服务器利用起来,分别为多个不同子网提供 IP 地址分配服务。

DHCP 客户机通过网络广播消息获得 DHCP 服务器的响应后得到 IP 地址,但广播消息是不能跨越子网的。因此,如果 DHCP 客户机和服务器在不同的子网内,客户机还能不能向服务器申请 IP 地址呢? 这就要用到 DHCP 中继代理。DHCP 中继代理实际上是一种软件技术,安装了 DHCP 中继代理的计算机称为 DHCP 中继代理服务器,它承担不同子网间的 DHCP 客户机和服务器的通信任务。

中继代理是在不同子网上的客户端和服务器之间中转 DHCP/BOOTP 消息的小程序。根据征求意见文档(RFC),DHCP/BOOTP 中继代理是 DHCP 和 BOOTP 标准和功能的一部分。

1. 路由器的 DHCP/BOOTP 中继代理支持

在 TCP/IP 网络中,路由器用于连接称作"子网"的不同物理网段上使用的硬件和软件,并在每个子网之间转发 IP 数据包。要在多个子网上支持和使用 DHCP 服务,连接每个子网的路由器应具有在 RFC1542 中描述的 DHCP/BOOTP 中继代理功能。

如果路由器不能作为 DHCP/BOOTP 中继代理运行,则每个子网都必须有在该子网上作为中继代理运行的 DHCP 服务器或另一台计算机。如果配置路由器支持 DHCP/BOOTP 中继不可行或不可能,可以通过安装 DHCP 中继代理服务来配置运行 Windows NT Server 4.0 或更高版本的计算机充当中继代理。

2. 中继代理的工作原理

中继代理将它连接的其中一个物理接口(如网卡)上广播的 DHCP/BOOTP 消息中转到其他物理接口连至的其他远程子网。图 6-2 显示了子网 2 上的客户端 C 是如何从子网 1 上的 DHCP 服务器 1 获得 DHCP 地址租约的。具体过程如下。

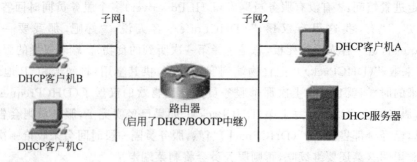

图 6-2 DHCP 中继代理

(1) DHCP 客户端 C 使用众所周知的 UDP 服务在子网 2 上广播 DHCP/BOOTP 查找消息(DHCPDISCOVER)。

(2) 在路由器允许 DHCP/BOOTP 中继的情况下,检测 DHCP/BOOTP 消息头中的网关 IP 地址字段。如果该字段有 IP 地址 0.0.0.0,代理文件会在其中填入中继代理或路由器的 IP 地址,然后将消息转发到 DHCP 服务器 1 所在的远程子网 1。

(3) 远程子网 1 上的 DHCP 服务器 1 收到此消息时,它会检查用于提供 IP 地址租约的 DHCP 作用域中网关 IP 地址。

(4) 如果 DHCP 服务器 1 有多个 DHCP 作用域,网关 IP 地址字段中的地址会标识将从哪个 DHCP 作用域提供 IP 地址租约。

例如,如果网关 IP 地址字段有 10.0.0.2 的 IP 地址,DHCP 服务器会检查其可用的地址作用域集中是否有与包含作为主机的网关地址匹配的地址作用域范围。在这种情况下,DHCP 服务器将对 10.0.0.1 和 10.0.0.254 之间的地址作用域进行检查。如果存在匹配的作用域,则 DHCP 服务器从匹配的作用域中选择可用地址以便在对客户端的 IP 地址租约提供响应时使用。

(5) 当 DHCP 服务器 1 收到 DHCPDISCOVER 消息时,它会处理 IP 地址租约 (DHCPOFFER)并将其直接发送给在网关 IP 地址中标识的中继代理。

(6) 路由器然后将地址租约(DHCPOFFER)转发给 DHCP 客户端。此时客户端的 IP 地址仍旧无人知道,所以它必须在本地子网上广播。同样,DHCPREQUEST 消息从客户端中转发服务器,而 DHCPACK 消息从服务器转发到客户端。

任务 2　安装、管理 DHCP 服务器

任务描述:通过 Windows Server 2019 实现 IP 地址的动态分配,首先要构建 DHCP 服务器,其次也要防止"非法"服务器的架设,以免影响正常使用。

任务目标:通过学习,掌握 DHCP 服务器安装和基本管理的方法步骤。

6.2.1　安装 DHCP 服务器

在安装 DHCP 服务器之前,应该首先保证服务器的 IP 地址为静态 IP 地址,而且服务器的地址要与分配的地址池在同一网段中,然后再安装 DHCP 服务。具体步骤如下。

步骤 1:在服务器管理器仪表板工作区单击"添加角色和功能"链接,出现开始之前向导,在此界面中提示了一些应提前完成的任务。确认无误后单击"下一步"按钮。

步骤 2:在安装类型向导中可以选择是在物理机安装还是在虚拟机安装,在此可选择"基于角色或基于功能的安装",即在本地物理机上安装本服务,然后单击"下一步"按钮。

步骤 3:在选择服务器向导中可以先选择在物理硬盘安装还是虚拟磁盘上安装,然后在服务器池列表中选择服务器。在此可选择"从服务器池中选择服务器"选项,即在物理硬盘上安装,在服务器池中选定服务器后单击"下一步"按钮。

步骤 4:在选择服务器角色向导中,在角色列表中选中"DHCP 服务器"选项,将弹出提示窗口,单击"添加功能"按钮将选中 DHCP 服务器,然后单击"下一步"按钮。

步骤 5:在功能向导中可根据需要在功能列表中选中相关功能,在此可直接单击"下一步"按钮继续。

步骤 6:在 DHCP 服务器介绍窗口中介绍了有关概念及注意事项,在此可直接单击"下一步"按钮继续。

步骤 7:在确认窗口中显示出安装的服务及工具。如果有需要,还可以单击"导出配置设置"及"指定备用源路径"链接进行设置。然后单击"安装"按钮开始安装。

步骤 8:在安装进度窗口中可以显示出安装进度及安装结果,安装完成后单击"关闭"按

钮即可。

6.2.2 维护 DHCP 服务器

DHCP 服务器的维护主要是对 DHCP 数据库的维护。DHCP 数据库位于\windows\system32\DHCP 文件夹中,文件名为 dhcp. mdb,用户不要随意删除该文件。为防止出现故障时,能够及时地恢复正确地配置信息,保障网络正常运转。在 Windows Server 2019 中提供了备份和还原 DHCP 服务器配置的功能。

1. DHCP 服务器数据库的备份

DHCP 服务器数据库是一个动态数据库,在向客户端提供租约或客户端释放租约时它会自动更新。而 DHCP 服务器的配置信息会备份在\windows\system32\dhcp\backup 目录中,供修复使用。默认情况下系统每隔 60 分钟自动备份一次,要手工备份 DHCP 服务器数据库可执行如下操作。

步骤 1:依次单击服务器管理器中"工具/DHCP"菜单,打开 DHCP 控制台窗口,如图 6-3 所示。

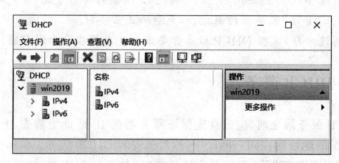

图 6-3 DHCP 控制台

步骤 2:右击窗口左侧栏中的服务器名称,在弹出的快捷菜单中选择"备份"命令。

步骤 3:在打开的选择 DHCP 服务器要放置备份文件的文件夹窗口中,选择放置备份文件的位置。单击"确定"按钮,完成了对 DHCP 服务器配置文件的备份工作。

2. DHCP 服务器数据库的还原

DHCP 服务器在启动时会自动检查 DHCP 数据库是否损坏,并自动恢复故障,还原损坏的数据库。也可以手工还原 DHCP 服务器的配置信息,方法是在 DHCP 控制台窗口中右击 DHCP 服务器,从弹出的快捷菜单中选择"还原"命令,同样会有一个确定还原位置的选项。选择备份时使用的文件夹,单击"确定"按钮,这时会有一个停止和重新启动服务的过程。然后,DHCP 服务器就会自动恢复到备份时的配置。

6.2.3 授权 DHCP 服务器

出于网络安全管理的考虑,并不一定在 Windows Server 2019 中安装了 DHCP 服务后就能直接使用,还必须进行授权操作。如果部署了 Active Directory,那么所有作为 DHCP 服务器运行的计算机必须是域控制器或域成员服务器,才能获得授权并为客户端提供 DHCP 服务。也可以将独立服务器作为 DHCP 服务器,前提是它不在任何已授权的 DHCP 服务器的子网中,一般不推荐使用该方法。如果独立服务器检测到同一子网中有已授权的服务器,它将自动停止向 DHCP 客户端出租 IP 地址。对 DHCP 服务器授权操作步骤如下。

步骤 1:依次单击服务器管理器中"工具"下的 DHCP 菜单,打开"DHCP 控制台"窗口。

步骤 2:在控制台窗口中,右击窗口左侧栏中的服务名称 DHCP,在弹出的快捷菜单中选中"管理授权的服务器"命令。

步骤 3:在弹出的"管理授权的服务器"对话框中,单击"授权"按钮。

步骤 4:打开"授权 DHCP 服务器"对话框后,在"名称或 IP 地址"文本框中输入被授权 DHCP 服务器的 IP,如图 6-4 所示。单击"确定"按钮后将出现确认授权窗口,再次单击"确定"按钮,此时需要几分钟的等待时间。

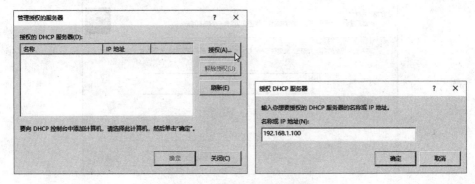

图 6-4　授权 DHCP 服务器

注意:如果系统长时间没有反应,可以按 F5 键或选择菜单工具中的"操作"下拉列表框中的"刷新"进行屏幕刷新,或先关闭 DHCP 控制台并在服务器名上右击。如果快捷菜单中的"授权"已经变为"撤销授权",则表示对 DHCP 服务器授权成功,此时,最明显的标记是服务器名前面红色向上的箭头变成了绿色向下的箭头,这样,这台被授权的 DHCP 服务器就有分配 IP 的权利了。

任务 3　配置 DHCP 服务

任务描述:作为大中型网络的管理员,能够根据自己单位的实际情况利用 DHCP 服务器实现网络 TCP/IP 动态配置与管理。

任务目标:通过学习,能够熟练掌握 DHCP 服务器的设置及管理技术,并能够在配置过程中正确理解并选择各项参数。

6.3.1　创建作用域

作用域是指 DHCP 服务器可以提供给网络上使用的连续的 IP 地址的范围,如

192.168.1.1~192.168.1.254。当 DHCP 客户端请求 IP 地址时,DHCP 服务器将从此范围提取一个尚未使用的 IP 地址分配给 DHCP 客户端。

在安装 DHCP 服务向导中虽已创建了作用域,若需再建立一个新的 DHCP 作用域,步骤如下。

步骤 1:单击服务器管理器中"工具"下的 DHCP 菜单,打开 DHCP 管理控制台,如图 6-3 所示。

步骤 2:展开窗口左侧栏中的 DHCP 选项,右击 IPv4 选项,在弹出的快捷菜单中选择"新建作用域"命令。

步骤 3:系统启动新建作用域向导,单击"下一步"按钮。

步骤 4:在"作用域名称"对话框中,在"名称"文本框中输入适当的作用域名称后,单击"下一步"按钮,如图 6-5 所示。

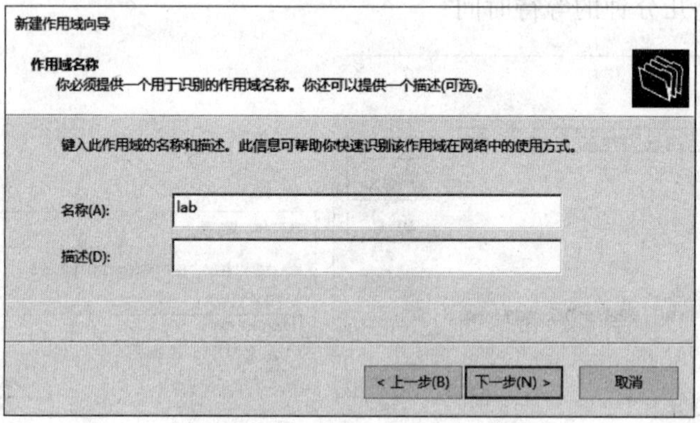

图 6-5　作用域名称

步骤 5:在"IP 地址范围"对话框中输入"起始 IP 地址"和"结束 IP 地址"的内容,如图 6-6 所示,然后单击"下一步"按钮。

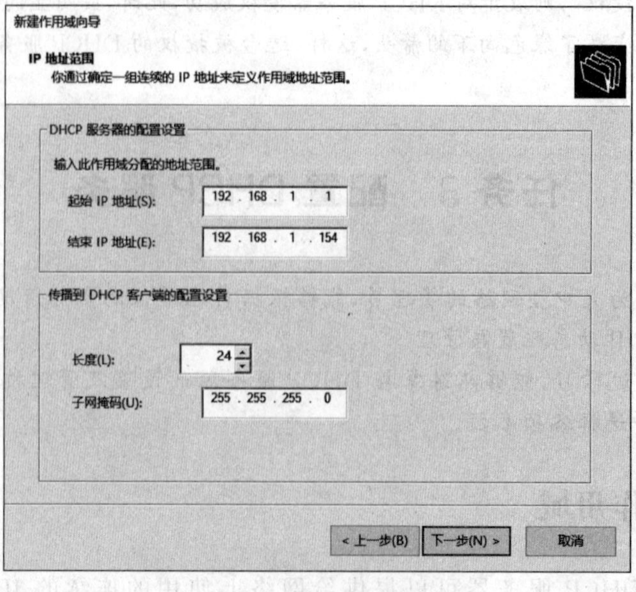

图 6-6　IP 地址范围

步骤 6：在"添加排除和延迟"对话框中，如图 6-7 所示，在"起始 IP 地址"和"结束 IP 地址"文本框中输入可排除的地址（可以是连续地址，也可以是多个单地址）后，单击"添加"按钮。此功能用于局域网中一些专用的 IP 地址，如 FTP、WWW 等各类服务器需要固定 IP 地址，这些 IP 地址要禁止提供给 DHCP 客户端使用。要禁止这些地址被自动分配，在 IP 地址范围内添加排除的地址即可。

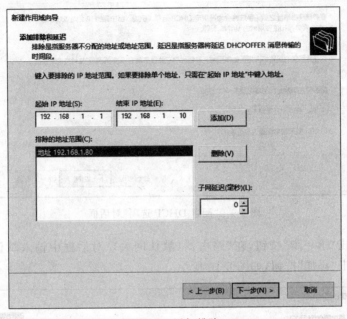

图 6-7　添加排除

步骤 7：单击"下一步"按钮后，打开"租用期限"对话框，这里可根据实际情况自行设定，一般可使用默认租约为 8 天，如图 6-8 所示。

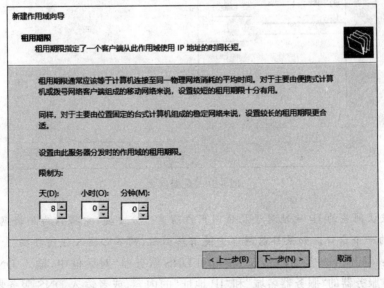

图 6-8　"租用期限"对话框

步骤 8：单击"下一步"按钮，在"配置 DHCP 选项"对话框中若继续配置可以选择"是，我想现在配置这些选项"，如图 6-9 所示。

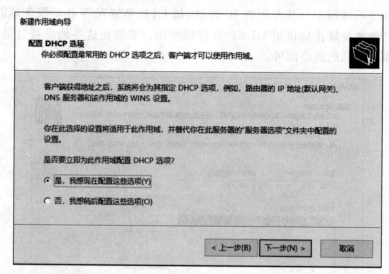

图 6-9　"配置 DHCP 选项"对话框

步骤 9：单击"下一步"按钮，在"路由器（默认网关）"对话框中输入默认网关的"IP 地址"的内容后单击"添加"按钮，如图 6-10 所示。

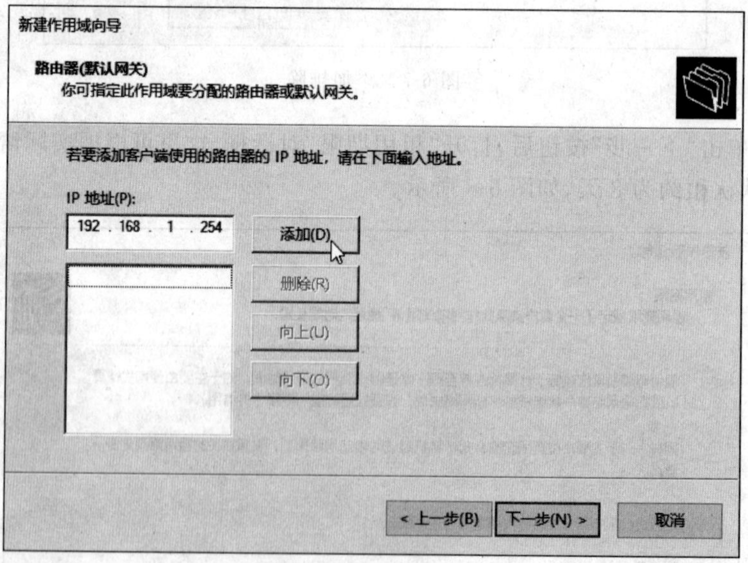

图 6-10　配置网关

注意：默认网关的 IP 地址对于局域网用户而言十分重要，它将作为局域网内各主机访问 Internet 的一个出口。如果目前网络中没有路由器，则不必输入任何数据。

步骤 10：单击"下一步"按钮，在"域名和 DNS 服务器"对话框中，输入 DNS 客户端的"父域"、DNS 服务器的"服务器名城"和"IP 地址"的内容，或者输入 DNS 服务器的"服务器名城"，单击"解析"按钮，让其自动查询这台 DNS 服务器的 IP 地址，或直接输入这台服务器的"IP 地址"并单击"添加"按钮,如图 6-11 所示。

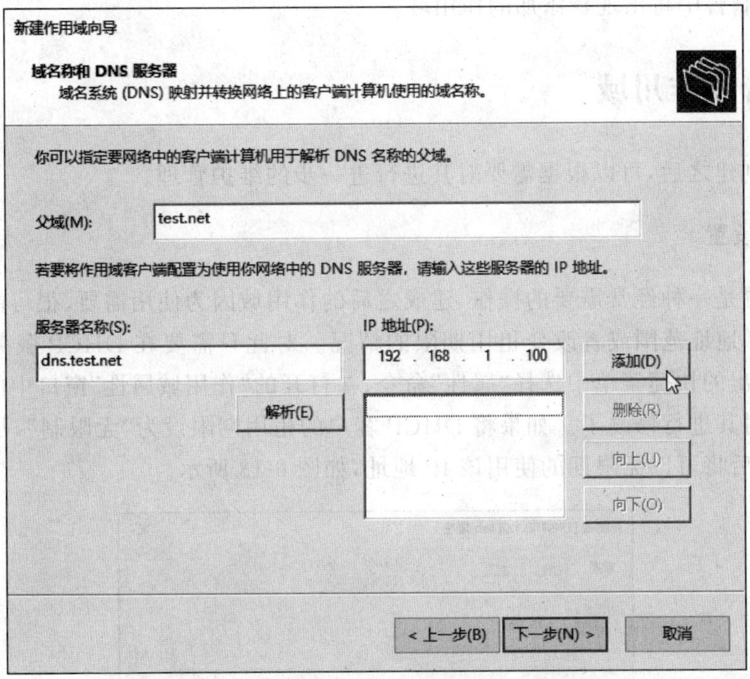

图 6-11　"域名和 DNS 服务器"对话框

步骤 11:单击"下一步"按钮,在"WINS 服务器"对话框中输入 WINS 服务器的"服务器名称"和"IP 地址"内容,如果没有可以不用输入,如图 6-12 所示。

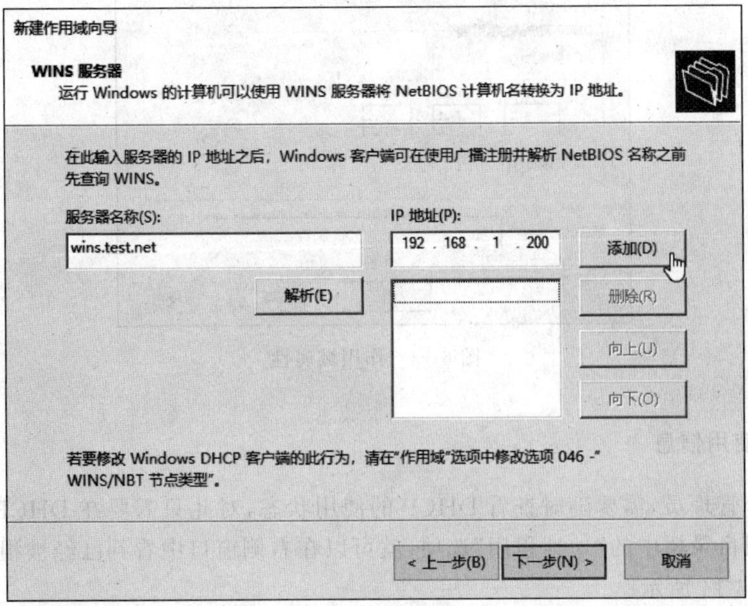

图 6-12　"WINS 服务器"对话框

步骤 12:单击"下一步"按钮,在"激活作用域"对话框中选择"是,我想现在激活此作用域"单选项后,单击"下一步"按钮,在"完成新建作用域"向导对话框中单击"完成"按钮,此时在 DHCP 控制台中将出现新添加的作用域。

6.3.2　管理作用域

作用域创建之后,可以根据需要对其进行进一步的维护管理。

1. 修改设置

修改设置是一种经常需要的操作,建成之后的作用域因为使用需要,很可能面临着更改名称、更改 IP 地址范围或者改变租用期限的情况。对此只需要在 DHCP 服务中右击作用域名称,在弹出的快捷菜单中选择"属性"命令,在打开的"作用域属性"窗口中的"常规"选项卡中就可以对其进行修改了。如果将 DHCP 客户的租用期限设为"无限制",那么客户获得一个 IP 地址后将可以无限期的使用该 IP 地址,如图 6-13 所示。

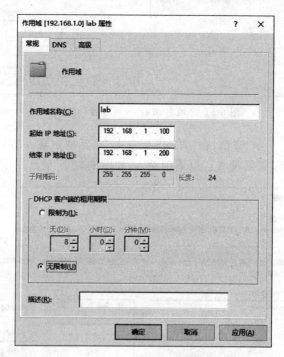

图 6-13　作用域属性

2. 查看使用信息

作为一个管理员,需要随时查看 DHCP 的使用状态,对此只需要在 DHCP 管理控制台中打开作用域目录树中的"地址租用"选项,就可以在右侧窗口中看到已经被租用的 IP 地址情况了,如图 6-14 所示。

如果要想做出统计,只需要右击作用域名称,在弹出的快捷菜单中选择"显示统计信息"命令,这样就会弹出一个窗口,显示地址被使用的百分比,如图 6-15 所示。

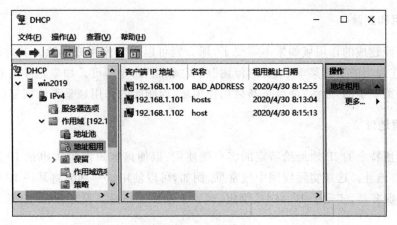

图 6-14   地址租用

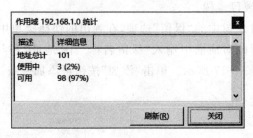

图 6-15   统计信息

不仅可以查看作用域的使用情况,还可以直接在服务器名称上右击,在弹出的菜单中选择"显示统计信息"命令,这样就可以查看所有作用域的 IP 地址使用情况了,不过如果只有一个作用域,那么两者显示的数据则是相同的。

注意:这一点与"DHCP 管理"窗口中的作用域选项和服务器选项是一致的,前者作用域选项只针对当前作用域,而服务器选项则是针对所有的作用域而言的,对此在设置时不要混淆。

3. 协调服务器数据库

为了保持 DHCP 服务器中的数据库里面的信息与注册表中的数据一致,可以右击作用域,在弹出的菜单中选择"协调"命令,在打开的窗口中单击"验证"按钮,如图 6-16 所示。当弹出一个"此数据库是一致"的信息窗口时,就表示数据库中的信息与注册表中的信息是一致的。

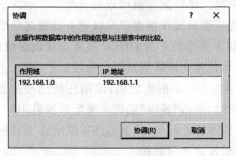

图 6-16   验证一致性

4. 停用和删除

对于已经建成的作用域如果不需要了,那么则可以将其停用或删除。其方法是在作用域上右击,在弹出的快捷菜单中选择"停用"或者"删除"命令即可。如果是停用的作用域,可以通过快捷菜单中的"激活"命令重新启用作用域,而删除的作用域是无法恢复的。

5. 保留地址

可以保留特定的 IP 地址给特定的客户端使用,以便该客户端每次申请 IP 地址时都拥有相同的 IP 地址。这在实际应用中很常见,例如,可以使用这一功能将某一 IP 地址固定地分配给某一服务器,实现了 IP-MAC 绑定,减少了维护工作量。设置保留 IP 地址的操作步骤如下。

步骤1:依次单击服务器管理器中"工具"下的 DHCP 菜单,打开 DHCP 管理控制台,展开窗口左侧栏中的作用域目录树。

步骤2:右击左侧目录树中的"保留"选项,在弹出的快捷菜单中选择"新建保留"命令。

步骤3:在新建保留的对话框中输入"保留名称""IP 地址"和与 IP 地址对应的客户机的网卡"MAC 地址",如图 6-17 所示。单击"添加"按钮可添加一条记录,完成所有地址的保留后单击"关闭"按钮。

6. 作用域选项

DHCP 服务器既可以把 IP 地址提供给客户机,也可以同时向客户机提供 TCP/IP 配置信息。例如,DHCP 服务器在为 DHCP 客户端分配 IP 地址的同时,可以设置其 DNS 服务器、默认网关、WINS 服务器等配置,统称为选项。选项分为以下4个级别。

(1) 服务器选项:用于从该 DHCP 服务器获取 IP 地址的所有客户机,此处配置的选项值可以被其他值覆盖,但前提是在作用域、选项类别或保留客户端级别上设置这些值。

(2) 作用域选项:仅应用于从选定的适当作用域获取 IP 地址的所有客户机。此处配置值可以被其他值覆盖,但前提是在选项类别或保留客户端级别上设置这些值。

图 6-17 添加保留

(3) 保留选项:仅应用于某个特定的 DHCP 服务器获取保留地址的客户机。只有在客户端上手动配置的属性才能替代在该级别指派的选项。

(4) 类别选项:用于某些类标识的客户机,使用任何选项配置(包括服务器选项、作用域选项或保留选项)对话框时,单击"高级"选项卡来配置和启用标识为指定用户或供应商类别的客户端的指派选项。根据所处环境,只有那些根据所选类别标识自己的 DHCP 客户端才能分配到为该类别明确配置的选项数据。

在创建作用域的同时可以配置作用的选项,当然也可以在管理过程中进行配置。常用的选项有路由器、DNS 服务器、DNS 域及 WINS 服务器等。下面以设置"作用域选项"中的"003 路由器"为例说明 DHCP 选项的步骤如下。

步骤 1：单击服务器管理器中"工具"下的 DHCP 菜单，打开 DHCP 管理控制台，在控制台中打开窗口左侧栏中的目录树。

步骤 2：右击"服务器选项"选项，在弹出的快捷菜单中选择"配置选项"命令。

步骤 3：在"服务器选项"对话框中，如图 6-18 所示，选择"常规"选项卡，在选项列表中选中"003 路由器"复选框，在下面"数据输入"选项区域中"IP 地址"文本框中直接输入路由器的地址，单击"添加"按钮。也可以在"服务器名称"文本框中输入路由器的名称，单击"解析"按钮，让系统自动寻找相应的 IP 地址。完成后单击"确定"按钮。

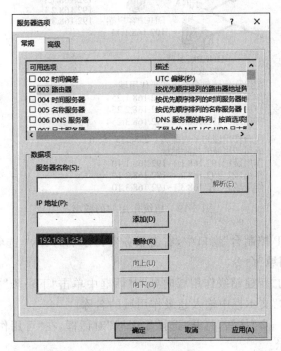

图 6-18 作用域选项

6.3.3 超级作用域及其创建

在多网段的 IP 地址配置中有时需要配置多个作用域。多个作用域的配置方法和单作用域相同。可以使用 DHCP 超级作用域来组合并激活网络上使用的 IP 地址的单独作用域范围。通过这种方式，DHCP 服务器计算机可为单个物理网络上的客户端激活并提供来自多个作用域的租约。这样在客户端登录网络时获取的 IP 地址可能是其中某一个作用域中的 IP 地址及其他选项的配置。

超级作用域可以解决多网络结构中的某种 DHCP 部署问题，包括以下情形。

（1）当前活动作用域的可用地址池几乎已耗尽，而且需要向网络添加更多的计算机。最初的作用域包括指定地址类的单个 IP 网络的一段完全可寻址范围。需要使用另一个 IP 网络地址范围以扩展同一物理网段的地址空间。

（2）在一段时间后客户端必须迁移到新作用域（如需要对当前 IP 网络进行重新编号,使其从现有的活动作用域中使用的地址范围迁移到包含另一个 IP 网络地址范围的新作用域）。

（3）希望在同一物理网段上使用两个 DHCP 服务器以管理分离的逻辑 IP 网络。

超级作用域的模型如图 6-19 所示。创建超级作用域的步骤如下。

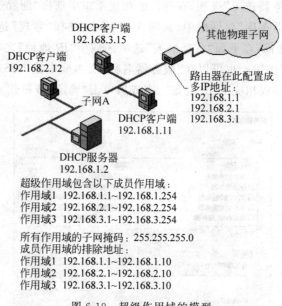

DHCP客户端
192.168.3.15

其他物理子网

DHCP客户端
192.168.2.12

子网A

DHCP客户端
192.168.1.11

路由器在此配置成
多IP地址：
192.168.1.1
192.168.2.1
192.168.3.1

DHCP服务器
192.168.1.2

超级作用域包含以下成员作用域：
作用域1 192.168.1.1~192.168.1.254
作用域2 192.168.2.1~192.168.2.254
作用域3 192.168.3.1~192.168.3.254

所有作用域的子网掩码：255.255.255.0
成员作用域的排除地址：
作用域1 192.168.1.1~192.168.1.10
作用域2 192.168.2.1~192.168.2.10
作用域3 192.168.3.1~192.168.3.10

图 6-19　超级作用域的模型

步骤 1：在"DHCP 控制台"窗口中,右击服务器目录下的 IPv4 选项,在弹出的快捷菜单中选择"新建超级作用域"命令。

步骤 2：在打开的"新建超级作用域向导"对话框中单击"下一步"按钮,打开"超级作用域名"对话框,在"名称"文本框中输入超级作用域的名称。

步骤 3：单击"下一步"按钮,打开"选择作用域"对话框,在"可用作用域"列表框中选择作用域,如图 6-20 所示。

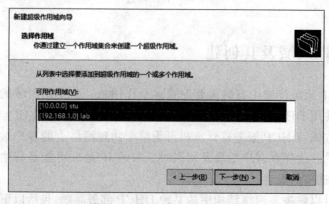

图 6-20　"选择作用域"对话框

步骤 4：单击"下一步"按钮,在完成新建超级作用域向导对话框中单击"完成"按钮。此时在 DHCP 控制台出现了新添加的超级作用域。

任务 4　配置 DHCP 客户端

任务描述：在 DHCP 系统中,要验证服务器端的配置是否准确无误,需要利用客户端进行相应测试,而且 DHCP 客户机的必要设置是正常使用 DNS 服务的前提。

任务目标：通过学习,应能够掌握 DHCP 客户机的配置方法及步骤,熟悉在客户端测试 DHCP 服务的方式方法。

6.4.1　Windows 客户端的配置

当 DHCP 服务器配置完成后,客户机就可以使用 DHCP 功能。可以通过设置网络属性的 TCP/IP 通信协议属性,设定采用"DHCP 自动分配"或"自动获取 IP 地址"方式获取 IP 地址,设定"自动获取 DNS 服务器地址"获取 DNS 服务器地址,这样就无须为每台客户机设置 IP 地址、网关地址和子网掩码等属性了。

以 Windows 10 为例,设置 DHCP 客户机的方法步骤如下。

步骤 1：右击"网络"图标,在快捷菜单中选择"属性"命令,在打开的"网络和共享中心"窗口中单击"以太网"链接,在以太网状态窗口中单击"属性"按钮,打开"以太网属性"窗口。

步骤 2：在"本地连接属性"窗口中双击"Internet 协议版本 4"选项,打开 Internet 协议属性窗口。

步骤 3：在窗口中选中"自动获得 IP 地址"和"自动获得 DNS 服务器地址"单项按钮,单击"确定"按钮,如图 6-21 所示。

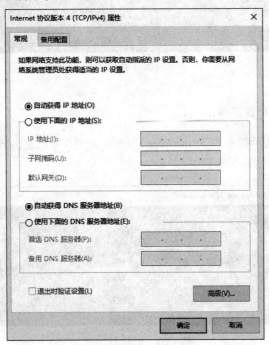

图 6-21　自动获得 IP 地址

6.4.2 DHCP 测试

配置完 DHCP 的客户端之后,将不能在 TCP/IP 的属性中看到本机的 IP 地址,为了验证客户端是否正确租用到地址,需作相应的测试,方法如下。

1. 查看分配的 IP 地址

在客户端的命令提示符中输入 ipconfig /all 命令,可以看到申请到的 IP 地址及其他相关配置,如图 6-22 所示。

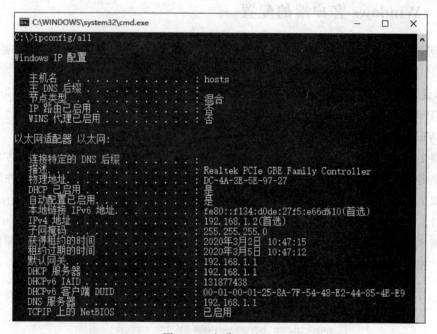

图 6-22 查看 IP 地址

2. 立即刷新 DHCP 客户端

在客户端的命令提示符中输入 ipconfig /renew 命令,可以更新现有客户端的配置或者获得新配置,如图 6-23 所示。

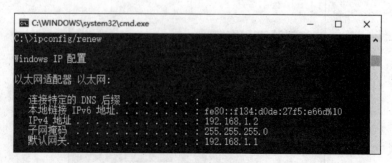

图 6-23 刷新 IP 地址

3. 释放 DHCP 配置

在客户端的命令提示符中输入 ipconfig /release 命令,可以立即释放主机当前的 DHCP 配置,客户端的 IP 地址及子网掩码均变为 0.0.0.0,其他的配置如网关等都将释放掉,如图 6-24 所示。

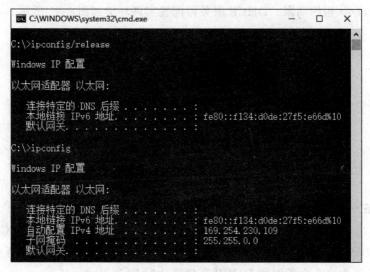

图 6-24　释放 IP 地址

实　　训

1. 实训目的

(1) 理解 DHCP 服务的基本知识。

(2) 掌握安装和配置 DHCP 服务器的方法,掌握配置作用域选项的方法。

(3) 掌握 DHCP 客户端的配置方法。

(4) 掌握测试 DHCP 服务的方法。

2. 实训内容

(1) 安装 DHCP 服务器角色。

(2) 创建 DHCP 作用域。

(3) 配置 DHCP 作用域选项。

(4) 配置 DHCP 保留。

(5) 配置 DHCP 客户端。

(6) 查看 DHCP 统计信息。

(7) 配置 DHCP 中继代理。

3. 具体实训

实训 1   配置 DHCP 服务器

在一个网络中,安装一台 Windows Server 2019,IP 地址为 192.168.1.200。将它配置为 DHCP 服务器,创建一个作用域,名称为子网 1,开始地址为 192.168.1.2,结束地址为 192.168.1.90,默认租约期限。DHCP 服务器配置实训环境如图 6-25 所示。

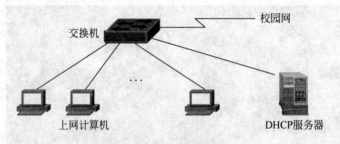

图 6-25   DHCP 服务器配置环境图

实训 2   在一台 DHCP 服务器上建立多个作用域

按照图 6-26 和表 6-1 在 DHCP 服务器上建立 5 个 IP 作用域并配置 DHCP 服务器。在图 6-26 中的 DHCP 服务器有 5 个作用域,分别是子网 1、子网 2、子网 3、子网 4 和子网 5,通过 DHCP 服务器为这 5 个子网的 DHCP 客户端分配 IP 地址。

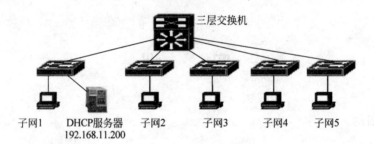

图 6-26   多个作用域示意图

表 6-1   DHCP 服务器作用域

作用域名称	开始地址	结束地址	网关	DHCP 中继代理
子网 1	192.168.1.2	192.168.1.90	192.168.1.1	无
子网 2	192.168.2.2	192.168.2.80	192.168.2.1	192.168.2.200
子网 3	192.168.3.2	192.168.3.110	192.168.3.1	192.168.3.200
子网 4	192.168.4.2	192.168.4.90	192.168.4.1	192.168.4.200
子网 5	192.168.5.2	192.168.5.100	192.168.5.1	192.168.5.200
服务器选项		DNS:192.168.1.244		
DHCP 服务器		192.168.1.200		

习　题

一、填空题

1. DHCP 服务器的主要功能是动态分配＿＿＿＿。

2. DHCP 服务器安装好后，并不是立即就可以给 DHCP 客户端提供服务，它必须经过一个＿＿＿＿步骤。未经此步骤的 DHCP 服务器在接收到 DHCP 客户端索取 IP 地址的要求时，并不会给 DHCP 客户端分派 IP 地址。

3. 设置 DHCP 中保留 IP 地址时必须知道客户机的＿＿＿＿地址和准备保留的 IP 地址。

4. 在 DHCP 客户机上如果需要重新获得 IP 地址，应当先使用＿＿＿＿命令释放租用的动态 IP 地址，然后再使用＿＿＿＿命令重新获得动态 IP 地址。

二、选择题

1. 使用"DHCP 服务器"功能的好处是（　　）。
   - A. 降低 TCP/IP 网络的配置工作量
   - B. 增加系统安全与依赖性
   - C. 对那些经常变动位置的工作站 DHCP 能迅速更新位置信息
   - D. 以上都是

2. 要实现动态 IP 地址分配，网络中至少要求有一台计算机的网络操作系统中安装（　　）。
   - A. DNS 服务器
   - B. DHCP 服务器
   - C. IIS 服务器
   - D. PDC 主域控制器

三、简答题

1. 如何安装 DHCP 服务器？
2. 简述 DHCP 的工作过程。
3. 中继代理有什么作用？
4. 什么是动态 IP 地址？

项目7 Web 服务器配置与管理

项目描述：某单位的网络在进行了综合布线、设备调试等一期工程后，要进行二期工程网络应用的建设。现在需要通过网络对外宣传，包括企业文化介绍、产品发布、售前与售后服务等信息。

项目目标：基于 B/S 模式的技术成为网络的主流技术，Web 服务自然成了 Internet 和 Intranet 的核心。利用 Windows Server 2019 来构建、管理信息网络系统平台，以网站方式来发布相关信息，从而达到宣传的目的。

任务 1 认 知 IIS

任务描述：利用 Windows Server 2019 自带的组件 IIS(Internet Information Server)快速地建立安全的 Internet 或 Intranet 站点，使得在网络上方便地发布公司的有关信息。

任务目标：通过学习，掌握 Internet 信息服务器的功能，以及 IIS 能够管理的各种网站类型；搞清 IIS 10 可以实现的主要服务类型，了解 IIS 10 的特点；掌握 IIS 服务的安装及测试方法。

7.1.1 IIS 10 的特点

Windows Server 2019 是一个集互联网信息服务 10(IIS 10)、ASP. NET、Windows 通信基础(Windows communication foundation，WCF)以及 Windows 共享点服务(Windows SharePoint Services)于一身的平台。IIS 10 是对现有的 IIS Web 服务器的重大改进，并在集成网络平台技术方面发挥着重要作用。IIS 10 的主要特征包括更加有效的管理工具，提高的安全性能以及减少的支持费用。这些特征使集成式的平台能够为网络解决方案提供集中式、连贯性的开发与管理模型。

1. 兼容性

IIS 10 核心 Web 服务器包含了对 IIS 以前版本所做的一些基本变更。在 IIS 以前的版本当中，所有的功能都是内置式的功能。IIS 10 则由 40 多个独立的模块组成，其中只有一半的模块是默认设置，并且管理员可以选择安装或移除任何模块。这种模块化的设计方法可以使管理者只安装他们所需要的选项，这样既减少了需要进行管理及更新的内容，又兼容了以前版本的功能。

2．组件化

现在,所有 Web 服务器功能都作为独立的组件进行管理,管理员可以轻松地添加、删除和替换它们。与以前的 IIS 版本相比,这具有几个主要优点。

(1) 通过减少攻击面来保护服务器。减少表面积是保护服务器系统的最有效方法之一。使用 IIS,可以删除所有未使用的服务器功能,从而在保持应用程序功能的同时,尽可能地减小表面积。

(2) 提高性能并减少内存占用。通过删除未使用的服务器功能,还可以减少服务器使用的内存量,并通过减少对应用程序的每个请求执行的功能代码量来提高性能。

(3) 构建定制/专用服务器。通过选择一组特定的服务器功能,用户可以构建自定义服务器,这些服务器针对在应用程序拓扑内执行特定功能(如边缘缓存或负载平衡)进行了优化。可以使用基于新扩展性 API 的自己或第三方服务器组件添加自定义功能,以扩展或替换任何现有功能。组件化体系结构为 IIS 社区提供了长期利益:它促进了微软公司内部以及第三方开发人员中所需的新服务器功能的开发。

IIS 还对 IIS 10 中带有应用程序池的功能强大的 HTTP 流程激活模型进行了组件化。HTTP 流程激活模型不仅可用于 Web 应用程序,还可通过任何协议接收请求或消息。此独立于协议的服务称为 Windows 进程激活服务(WAS)。WCF 附带的协议适配器可以利用 WAS,改善服务的可靠性和资源使用情况。

3．可扩展性

开发人员可以利用 IIS 的模块化体系结构来构建功能强大的服务器组件,以扩展或替换现有的 Web 服务器功能,并为 IIS 上托管的 Web 应用程序增加价值。

以下是开发 IIS 的原因。

(1) 授权 Web 应用程序。扩展 IIS 使 Web 应用程序可以从许多情况下无法轻松在应用程序层提供的功能中受益。使用 IIS ASP．NET 或本机 C++ 可扩展性,开发人员可以构建为所有应用程序组件增加价值的解决方案,例如,自定义身份验证方案,监视和日志记录,安全筛选,负载平衡,内容重定向和状态管理。

(2) 更好的开发经验。该品牌新的 C++ 扩展模型缓解了以前困扰 ISAPI 发展,引进了简化的面向对象的 API,促进编写强大的服务器代码中的许多问题。此外,更好的 Visual Studio 集成进一步改善了为 IIS 开发的体验。

(3) 使用 ASP．NET 的全部功能。ASP．NET 集成使服务器模块可以通过熟悉的 ASP．NET 4.7 接口和丰富的 ASP．NET 应用程序服务快速开发。ASP．NET 模块可以为 ASP、CGI、静态文件和其他内容类型统一提供服务,并且可以完全扩展服务器而不受 IIS 早期版本中的限制。

4．ASP．NET 集成

IIS 允许 Web 应用程序充分利用 ASP．NET 4.7 的强大功能和可扩展性。ASP．NET 功能包括基于表单的身份验证、成员资格、会话状态以及许多其他功能,可用于所有类型的内容,从而在整个 Web 应用程序中提供统一的体验。开发人员可以使用熟悉的 ASP．NET

扩展模型和丰富的.NET API 来构建 IIS 服务器功能,这些功能与使用本机 C++ API 编写的功能一样强大。

7.1.2 安装 Web 服务器

Web 服务器(IIS)在 Windows Server 2019 中具体安装步骤如下。

步骤 1:在服务器管理器仪表板工作区单击"添加角色和功能"链接,出现开始之前向导,在此界面中提示了一些应提前完成的任务。确认无误后单击"下一步"按钮。

步骤 2:在安装类型向导中可以选择是在物理机安装还是在虚拟机安装,在此可选择"基于角色或基于功能的安装"选项,即在本地物理机上安装本服务,然后单击"下一步"按钮。

步骤 3:在选择服务器向导中可以先选择在物理硬盘上安装还是在虚拟磁盘上安装,然后在服务器池列表中选择服务器,在此可选择"从服务器池中选择服务器"选项,即在物理硬盘上安装,在服务器池中选定服务器后单击"下一步"按钮。

步骤 4:在选择服务器角色向导中,在角色列表中选中"Web 服务器"复选框,将弹出提示窗口,单击"添加功能"按钮将选中 Web 服务器,然后单击"下一步"按钮。

步骤 5:在功能向导中,可根据需要在功能列表中选中相关功能,在此可直接单击"下一步"按钮继续。

步骤 6:在 Web 服务器角色向导窗口简单介绍了 IIS 的功能,在此可直接单击"下一步"按钮继续。

步骤 7:由于 IIS 支持的功能较多,在角色服务窗口中可进一步选中需要用到的功能,如图 7-1 所示。若只需要基本功能,可直接单击"下一步"按钮。

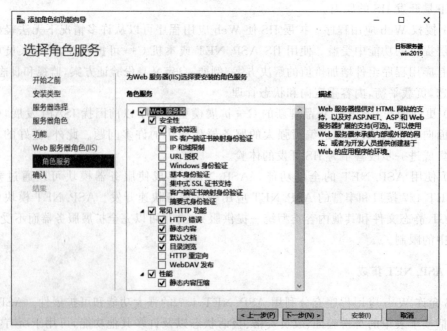

图 7-1 功能选择

步骤 8：在确认窗口中显示出安装的服务及工具，如果有需要，还可以单击"导出配置设置"及"指定备用源路径"链接进行设置，然后单击"安装"按钮开始安装。

步骤 9：在安装进度窗口中可以显示出安装进度及安装结果，安装完成后单击"关闭"按钮即可。

7.1.3　测试 Web 服务器

在创建自己的 Web 服务器之前，首先应测试一下安装完毕的 IIS 是否能正常工作。Web 服务器是响应来自 Web 浏览器的请求以提供 Web 页的软件，Web 服务器有时也称为 HTTP 服务器。

使用 IIS 开发 Web 应用程序，Web 服务器的默认名称是计算机的名称。用户可以通过更改计算机名来更改服务器名称。如果不知道计算机的名称，则做本机测试时可使用 localhost 来代替。

服务器名称对应于服务器的根文件夹，根文件夹（在 Windows 计算机上）通常是 C:\Inetpub\wwwroot。通过在计算机上运行的浏览器中输入以下 URL 可以打开存储在根文件夹中的任何 Web 页：

http://your_Server_name/your_file_name

例如，服务器名称是"web"并且 C:\Inetpub\wwwroot\中保存有名为"index. html"的 Web 页，则用户可以通过在本地计算机上运行的浏览器中输入以下 URL 打开该页：

http://web/home. html

注意：在 URL 中使用正斜杠而不是反斜杠。

用户还可以通过在 URL 中指定子文件夹来打开存储在根文件夹的任何子文件夹中的任何 Web 页。例如，假设 index. html 文件存储在名为"game"的子文件夹中，如下所示：

C:\Inetpub\wwwroot\game\index. html

用户可以通过在计算机上运行的浏览器中输入以下 URL 打开该页：

http://web/game/index. html

如果 Web 服务器运行在本地计算机上，用户可以用 localhost 来代替服务器名称。例如，以下两个 URL 在浏览器中可以打开同一页：

http://web/index. html

http://localhost/index. html

注意：除服务器名称或 localhost 之外，还可以使用另一种表示方式：127.0.0.1（例如，http://127.0.0.1/index. html）。

在任务中，可在本机运行的浏览器地址栏中输入"http://计算机名"或输入 http://locahost 或 http://127.0.0.1，出现如图 7-2 所示的内容，证明 IIS 服务器安装、运行正常。

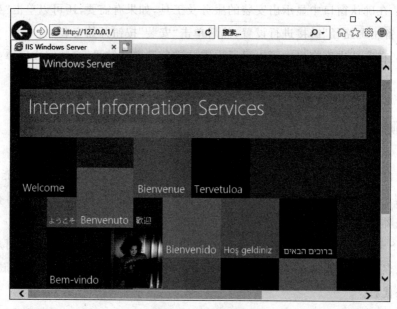

图 7-2 测试结果

任务 2 创建和管理 Web 服务器

任务描述：某公司购买了一台性能较高的服务器并安装了 Windows Server 2019 的 IIS 10 组件，现在要在服务器上给每个子公司创建一个独立的 Web 站点。

任务目标：通过学习，首先掌握 Web 站点的创建、配置和删除等基本技能，并能按照实际应用要求在一台计算机上创建、管理多个 Web 站点。

7.2.1 概述

在 Intranet 或 Internet 中，可以很方便地利用 Windows Server 2019 来发布网页信息。在网站的日常管理中，经常会在一个应用程序服务器中，创建多个网站和虚拟目录。当管理员在一台计算机上创建和管理多个 Web 站点时，根据环境不同，需要采用不同的管理技术。为了更好地创建和管理 Web 站点和 FTP 站点，应首先熟悉 IIS 中相关的基本概念。

1. 目录结构

任何一个 Web 站点或 FTP 站点都是通过树型目录结构的方式来存储信息的，每个站点可以包括一个主目录和若干个真实子目录或虚拟目录。

2. 物理路径

物理路径是 Web 站点或 FTP 站点发布的具体物理位置，也是用户访问站点的起点。

因此,它不仅包括网站的首页及指向其他网页的链接,还包括该网站的所有文件和目录。

当用户需要通过物理路径发布信息时,应当将信息文件保存在相应的物理路径中,以及与其相关联的子目录中。其中目录及其子目录中的所有文件将自动对站点访问者开放,当访问者知道被访问文件的确切路径时,即使主页中没有指向这些文件的链接,访问者也能够访问到这些文件。

每个 Web 站点或 FTP 站点必须对应一个物理路径,对该站点的访问,实际上就是对 Web 站点物理路径的访问,而且由于物理路径已经被映射为"计算机名"或"域名",因此访问者能够使用计算机名或域名的方式进行访问。

例如,当某 Web 站点的 Internet 域名是 www.sjzpt.edu.cn。物理路径是 C:\inetput\wwwroot 时,用户在浏览器地址栏中输入 http://www.sjzpt.edu.cn 后,实际访问的就是物理路径 C:\inetput\wwwroot\中的文件。为此,通过设置的物理路径,用户就可以快速、便捷、轻松地发布自己的网页。当用户的主页位于其他目录下的时候,并不需要移动自己的网页文件到系统的默认目录下,而只需将默认的物理路径设置为文件所在的目录即可。

3. 虚拟站点和虚拟目录

(1) 虚拟站点:虚拟站点又称为虚拟主机,即在一台服务器上运行多个站点。每一个虚拟站点都可以像独立网站一样,拥有独立的 IP 地址或域名。虚拟站点的物理路径既可以定位于本机,也可以位于不同的计算机上。应用时,各类 Web 站点(服务器)的应用特性都是相同的。由于在一个物理站点中,可以对多个 Web 站点进行集中管理,因此,可以使网站的管理更便利,配置更简化、成本更低廉。

(2) 虚拟目录:在某一个 Web 站点或 FTP 站点之下,管理员可以根据需要创建任意数量的虚拟目录。虚拟目录是站点管理员为服务器中的任何一个物理目录创建的一个别名。这样,用户就可以将其信息、程序或文件等保存到真实的物理目录中,而其他用户是通过其别名来访问这个虚拟目录的。访问时,感觉与站点无异。通过这样的方法,可以将真实的目录隐藏起来,这样可以有效地防止黑客的攻击,提高站点的安全性。

在实际网站的管理中,当用户需要通过物理路径以外的目录发布信息时,就应当在网站中创建它的虚拟目录。

在客户端浏览器中,虚拟目录就像物理路径的一个真实子目录一样被访问,但是,它在物理位置上并不一定处于所在网站的物理路径中。这也是"虚拟目录"中的"虚拟"的由来。

虚拟目录既可以是本地的真实目录,也可以是非本机已共享的目录。虚拟目录下还可以创建子目录。与物理目录结构不同的是,它既可以是物理路径下面的真实物理子目录,也可以是一个虚拟的目录,子目录和虚拟目录对于访问者来说没有什么区别。

4. 系统默认的物理路径

在 Windows Server 2019 中,IIS 默认的 Web 站点的物理路径是"x:\inetput\wwwroot",默认的 FTP 站点的物理路径是"x:\inetput\ftproot",其中的"x"是 Windows Server 2019 所在系统分区的盘符。当用户将自己所要发布的信息文件复制到上述的默认目录时,即可使用默认的 IP、端口号和域名进行访问。

7.2.2 新建 Web 站点

用户要在 Web 服务器上发布自己的网页,既可以对默认 Web 站点进行配置,也可以新建自己的站点。在新建 Web 站点之前,用户应知道自己的网页存在哪里以及主页的文件名是什么。现假设保存在 D:\myweb 目录下,主页文件名为 homepage.htm。创建 Web 站点的具体步骤如下。

步骤 1:依次单击服务器管理器中"工具/Internet Information Services(IIS)管理器"菜单(或使用 inetmgr 命令),打开 Internet 信息服务管理窗口,展开左侧窗口中的服务器目录树,选中服务器图标后如图 7-3 所示。

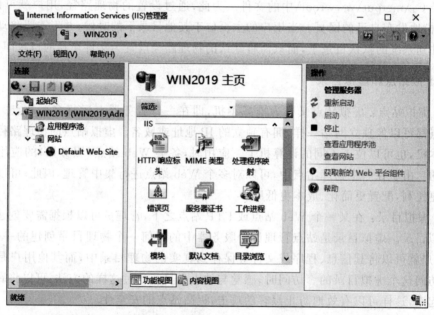

图 7-3 Internet 信息服务管理器

步骤 2:右击左侧窗口目录树中的服务器名,从弹出的快捷菜单中选择"添加网站"命令,打开"添加网站"的对话框。

注意:为了不发生冲突,最好先把默认站点停止再添加新站点。

步骤 3:在"添加网站"对话框中,需要分别在"网站名称"和"物理路径"文本框中输入相应的内容,同时也可以在"IP 地址"列表中选择使用的 IP 地址后单击"确定"按钮,如图 7-4 所示。

步骤 4:打开"IIS 管理器"窗口中左侧的网站目录树,单击新建的网站名称(如 web1),在中间窗口中显示新建网站的功能视图,如图 7-5 所示。

步骤 5:双击窗口中间工作区的"功能视图"窗口中"默认文档"选项,在右侧操作窗口中单击"添加"链接,如图 7-6 所示。

步骤 6:在弹出的添加默认文档的窗口中的文本框中输入网站主页的文件名称(如 homepage.htm),单击"确定"按钮。在"功能视图"窗口中将出现新添加的主页文件名。

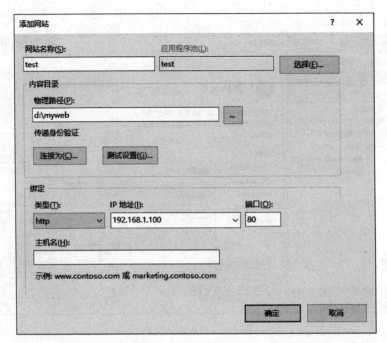

图 7-4　"添加网站"对话框

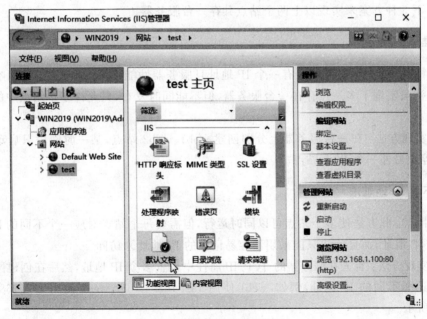

图 7-5　新建网站功能视图

步骤 7：可在运行的浏览器地址栏中输入 URL，测试是否创建成功。

7.2.3　多站点共存技术

在实际应用当中，为了充分利用硬件资源，降低运行成本，经常会碰到在一台服务器上

143

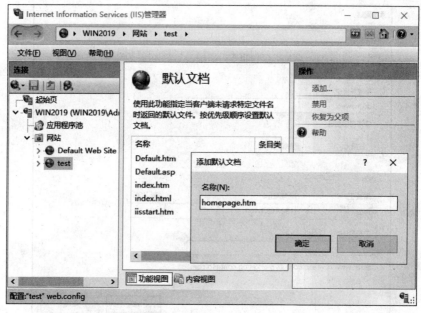

图 7-6　添加默认文档

发布多个 Web 站点。现假设有两个网站分别存放在 D:\web1 和 D:\web2 目录下,IIS 可以采用以下 5 种方案来实现以上两个站点共存一台服务器。

1. 唯一站点法

(1) 特点:当一台服务器只有一个 IP 地址且服务器性能不很高时,可以采用唯一站点法。此办法虽实现了多站点存在一台服务器,但不能同时发布,只允许多个站点中的一个站点工作。

(2) 实现方法:在一台服务器上分别创建 web1、web2 站点,某一时间段只启动要发布的站点,停止另外一个 Web 站点。

2. 不同 IP 地址法

(1) 特点:此方法使多个站点可以同时运行,但需要每个站点对应一个不同的 IP 地址,比较浪费 IP 地址,而且用户只能采用不容易记忆的 IP 地址来访问。

(2) 实现方法:首先在服务器的 TCP/IP 属性中设置多个 IP 地址,然后在创建网站时不同的网站选择不同的 IP 地址,例如,web1 使用 192.168.1.100,web2 使用 192.168.1.200,如图 7-7 所示。

3. 不同端口号法

(1) 特点:此方法也能使多个站点同时运行,但需要每个站点对应一个不同的端口号,由于不是默认端口 80,用户在客户端访问站点时必须输入端口号,用户会感觉不方便。所以此方法不利于站点的推广。

(2) 实现方法:一台服务器可以只使用一个 IP 地址,在创建站点时,必须针对不同站点

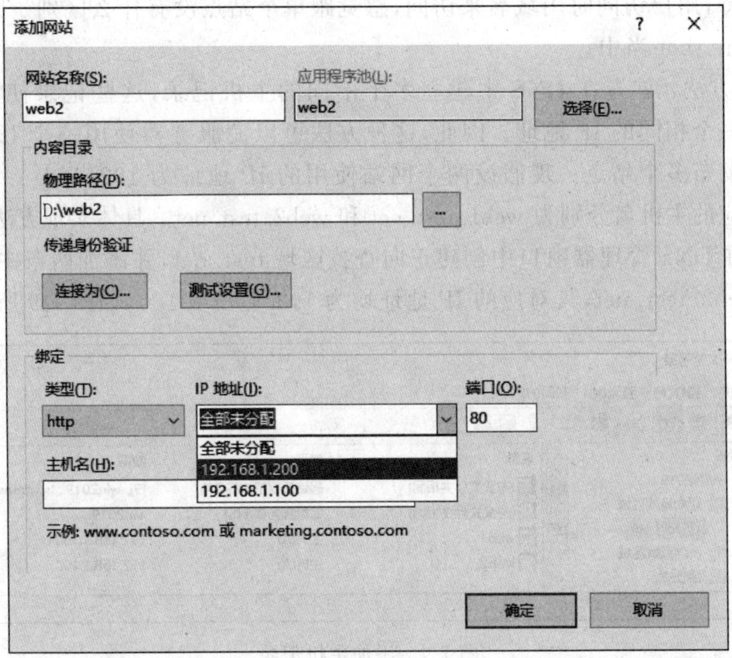

图 7-7　改变 IP 地址

设置不同的端口号,例如,web1 使用 80,web2 使用 8080,如图 7-8 所示。

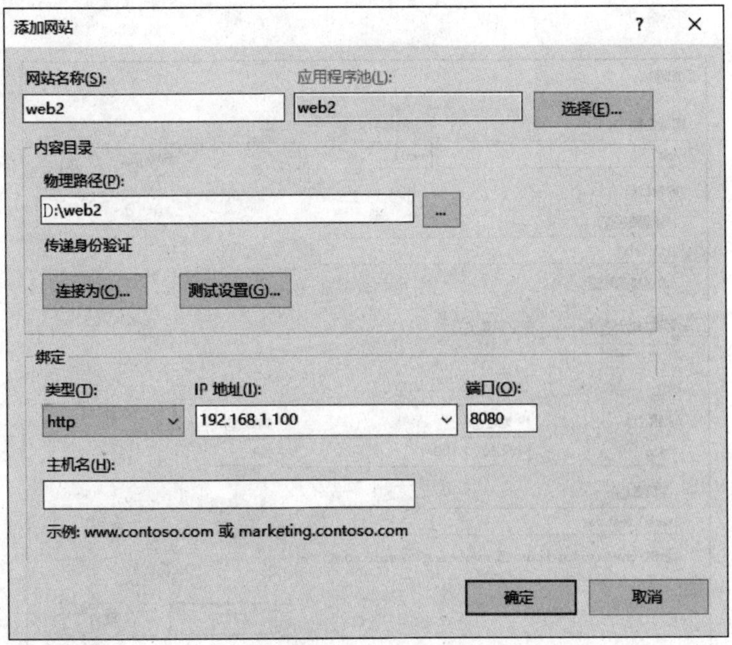

图 7-8　改变端口号

4. 不同主机名法

(1) 特点:此方法也可以使多个站点同时工作,服务器只需要设置一个 IP 地址,但必须

145

有 DNS 的支持,用户访问时用域名来访问,感觉跟单个站点没有什么区别。因此,这种方法大量应用在 Internet 当中。

(2) 实现方法:首先在 DNS 中建立多个不同的主机记录,这些记录使用不同的主机名,但都对应一个相同的 IP 地址。因此,这种方法可以使服务器使用一个 IP 地址、默认的端口号 80 而发布多个站点。现假设两个网站使用的 IP 地址为 192.168.1.100,默认端口号为 80,其对应的主机名分别为 web1.test.net 和 web2.test.net。具体实现方法步骤如下。

步骤 1:在 DNS 管理器窗口中创建正向查找区域 test.net,并添加两条主机记录 web1.test.net 和 web2.test.net,其对应的 IP 地址均为 192.168.1.100,如图 7-9 所示。

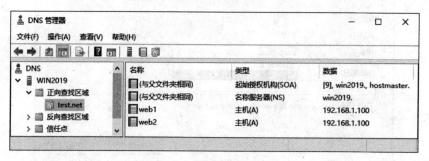

图 7-9　添加主机记录

步骤 2:在 IIS 管理器窗口中,添加网站 web1 时"物理路径"指向 D:\web1,"IP 地址"使用 192.168.1.100,"端口"号 80,在"主机名"文本框中输入主机名 web1.test.net,如图 7-10 所示。

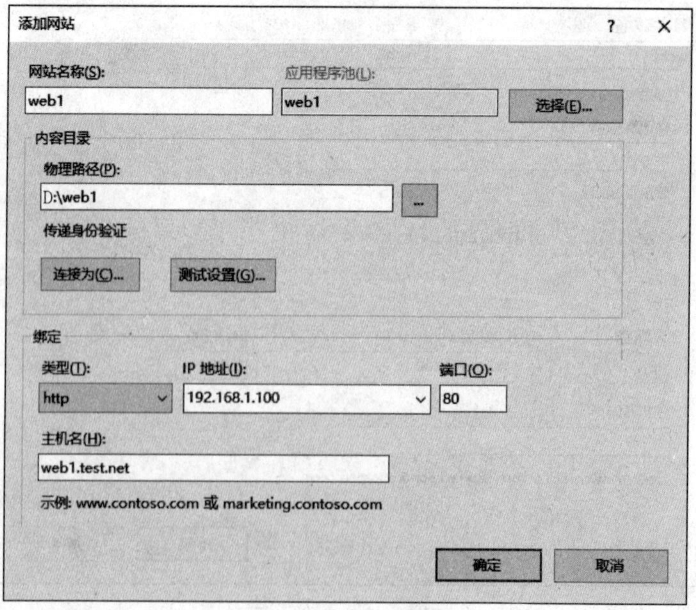

图 7-10　发布 web1 网站

步骤 3:在"IIS 管理器"窗口中,添加网站 web2 时物理路径指向 D:\web2,"IP 地址"使用 192.168.1.100,"端口"号 80,在"主机名"文本框中输入主机名 web2.test.net,如

图 7-11 所示。

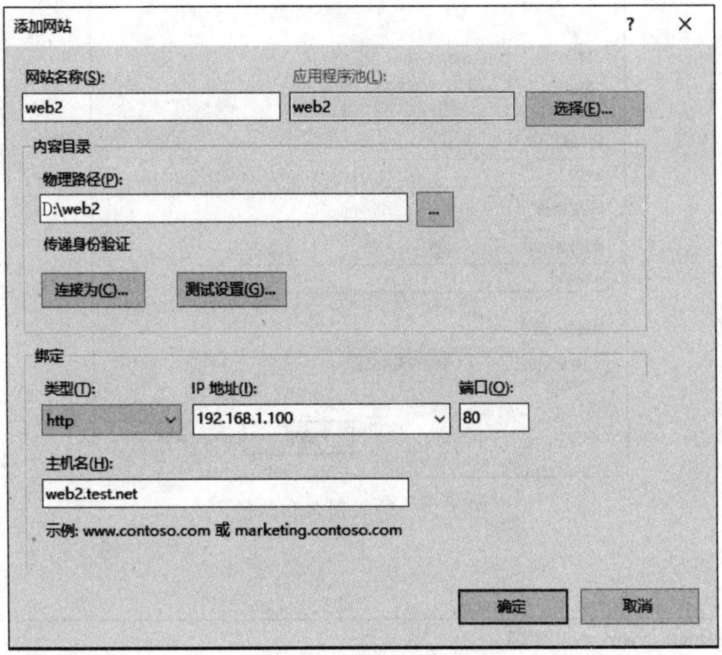

图 7-11 发布 web2 网站

步骤 4：可以在运行的浏览器地址栏中输入两个网站的 URL，测试是否创建成功。

5．不同虚拟目录法

随着各种应用的不断发展，网站也越来越多，但一个站点只能指向一个主目录，由于站点磁盘的空间是有限的，因此，可能造成单台服务器的容量不足。为了解决这类问题，管理员可以使用任意数量的虚拟目录来发布信息资源。

（1）特点：此方法跟第 4 种一样，也可以使多个站点同时工作，服务器只需要设置一个 IP 地址，也必须有 DNS 的支持，用户访问时用域名加目录别名来访问。

（2）实现方法：首先在 DNS 中创建好主机记录，在创建站点时使用规划好的 IP 地址、端口号（默认即可）、主机名等，不同的站点使用不同的虚拟目录。现假设第一个网站使用别名 web1，第二个网站使用别名 web2，具体实现步骤如下。

步骤 1：依次单击服务器管理器中"工具"/"Internet Information Services(IIS)管理器"菜单，打开"IIS 管理器"窗口，展开左侧窗口中的服务器目录树。

步骤 2：在"IIS 管理器"窗口左侧栏中右击可正常运行的站点（如默认站点 Default Web Site），在弹出的快捷菜单中选择"添加虚拟目录"命令。

步骤 3：在弹出的"添加虚拟目录"窗口中，输入第一个网站对应的"别名"和"物理路径"的内容，如 web1 及 D:\web1，如图 7-12 所示，然后单击"确定"按钮。

步骤 4：重复上述步骤，在同一站点下添加第二个虚拟目录，输入第二个网站对应的"别名"和"物理路径"的内容，如 web2 及 D:\web2，用于发布第二个网站。添加完毕，在 IIS 管理器窗口中的效果如图 7-13 所示。

图 7-12　输入别名和路径

图 7-13　Internet 信息服务管理窗口

步骤 5：在客户端运行的浏览器中分别输入正确的 URL，如 http://192.168.1.100/web1 和 http://192.168.1.100/web2，测试是否能够浏览不同的站点。

7.2.4　管理 Web 站点

为了使网站有效地运行和提供最新的页面内容，管理员在创建 Web 网站之后，还必须对 Web 网站及其相关内容进行管理，Web 服务的管理是一个经常而繁杂的工作，管理员需要在实践中逐步地应用和掌握。在"Internet Information Services(IIS)管理器"控制台中，管理员可以对当前站点进行浏览、删除、重命名、编辑权限等各种管理。

1．浏览

管理员可以查看站点所在物理路径下的文件夹和文件。具体方法是在如图 7-5 所示的"Internet Information Services(IIS)管理器"控制台中,右击网站,在快捷菜单中选择"浏览"命令,或选择网站后单击窗口右侧"操作"功能中的"浏览"选项,将出现网站物理路径下的内容,如图 7-14 所示。

图 7-14　浏览

2．编辑权限

管理员可以在"Internet Information Services(IIS)管理器"控制台中直接管理物理路径根的共享权限和文件权限。具体方法是选择网站后,单击窗口右侧"操作"选项中的"编辑权限"命令,在打开的文件夹属性窗口中,可以选择"共享"选项卡或"安全"选项卡对共享权限或文件权限进行管理。

3．启动、停止和重启站点服务

在网站的管理工作中,启动、停止或重启站点服务是经常性的工作。例如,当管理员需要对某个 Web 站点的内容和设置进行调整的时候,应当先停止该站点的服务,然后再实施调整工作。调整完成之后,管理员还需要启动这个站点的服务。具体方法是在"Internet Information Services(IIS)管理器"控制台中,选择要管理的网站,根据需要单击右侧操作窗口中的"管理站点"功能中的"重新启动"或"停止"或"启动"命令即可。

4．网站绑定

为了提高站点的安全性,管理员可以将网站的协议、IP 地址、端口号及主机名绑定在一起。具体方法是在"Internet Information Services(IIS)管理器"控制台中,选择要管理的网站后,单击右侧操作窗口中的"绑定"选项,在弹出的"网站绑定"对话框中单击要编辑的网站后,单击右侧的"编辑"按钮。若直接新增网站,可单击"添加"按钮,在"编辑网站绑定"对话框中可输入或修改相应内容,如图 7-15 所示。

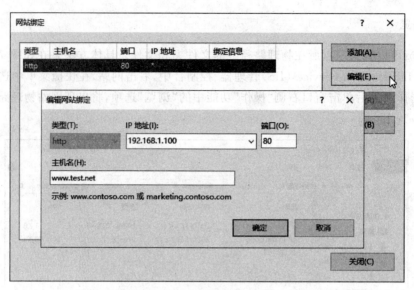

图 7-15 添加网站绑定

5. 高级设置

在"Internet Information Services(IIS)管理器"控制台中可以对站点进行高级设置,单击选定网站的右侧操作窗口中的"高级设置"链接,可以在打开的如图 7-16 所示的高级设置窗口中修改其"物理路径""应用程序池""最大并发连接数""最大带宽"等各项参数值。

图 7-16 高级设置

实　　训

1．实训目的

（1）理解 WWW 服务原理。

（2）掌握统一资源定位符 URL 的格式和使用。

（3）理解默认网站的网页发布。

（4）掌握多 Web 站点的创建和配置。

2．实训内容

（1）安装 Web 服务器的角色，并在指定目录发布网站。

（2）进行 Web 安全选项的相关配置，如禁用匿名访问，限制使用带宽，限制客户端计算机等。

（3）使用不同端口号在一台服务器上创建 2 个 Web 站点。

（4）使用不同主机名在一台服务器上创建 2 个 Web 站点。

（5）使用不同 IP 地址在一台服务器上创建 2 个 Web 站点。

（6）使用不同虚拟目录在一台服务器上创建 2 个 Web 站点。

3．具体实训

实训 1　WWW 服务器的配置

（1）服务器端。在上一台安装 Windows Server 2019 操作系统的计算机（IP 地址为 192.168.1.250，子网掩码为 255.255.255.0，网关为 192.168.1.16）上设置 1 个 Web 站点。要求：端口为 80，Web 站点标识为"默认网站"；连接限制到 200 个，连接超时 600s；日志采用 W3C 扩展日志文件格式，新日志时间间隔为每天；启用带宽限制，最大网络使用 1024 KB/s；主目录为 D:\xpcWeb，允许用户读取和下载文件访问，默认文档为 default.asp。

（2）客户端。在 IE 浏览器的地址栏中输入 http://192.168.1.250 来访问刚才创建的 Web 站点。配合 DNS 服务器的配置，将 IP 地址 192.168.11.250 与域名 www.test.edu.cn 对应起来，在 IE 浏览器的地址栏中输入 http://www.test.edu.cn 来访问刚才创建的 Web 站点。

实训 2　创建虚拟目录

下面按照表 7-1 中的设置，来练习建立实际目录和虚拟目录。

表 7-1　创建 Web 站点

实际存储位置	别名	URL 路径
C:\inetpub\wwwroot\linux	Linux	http://www.test.cn/linux
D:\xunilinux	Xunilinux	http://www.test.cn/xunilinux

任务 3：利用主机头名称建立新网站

利用主机名称分别发布出去 3 个网站 www. test. cn、ftp. test. cn、bbs. test. cn。

任务 4：利用 IP 地址建立新网站

利用 IP 地址分别发布出去 3 个网站。

任务 5：利用 TCP 端口号建立新网站

利用 TCP 端口号分别发布出去 3 个网站。

习　题

一、填空题

1. IIS 也称为"Internet 信息服务"，它包括_____、_____和_____虚拟服务器 3 个方面的基本功能。

2. 通常创建网站时，用户首先要考虑_____系统默认的 Web 主目录。

3. Internet 信息服务提供了 3 种登录认证发式，分别是_____、_____ 和_____。

二、选择题

1. 关于因特网中的 WWW 服务，以下说法错误的是(　　)。

    A. WWW 服务器中存储的通常是符合 HTML 规范的结构化文档

    B. WWW 服务器必须具有创建和编辑 Web 页面的功能

    C. WWW 客户端程序也被称为 WWW 浏览器

    D. WWW 服务器也被称为 Web 站点

2. 在 Windows NT Server 上安装 Web 服务器需要安装的内容为(　　)。

    A. IIS   B. TCP/IP 协议

    C. 建立 DNS 服务器   D. 相应的服务器名称和域名地址

3. 创建虚拟目录的用途是(　　)。

    A. 一个模拟主目录的假文件夹

    B. 以一个假的目录来避免染毒

    C. 以一个固定的别名来指向实际的路径，这样当主目录变动时，相对用户而言是不变的

    D. 以上都不是

三、简答题

1. 如何建立一个 Web 服务器？

2. 人们采用统一资源定位器(URL)来在全世界唯一标识某个网络资源，请描述其格式。

3. 如何实现在一台服务器上发布多个网站？

项目 8　FTP 服务器配置与管理

项目描述：某公司搭建了网络平台后，在使用过程中需要利用网络解决以下问题：①在公司内部网上可以轻松地得到一些常用工具软件、常用资料等；②员工能够把自己的一些数据、资料很方便地存储和传递；③员工出差或回家后能方便地使用这些软件、资料等。

项目目标：利用 Windows Server 2019 中的 IIS 组件提供的基于 B/S 模式的 FTP 服务，完成以下功能：①解决较大文件的传输；②解决不同系统之间文件的共享；③解决远程文件共享；④考虑用户使用的简单性、方便性。掌握 FTP 服务这种 Internet 和 Intranet 的核心应用技术。

任务 1　创建 FTP 站点

任务描述：利用 Windows Server 2019 自带的功能实现文件的上传、下载等基本的文件传输功能，搭建一台文件服务器，达到利用网络远程存储，使用共享资源的基本目的。

任务目标：能够在同一计算机上启用 FTP 服务并搭建单个或多个 FTP 站点的技术，实现文件的上传和下载。

8.1.1　安装 FTP 服务器

利用 Web 站点下载文件极为麻烦，网页也需经常更新，而 FTP 服务可用于提供文件资料下载、Web 站点更新及不同类型的计算机之间文件的传输。如果用户要上传或下载文件，可以使用 FTP 站点来实现。管理员在发布了 FTP 站点的地址后，用户可以使用 FTP 协议和适当的客户端软件与 FTP 服务器建立连接。FTP 服务也是 IIS 的重要组成部分，安装较为简单，但并不是意味着安装好 IIS 工具后，就可以直接建设 FTP 服务器了。FTP 服务并不是 IIS 应用程序默认组件，在搭建 Web 服务时并不会自动安装，需要单独安装并配置。

若要建立 FTP 站点，必须先安装 FTP 服务和管理单元（默认 IIS7 安装不含 FTP 安装）。具体安装方法步骤如下。

步骤 1：在服务器管理器仪表板工作区单击"添加角色和功能"链接，出现开始之前向导，在此界面中提示了一些应提前完成的任务，确认无误后单击"下一步"按钮。

步骤 2：在安装类型向导中可以选择是在物理机安装还是在虚拟机安装，在此可选择

"基于角色或基于功能的安装",即在本地物理机上安装本服务,然后单击"下一步"按钮。

步骤 3:在选择服务器向导中可以先选择在物理硬盘还是虚拟磁盘上安装,然后在服务器池列表中选择服务器,在此可选择"从服务器池中选择服务器"选项,即在物理硬盘上安装,在服务器池中选定服务器后单击"下一步"按钮。

步骤 4:在选择服务器角色向导中,在角色列表中选中"Web 服务器",将弹出提示窗口,单击"添加功能"按钮,将选中 FTP 服务器。如果已经安装了 Web 服务,则展开其功能列表后直接选中"FTP 服务器"复选框,如图 8-1 所示。然后单击"下一步"按钮。

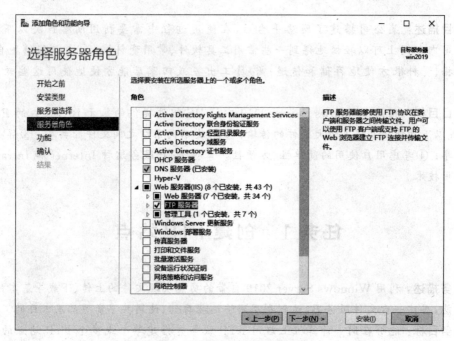

图 8-1　选中"FTP 服务"复选框

步骤 5:在功能向导中,可根据需要在功能列表中选中相应的功能,在此可直接单击"下一步"按钮继续。

步骤 6:在 Web 服务器角色向导窗口简单介绍了 IIS 的功能,在此可直接单击"下一步"按钮继续。

步骤 7:由于 IIS 支持的功能较多,在角色服务窗口中可进一步选中需要到的功能,如图 8-1 所示。如果第一次安装 IIS,则需要在此选中"FTP 服务器"复选框,如图 8-2 所示,然后单击"下一步"按钮。

步骤 8:在确认窗口中显示出安装的服务及工具,如果有需要,还可以单击"导出配置设置"及"指定备用源路径"链接进行设置,然后单击"安装"按钮开始安装。

步骤 9:在安装进度窗口中可以显示出安装进度及安装结果,安装完成后单击"关闭"按钮即可。

8.1.2　新建 FTP 站点

完成 FTP 服务的安装后,接下来就可以按要求创建 FTP 站点了。现有服务器的 IP 地

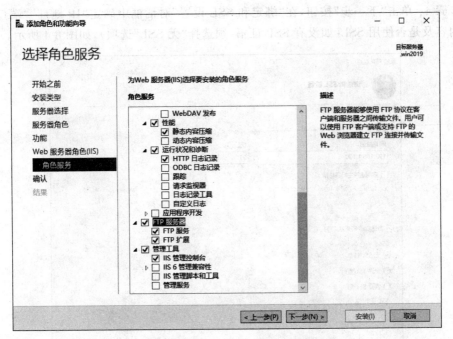

图 8-2　再次选中"FTP 服务"选项

址为 192.168.1.100,上传及下载文件的目录为 D:\ftp,允许匿名用户访问,具体操作步骤
如下。

步骤 1:依次单击服务器管理器中"工具"/"Internet Information Services(IIS)管理器"
菜单,打开"IIS 管理器"窗口。

步骤 2:在"IIS 管理器"窗口中打开控制台窗口左侧的目录树,右击服务器名称,在弹出
的快捷菜单中选择"添加 FTP 站点"命令。

步骤 3:在弹出的"添加 FTP 站点"的窗口中,在"FTP 站点名称"和"物理路径"文本框
中输入相应的内容,如图 8-3 所示。

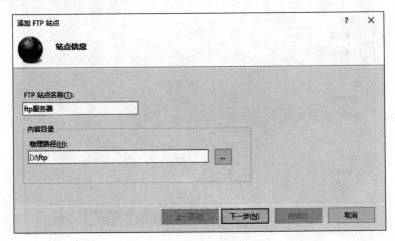

图 8-3　"站点信息"对话框

步骤4：单击"下一步"按钮，在"绑定和 SSL 设置"对话框中确定"IP 地址""端口"文本框的内容及是否使用 SSL（如没有 SSL 证书，须选择"无 SSL"选项），如图 8-4 所示。

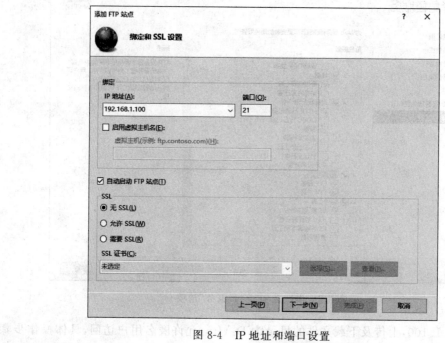

图 8-4　IP 地址和端口设置

步骤5：单击"下一步"按钮，在"身份验证和授权信息"对话框中需要确定"身份验证"和"授权"的访问方式（在此设置为允许匿名访问且匿名用户具有读取和写入的权限），如图 8-5 所示。单击"完成"按钮，一个基本的 FTP 站点就创建完毕。

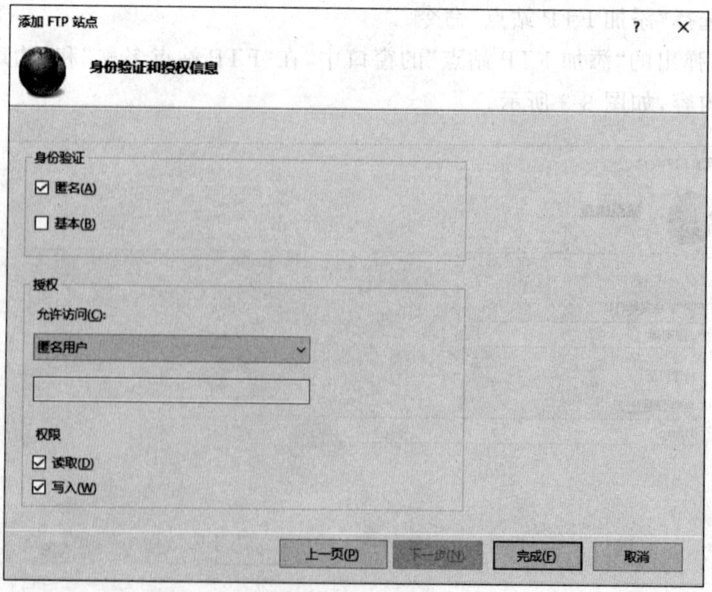

图 8-5　"身份验证和授权信息"对话框

8.1.3　添加 FTP 虚拟目录

在 IIS 下建立的 FTP 服务器也可以使用虚拟目录，达到的效果类似于 IIS web 站点虚拟目录。若在上述创建的 FTP 站点上使用虚拟目录（假设别名为 tools，指向物理路径为 D:\ftp），具体操作步骤如下。

步骤 1：在 IIS 管理器控制台中展开窗口左侧目录树，右击上述添加的 FTP 站点（ftp 服务器），从弹出的快捷菜单中选择"添加虚拟目录"命令，在弹出的窗口中输入"别名"和"物理路径"的内容，如图 8-6 所示。单击"确定"按钮，即完成虚拟目录的添加。

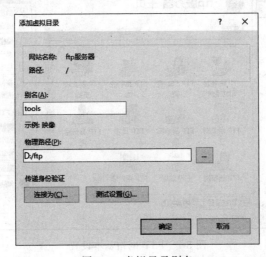

图 8-6　虚拟目录别名

步骤 2：可以在客户端运行的浏览器地址栏中输入"ftp://服务器名（或 IP 地址）/别名"，即可访问创建的 FTP 虚拟目录站点。

任务 2　管理 FTP 服务器

任务描述：在 FTP 服务器使用过程中，公司经理希望普通员工只能下载文件，维护管理人员能够上传并下载文件，还希望用户在服务器上只能在自己空间内操作，以增强信息的安全性。

任务目标：为了方便网络客户的使用，管理员可能还需要对访问 FTP 站点的帐户类型、用户数目、访问权限、上传和下载的速度进行管理。通过学习，应该能够对单个或多个 FTP 站点的安全、性能及个性化方面的管理。

8.2.1　FTP 站点的基本设置

当用户使用 URL 来连接 FTP 网站时，将被定向到 FTP 站点的主目录，也就是说，用户所看到的文件是存储在主目录中的文件。FTP 站点的主目录既可以是本地计算机的文件夹，也可以是网络上其他计算机的共享文件夹。要查看或修改 FTP 网站的主目录，其操作步骤如下。

步骤 1：在"IIS 管理器"窗口中，展开控制台窗口左侧的目录树，选中 FTP 站点，在控制台右侧的操作栏中将出现"基本设置"链接，如图 8-7 所示。

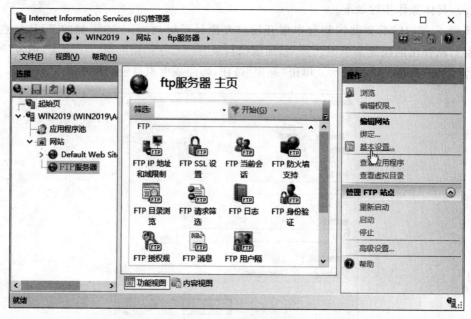

图 8-7　FTP 网站基本设置

步骤 2：单击"基本设置"链接，在打开的窗口中看到的"物理路径"即为此站点的主目录。如果要改变，则只需重新修改即可，如图 8-8 所示。

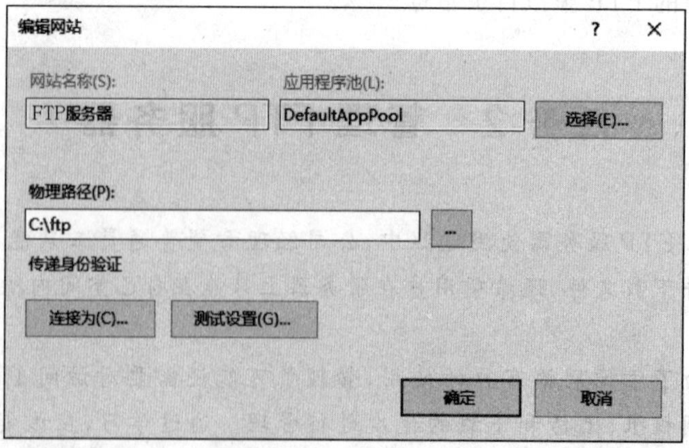

图 8-8　设置主目录

步骤 3：如果要将主目录设置为网络上其他计算机的共享文件夹，则需要在图 8-8 中将"物理路径"文本框中的内容设置为"\\机器名\共享文件夹名"形式的网络路径，且可以单击"连接为"按钮，在弹出的窗口中设置路径凭据（具有访问权限的用户名及密码）。

8.2.2　FTP 站点的高级设置

　　如果要修改 FTP 站点的是否自动启动、并发连接数、连接超时时间及文件传输处理等属性,可以使用 FTP 站点的高级设置功能。操作方法是在"Internet 信息服务管理器"窗口中选中窗口左侧栏 FTP 站点后,单击控制台右侧窗口操作栏中的"高级设置"链接,将打开"高级设置"对话框,如图 8-9 所示,在此对话框中可以对 FTP 站点的"(常规)""行为""连接"及"文件处理"属性进行设置。

图 8-9　"高级设置"对话框

8.2.3　设置目录列表样式

　　用户在客户端查看 FTP 站点上的文件时,显示界面中的文件列表可以分为 MS-DOS 与 UNIX 两种格式。这需要在服务器按以下步骤设置。

　　步骤 1:在"IIS 管理器"窗口中展开控制台左侧窗口左侧的目录树,选中 FTP 站点,如图 8-7 所示,双击控制台中间的功能栏中的"FTP 目录浏览"图标。

　　步骤 2:在打开如图 8-10 所示窗口中间的功能视图栏中,可以在"目录列表样式"区域选择目录列表显示格式,在"目录列表选项"区域设置是否要显示虚拟目录、FTP 网站的磁盘剩余可用空间(可用字节)与是否用 4 个字符来显示公元年(4 位数年份)。

8.2.4　设置 FTP 站点绑定

　　用户可以在一台服务器上添加多个 FTP 网站。不过为了能够正确区分这些 FTP 站点,必须给予每一个网站唯一的标识信息,而用来识别网站的标识信息有虚拟主机名、IP 地址与 TCP 端口号,同一台服务器中不同 FTP 站点的这 3 个标识信息不能完全相同。查看或更改 FTP 站点标识信息的步骤如下。

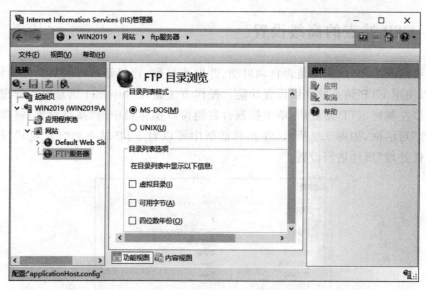

图 8-10　目录列表设置

步骤 1：在"IIS 管理器"窗口中展开控制台窗口左侧的目录树，选中 FTP 站点，在控制台右侧的操作栏中将出现"绑定"链接，如图 8-7 所示。

步骤 2：单击"绑定"链接，在打开的窗口中即可以看到的主机名、端口及 IP 地址信息。

步骤 3：若要修改相关信息，选中此行后单击"编辑"按钮，在弹出的编辑窗口中即可对 3 个标识信息分别修改，如图 8-11 所示。

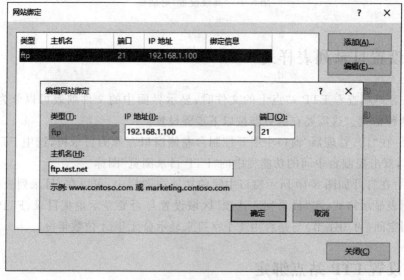

图 8-11　修改标识信息

8.2.5　FTP 站点消息设置

管理员可以设置 FTP 站点的显示信息，用户在客户端连接 FTP 网站时就能看到这些信息，以方便使用与管理。其设置步骤如下。

步骤 1：在"IIS 管理器"窗口中展开控制台窗口左侧的目录树，选中 FTP 站点，如图 8-7 所示，双击控制台中间的功能栏中的"FTP 消息"图标。

步骤 2：在打开的如图 8-12 所示窗口中间的功能视图栏中，可以设置"消息行为"和"消息文本"。常见的消息说明如下。

- 横幅：用户连接 FTP 站点时，会首先看到设置在"横幅"文本框内的文字。
- 欢迎使用：用户登录到 FTP 站点后，会看到"欢迎使用"文本框内的文字。
- 退出：用户注销连接后，会看到"退出"文本框内的文字。
- 最大连接数：如果 FTP 网站有连接数量限制，而且当前的连接数目已经达到了限制值，此时若用户连接 FTP 网站，将会看到"最大连接数"文本框内的文字。

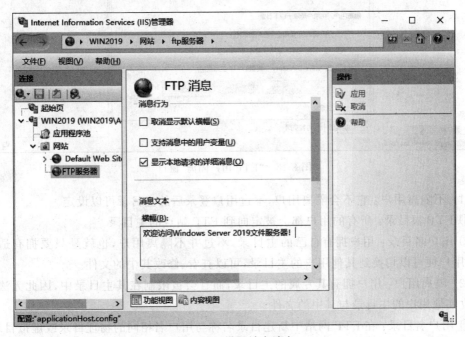

图 8-12　设置站点消息

步骤 3：设置完毕，可以在客户端使用 FTP 命令进行测试。如果使用 IE 之类的浏览器连接此 FTP 站点，是看不到以上消息的。

8.2.6　FTP 站点用户隔离设置

用户连接 FTP 站点时，不论利用匿名帐户还是利用普通帐户登录，都将默认被定向到 FTP 站点的主目录。不过管理员可以利用 FTP 用户隔离功能让用户拥有其专属的主目录，此时用户登录 FTP 站点后会被定向到其专属的主目录，而且会被限制在其主目录中，无法查看或修改其他用户主目录内的文件，提高了网站的安全性。其设置步骤如下。

步骤 1：在"IIS 管理器"窗口中展开控制台窗口左侧的目录树，选中 FTP 站点，双击控制台中间的功能栏中的"FTP 用户隔离"图标。

步骤 2：在打开如图 8-13 所示窗口中间的功能视图栏中，可以设置不同类型用户隔离。常见的选项如下。

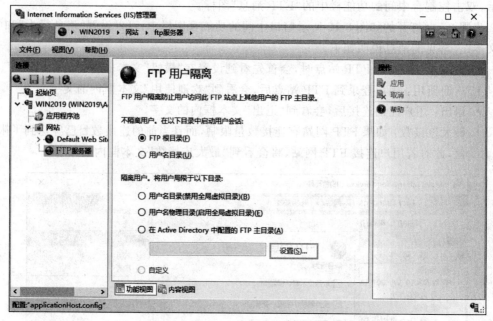

图 8-13　"FTP 用户隔离"窗口

（1）不隔离用户：它不会隔离用户，不过用户登录后的主目录可以设定。

① FTP 根目录：所有的用户都会被定向到 FTP 站点的主目录。

② 用户名目录：用户拥有自己的主目录，不过并不隔离用户，也就是只要拥有适当的权限，用户便可以切换到其他用户的主目录，可以查看、修改其中的文件。

（2）隔离用户：用户拥有其专属的主目录，而且会被限制在其主目录中，因此无法查看或修改其他用户的主目录与其中的文件。

① 用户名目录：在 FTP 网站中新建目录名称与用户名相同的物理目录或虚拟目录，用户连接到 FTP 网站后，便会被定向到目录名称与用户名相同的目录。用户无法访问 FTP 站点中的全局虚拟目录。

② 用户名物理目录：在 FTP 网站中新建目录名称与用户名相同的物理目录，用户连接到 FTP 网站后，便会被定向到目录名称与用户名相同的目录。用户可以访问 FTP 网站中的全局虚拟目录。

③ 在 Active Directory 中配置的 FTP 目录：实现此功能，首先要求管理员在 Active Directory 中为每一个用户指定其专用的主目录（这个目录可以位于 FTP 站点内，也可以位于网络上的其他计算机中）。用户必须用域用户帐户登录此 FTP 站点，登录后只能访问自己主目录中的内容，不能访问其他用户的主目录。

步骤 3：在 FTP 站点的主目录中创建 LocalUser 子文件夹，然后在 LocalUser 文件夹下创建与用户帐户名称一致的文件夹和一个名为 Public 的文件夹（Public 文件夹的用于匿名用户访问）。

步骤 4：根据设置的隔离用户的类型进行测试。

8.2.7 FTP 身份验证

在很多情况下，FTP 站点只允许合法的用户来上传或下载资源，这就需要进行身份验证。FTP 站点支持匿名身份验证和基本身份验证两种形式。在创建 FTP 站点时已经做过选择，如果要修改选用的验证方式，其操作步骤如下。

步骤 1：在"IIS 管理器"窗口中，选中窗口左侧栏 FTP 站点后，双击控制台窗口中间功能视图栏中的"FTP 身份验证"图标。

步骤 2：在打开的"FTP 身份验证"窗口中，选中需要修改的验证方法后，在窗口右侧的操作栏中将出现"编辑"等功能链接，如图 8-14 所示，单击相应链接即可修改验证状态。

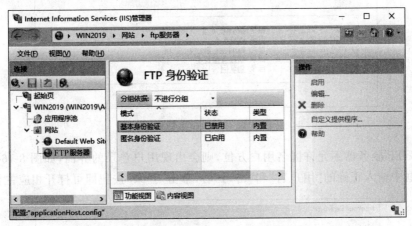

图 8-14 "FTP 身份验证"窗口

任务3 访问 FTP 站点

任务描述：在客户端用不同的方式访问 FTP 站点，以适应不用的应用环境。在访问 FTP 站点之前，对客户端做必要的设置，以免影响正常使用。

任务目标：通过学习，应当掌握各种客户端的基本设置内容和方法，以及利用 FTP 客户端检测、诊断和访问 FTP 站点的方法。

8.3.1 创建 FTP 用户

当用户登录 FTP 站点时，很多情况下需要一个合法的用户名和密码，这就需要创建 FTP 用户。用户的创建是在"计算机管理"中的"本地用户和组"中创建的，如果安装了 Active Directory，则是在"Active Directory 用户和计算机"中创建的。

8.3.2 测试 FTP 站点

建立完成 FTP 站点，需要检测 FTP 服务是否工作正常，性能是否满足网络用户的要求。此外,用户所处的环境不同,其访问 FTP 站点的方式也不一样。在 Windows 系统中,有以下三种方法来使用 FTP 服务。

1. 利用浏览器

在网络客户机上打开运行的浏览器,在地址栏中输入 ftp://服务器名或 IP 地址,查看是否打开了 FTP 主目录,如图 8-15 所示。

图 8-15　利用浏览器访问

如果 FTP 服务器不允许匿名用户方位,则会出现用户登录的界面,如图 8-16 所示。在登录对话框中输入正确的"用户名"和"密码"后,单击"登录"按钮即可打开相应主目录。

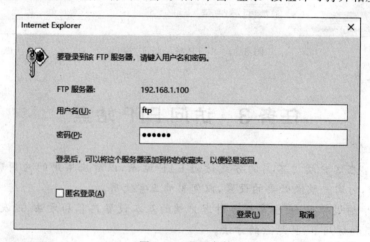

图 8-16　登录身份

2. 利用命令

选择"开始"/"运行"命令,在"运行"对话框中输入 cmd,单击"确定"按钮,打开命令提示窗口。在提示符后输入 ftp 服务器名或 IP 地址,按 Enter 键后输入正确的用户名和密码,即可进入 FTP 主目录。然后就可以使用 ftp 命令进行操作,如图 8-17 所示。

注意:如果利用命令测试拥有虚拟主机名的 FTP 站点时,必须在登录的帐户前加上主机名与"|"符号,如图 8-18 所示。

```
C:\WINDOWS\system32\cmd.exe                    —    □    ×

C:\>ftp 192.168.1.100
连接到 192.168.1.100。
220 Microsoft FTP Service
200 OPTS UTF8 command successful - UTF8 encoding now ON.
用户(192.168.1.100:(none)): zhang
331 Password required
密码:
230 User logged in.
ftp> ls
200 PORT command successful.
150 Opening ASCII mode data connection.
Centos8
Windows Server 2019
物联网应用技术
226 Transfer complete.
ftp: 收到 56 字节, 用时 0.00秒 56000.00千字节/秒。
ftp> bye
221 Goodbye.

C:\>_
```

图 8-17 ftp 命令

```
管理员: C:\Windows\system32\cmd.exe - ftp  ftp.test20...    _ □ ×

C:\>ftp ftp.test2008.com
连接到 ftp.test2008.com。
220 Microsoft FTP Service
用户(ftp.test2008.com:(none)): ftp.test2008.com|wl
331 Password required for ftp.test2008.com|wl.
密码:
230 User logged in.
ftp>
```

图 8-18 访问虚拟主机名

3. 利用第三方软件

如果利用专用的第三方 FTP 客户登录工具软件,使用或测试 FTP 将更加方便。类似的软件有很多,操作大同小异,例如,在 CuteFTP 软件中,输入"主机"地址、"用户名"和"密码"后,单击"连接"按钮,即显示 FTP 主目录,如图 8-19 所示。

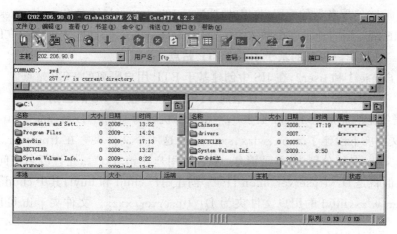

图 8-19 CuteFTP

实　　训

1. 实训目的

（1）理解文件传输协议的工作原理。

（2）掌握在 Windows Server 2019 系统中利用 IIS 和 Serv-U 架设 FTP 站点的方法。

（3）掌握如何在 FTP 站点中实现上传和下载。

2. 实训内容

（1）安装 FTP 发布服务角色服务。

（2）创建 FTP 站点。

（3）在客户机上访问 FTP 站点。

（4）管理 FTP 站点服务器站点消息。

（5）进行 FTP 站点安全管理，如限制匿名访问、站点连接数限制等。

3. 具体实训

实训 1　利用 IIS 组建 FTP 站点

（1）服务器端。在一台安装 Windows Server 2019 的计算机（IP 地址为 192.168.1.250，子网掩码为 255.255.255.0，网关为 192.168.1.254；）上设置 1 个 FTP 站点，端口为 21，FTP 站点标识为"FTP 站点训练"；连接限制为 100000 个，设置连接超时为 120s；日志采用 W3C 扩展日志文件格式，新日志时间间隔为每天；启用带宽限制，最大网络带宽为 1024KB/s；主目录为 D:\ftpserver，允许用户读取和下载文件访问；允许匿名访问，匿名用户登录后进入的将是 D:\ftpserver 目录；虚拟目录为 D:\ftpxuni，允许用户浏览和下载。

（2）客户端。在 IE 浏览器的地址栏中输入 ftp://192.168.1.250，访问刚才创建的 FTP 站点。

配合实训 DNS 服务器的配置，将 IP 地址 192.168.1.250 与域名 ftp://ftp.test.edu.cn 对应起来，在 IE 浏览器的地址栏中输入 ftp://ftp.test.ed.cn，访问刚才创建的 FTP 站点。

实训 2　创建用户隔离的基于 IIS 的 FTP 站点

创建用户 user1 和 user2，在 IIS 中创建基于 FTP 用户隔离的 FTP 站点。

实训 3　利用第三方软件 Serv-U 组建 FTP 站点，比较与 IIS 的区别

FTP 服务器地址是 192.168.1.250，本机计算机名为 stu，在 D 盘建立了 ftpserver 文件夹，并在此文件夹下创建了 anon、wlzx、sxzx、pub 这 4 个文件夹。在 ftpserver 文件夹下创建两个文本文件，名称分别为"登录消息.txt"和"用户注销.txt"。允许匿名访问，匿名用户登录后进入的将是 D:\ftpserver/anon 目录；创建用户 chujl 和 liuyf，其中 chujl 的文件夹为 D:/ftpserver/wlzx，liuyf 的用户文件夹为 D:/ftpserver/xxzx。文件夹 pub 可以让所有的用户访问。

166

习　题

一、填空题

1. Internet 网络中,FTP 用于实现_____功能。

2. FTP 服务器分为匿名和非匿名两种,其中可以上传文件的是_____。

3. FTP 系统是一个通过 Internet 传输_____的系统。

4. FTP 服务器默认使用 TCP 协议的_____号端口。

5. 建立 FTP 站点最快的方法是直接利用 IIS 默认的方式,把可供下载的相关文件分门别类地放在该站点默认的 FTP 根目录_____下。

二、选择题

1. 匿名 FTP 服务使用的登录帐户名为(　　)。
　A. Anonymous　　　B. Guest　　　　C. E-mail　　　　D. hello

2. 以下对 FTP 服务叙述正确的是(　　)。
　A. FTP 只能传送文本文件　　　　　B. FTP 只能传送二进制文件
　C. FTP 不能传送非二进制文件　　　D. 以上说法都不正确

3. 在 Windows 2019 操作系统中可以通过安装(　　)组件来创建 FTP 站点。
　A. IIS　　　　　　B. IE　　　　　　C. POP3　　　　　D. DNS

4. FTP 服务使用的端口是(　　)。
　A. 23　　　　　　B. 21　　　　　　C. 25　　　　　　D. 53

三、简答题

1. FTP 是什么协议?

2. 如何实现文件的上传及下载?

项目 9　WINS 服务器配置与管理

项目描述：随着局域网规模的不断扩大，某公司的计算机不在同一个子网中，不同子网之间的计算机借助 Windows 2019 系统内置的软路由功能实现了互相通信，但用户希望能像在一个子网一样使用计算机名来直接传输数据。

项目目标：局域网中的两台计算机通过计算机名相互通信时，系统往往是通过各自主机的 NetBIOS 名称来相互识别的，但由于 NetBIOS 是不支持路由功能的，所以即使两个不同子网之间能够路由，也不能实现通过计算机名直接通信。通过 Windows Server 2019 系统内置的 WINS 服务能将参与通信的位于不同子网的计算机主机名称，自动转换成 IP 地址，借助路由功能来实现直接通信。在此应掌握 WINS 服务的安装、配置及工作机制。

任务 1　WINS 服务概述

任务描述：使用 Windows Server 2019 系统自带的 WINS 服务，解决在不同 IP 子网的计算机无法通过友好计算机名相互通信的问题。

任务目标：要让不同子网中的计算机通过计算机名实现直接互通目的，需要在局域网中安装配置好 WINS 服务器。为了更好地实现这一目的，应掌握 WINS 服务的基本概念及工作机制。

9.1.1　NetBIOS 名称解析

WINS(Windows Internet name service)是一种互联网络名称服务，它提供了动态复制数据库的服务，可以将 NetBIOS 名称注册并解析为网络上使用的 IP 地址，解决了网络用户无法通过计算机的友好名称访问计算机的问题。

NetBIOS(network base input/output system)是为 IBM 开发的，允许应用程序基于网络进行接口通信，NetBIOS 向网络协议层发出网络 I/O 及控制指令的 API，NetBIOS 不仅需要 IP 地址，而且需要唯一的 NetBIOS 名来确定网上的主机。

NetBIOS 名是唯一的用于标识网络上的 NetBIOS 资源的 16 位字符，该名字由计算机名(15 个字符)加上服务类型(1 个字符)组成。比如，当网络中某台服务器启动时，该服务根据它配置的 NetBIOS 计算机名，在网络上注册唯一的 NetBIOS 名称。所注册的名称是指派给该 NetBIOS 计算机名的字符与第 16 个字符的组合。

当网络上的其他计算机使用该服务器的名称连接到该服务器时，系统将使用一个名称查询请求来搜索该 NetBIOS 名称。该查询通过与 WINS 服务器直接联系,或到本地网络的广播来处理查询。当找到名称匹配的服务器进程时,该名称记录中包含的 IP 地址将被返回给请求计算机,然后就可以使用下层网络传输协议服务来建立通信。

WINS 客户端在启动时,会向 WINS 服务器发送 NBT(在 TCP/IP 上运行的 NetBIOS)广播信息,WINS 服务器在监听到 NBT 广播信息后就会自动将该 WINS 客户端的计算机名称,即 NetBIOS 名与对应的 IP 地址等信息添加到数据库中,这便是 WINS 服务器的注册过程。因为 WINS 客户端在每次启动时都要在 WINS 服务器中注册一次,所以 WINS 服务器的数据库总是在不断更新的,以确保客户端能够使用 WINS 服务器提供的正确的解析服务。

NetBIOS 名称主要使用 4 种不同的工作模式进行名称解析。

1. B 节点(broadcast node)模式

B 节点(broadcast node)模式下,客户端之间不通过 WINS 服务器,只会以广播方式查询 IP 地址,网络上每台计算机都会收到此广播信息,符合查询条件的计算机会返回其 IP 地址。

使用这种模式,广播消息在网络上频繁出现会增加网络的负担,消耗带宽,网络通信效率低下。此外,广播不能跨越路由器传送,广播模式只能找到同一个子网络的计算机。

2. P 节点(point to point)模式

P 节点(point to point)模式模式下,客户端只会以点对点模式向 WINS 服务器查询 IP 地址。

使用这种模式,所有的 WINS 客户端都要进行配置,每个 WINS 客户端都必须知道 WINS 服务器的地址。WINS 服务器的可靠性非常重要,如果 WINS 服务器发生故障,网络中的客户端将不能进行通信。

3. M 节点(mixed node)模式

M 节点(mixed node)模式是一种 B 节点模式和 P 节点模式的混合查询模式。首先利用 B 节点模式,如果失败,则利用 P 节点模式来解析名称。M 节点模式是把 B 节点模式和 P 节点模式结合起来使用。在 M 节点模式环境中,系统首先要尝试使用 B 节点模式,利用广播来解析名称,如果 B 节点模式失败,将自动切换到 P 节点模式,利用名称服务器的点对点通信解析名称。很明显,使用 M 节点模式将增加信息流量。但是这种模式允许用户在广域网中通过路由器进行通信,并创建不必要的网络信息流量,从而使它不能成为一种优秀的方法。

4. H 节点(hybrid node)模式

H 节点(hybrid node)模式也是一种 B 节点模式和 P 节点模式的混合查询模式。首先利用 P 节点模式进行名称查询,如果不能获得名称服务或者在 WINS 数据库中没有该名称,则使用 B 节点模式。但它先使用 P 节点模式,这样将减少整个网络的信息流量,所以更具有意义。

在 IP 解析时,如果 P 节点模式失败,则 H 节点模式将在利用 B 节点模式的同时继续轮询 WINS 服务器,直到联机返回。此时 H 节点模式将切换回 P 节点模式以重新解析地址。

9.1.2 WINS 服务的结构

WINS 服务由 WINS 服务器、WINS 客户端、WINS 代理和 WINS 数据库组成,如图 9-1 所示。

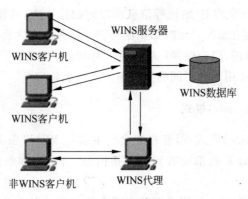

图 9-1　WINS 服务的结构

1. WINS 服务器

WINS 服务器处理来自 WINS 客户端的名称注册请求,注册其名称和 IP 地址,并响应客户提交的 NetBIOS 名称查询。如果该名称在服务器数据库中,则返回该查询名称的 IP 地址。

在网络中可以设置多个 WINS 服务器。WINS 客户端首先注册的服务器称为主 WINS 服务器,将 WINS 服务器的 WINS 记录数据库复制到其他 WINS 服务器上,其他的 WINS 服务器称为辅助 WINS 服务器。

2. WINS 客户端

WINS 客户端是指那些能够配置成直接使用 WINS 服务器的计算机。WINS 客户端的 NetBIOS 名称必须注册在 WINS 服务器上才能在网络上使用。这些名称被用来发布各种网络服务,如"信使"或"工作站"服务,每台计算机都能以各种方式使用这些服务与网络上其他的计算机进行通信。

WINS 客户端在启动或加入网络时,将尝试使用 WINS 服务器注册其名称。注册以后,客户端之间就可以通过 WINS 服务器来查询对方的 IP 地址,这样就可以通过 NetBIOS 名称来开展服务了。

3. WINS 数据库

WINS 服务器上存储 WINS 客户端注册信息的数据库称为 WINS 数据库。WINS 数据库支持对注册信息的压缩存储、备份和还原操作。

4. WINS 代理

WINS 服务是在 Windows 网络环境下使用的。如果要在一些非 Windows 网络客户端和没有安装 WINS 客户端软件的计算机上使用 WINS 服务,则需要将其中的一台 WINS 客户端设置为 WINS 代理,由 WINS 代理来代理其他客户端向 WINS 服务器发出请求,WINS 代理再将返回的结果"翻译"给其他客户端使用。

9.1.3　WINS 的解析过程

WINS 客户端向 WINS 服务器注册后,在 WINS 服务器的数据库中就存储了该客户端的 NetBIOS 名称和 IP 地址的对照,这样 WINS 客户端之间就可以通过查询 WINS 服务器获得对方的 IP 地址进行通信,如图 9-2 所示。

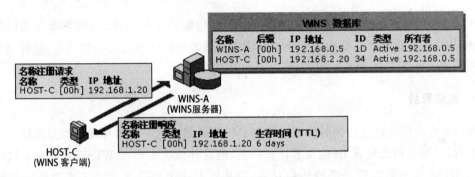

图 9-2　WINS 服务的原理

默认情况下,Windows Server 2019 配置为使用 WINS 进行名称解析时,将支持 H 节点模式。使用 H 节点模式的解析过程如下。

(1) 客户端首先检查本级的 NetBIOS 名称缓存。NetBIOS 名称缓存是用来记录已经解析过和 NetBIOS 名称。如果 NetBIOS 名称缓存中有目标计算机的 IP 地址,则客户端不必向 WINS 服务器查询。

(2) 如果 NetBIOS 名称缓存中没有目标计算机的 IP 地址,则客户端询问主要 WINS 服务器。如果主 WINS 服务器没有响应时,则转向查询辅助 WINS 服务器。因此在网络中最好建立多台 WINS 服务器,以避免因为单个服务器使整个名称解析系统都不能发挥作用。

(3) 如果主要、辅助 WINS 服务器都没有响应,那么客户端会以广播的方式查询目标计算机的 IP 地址。这样,在同一个子网中的每一台计算机都将收到客户端发出的广播,一旦发现自己的 NetBIOS 名称符合要求则返回其 IP 地址。

如果目标计算机和客户端不在同一个子网内,则客户端不能以广播的方式得知 IP 地址,此时客户端就会检查 LMHOSTS 文件(该文件是一个用来记录 NetBIOS 名称与 IP 地址的文本文件),搜索是否有目标计算机的 IP 地址。

9.1.4　WINS 服务的工作过程

在任一个 WINS 客户端启动时,都可以在指定的 WINS 服务器中进行注册。在实际应用中,一个 WINS 客户端可以指定两个 WINS 服务器,一个为主 WINS 服务器,另一个为辅助 WINS 服务器。如果主 WINS 服务器不能为 WINS 客户端提供服务,可以由辅助 WINS 服务器继续提供服务。WINS 的工作原理可以分为以下 4 个阶段。

1. 名称注册

在 WINS 系统中,当一个 WINS 客户端启动时,就可以利用点对点(Peer-to-Peer)的方式直接与 WINS 服务器建立联系,以便将其计算机名和 IP 地址等信息注册到 WINS 服务器中。而当 WINS 服务器收到一个注册请求时,还要根据数据库中是否存在该数据来判断是否要接受该 WINS 客户端的注册请求。具体地讲,当 WINS 服务器接收到 WINS 客户端的请求后,还需要做以下的两件事:判断名称是否唯一,判断名称是否有效。

2. 名称续租

在 WINS 中,WINS 客户端同样要像 DHCP 的租期和续租一样,向服务器续租已注册的名称,WINS 客户端要不断地告诉 WINS 服务器需要继续使用已注册的名称,这样服务器才会更新 WINS 客户端的名称租期,重新复位 TTL。

3. 名称释放

WINS 客户端可以在任何时候通过向 WINS 服务器发送一个名称释放信息来放弃其名称拥有权,该释放信息包含 IP 地址和计算机名,但这种情况主要在 WINS 客户端关机时进行。当 WINS 服务器收到一个释放信息后,将从数据库中删除该 WINS 客户端的注册信息,并返回一个确认释放信息和一个值为 0 的 TTL。此时,该 WINS 客户端在 WINS 服务器中便没有任何注册信息了。

4. 名称解析

在微软网络中,两个 WINS 客户端建立相互间的通信除了使用 WINS 外,还可以利用广播或 LMHOSTS 文件 2 种方式,或同时使用 3 种方式解决名称解析的问题。其实,3 种方式可有 B 节点、P 节点、M 节点、H 节点 4 种模式来配合 8。

9.1.5 Windows Server 2019 中 WINS

在 Windows Server 2019 系统中,最主要的特点就是将 WINS 和 DNS 集成在一起,这意味着一个支持 DNS 功能的客户端(如 Web 浏览器)可以透明地使用 WINS 解析功能,允许从一个仅知道其计算机名(NetBIOS 名)的计算机上获取 Web 浏览或其他的资源。当一个客户端提出 DNS 查询请求,而 DNS 服务器在其本地区域查寻失败后,会自动转向 WINS 服务器查询 IP 地址。

在 Windows Server 2019 中,WINS 服务器除了具备将 NetBIOS 计算机名称转换为对应的 IP 位置的功能外,新的 WINS 服务器又增加了一些新的功能与特性,其中主要的新增特性有以下几项。

（1）高级 WINS 数据库搜索和筛选功能。增强的筛选和新搜索功能有助于通过只显示查找那些满足指定条件的记录来对其定位。这些功能在分析大型 WINS 数据库方面特别有用。可以使用多个条件对 WINS 数据库记录进行高级搜索。这种改进的筛选功能可以将筛选器组合起来，以获得自定义的和精确的查询结果。可用的筛选器包括：记录所有者、记录类型、NetBIOS 名称和 IP 地址（有或者没有子网掩码）。

由于现在可以将查询结果存储在本地计算机的随机存取存储器（RAM）的缓存中，因此后续查询的性能会得到提高，网络通信流量也会减少。

（2）接受复制伙伴。在网络组织中确定复制策略时，可定义一个列表以便在 Windows Internet 名称服务（WINS）服务器之间的"拉"复制期间对传入的名称记录资源进行控制。

除了阻止来自特定复制伙伴的名称记录外，还可以选择在复制期间只接受特定的 WINS 服务器所拥有的名称记录，而不在列表上的所有服务器的名称记录将被排除。

（3）使用 Netsh 对 WINS 服务器进行命令行管理。除了用于管理 WINS 服务器的完整图形用户界面外，Windows Server 2019 家族还提供了完全等价的基于命令行的 WINS 工具，名为 Netsh。

（4）持续连接。可以配置每个 WINS 服务器并使用一个或多个复制伙伴来维护一个持续连接。这提高了复制速度并消除了打开和终止连接的时间开销。

（5）手动逻辑删除。可以手动为最终删除的记录作标记（逻辑删除）。记录的逻辑删除状态将被复制到其他 WINS 服务器中，防止已删除记录的任何已复制副本重新出现在它们原来已被删除的相同服务器上。

（6）增强的管理实用程序。WINS 控制台已与 Microsoft 管理控制台（MMC）完全集成，Microsoft 管理控制台提供了功能强大而且用户友好的环境，用户可在其中进行自定义从而提高工作效率。由于 Windows Server 2019 家族中使用的所有服务器管理实用程序都是 MMC 的一部分，基于 MMC 的新实用程序将更容易使用，因为它们操作起来更富预见性，并遵循常见的设计模式。

（7）使用和管理高级 WINS 特性更加容易。WINS 现在包括按特定的所有者或 WINS 复制伙伴（以前被称为 Persona Non Grata）阻止记录的能力，以及使用功能"改写服务器上的唯一静态映射"（以前被称为"启用迁移"）。

（8）动态记录删除和多选。这些特性有助于更容易地管理 WINS 数据库。使用 WINS 管理单元，可以简单地指向、单击和删除一个或多个 WINS 静态或动态类型项。在以前，该功能只有当使用基于命令的实用程序时才可用，例如 Winscl. exe，它设计用于 WINS 的早期版本。现在删除那些使用基于非字母数字的字符名称的记录也是可能的。

（9）记录验证和版本号有效性。这些特性迅速检查存储和复制在 WINS 服务器上名称的一致性。记录验证比较由不同 WINS 服务器的 NetBIOS 名称查询所返回的 IP 地址。版本号有效性检查所有者地址到版本号的映射表。

（10）导出功能。当导出文件时，会将 WINS 数据放入逗号分隔的文本文件中。可以将该文件导出到 Microsoft Excel、报告工具、脚本程序或用于分析和报告的类似程序。

（11）对客户增强的容错能力。运行 Windows 7、Windows 10 等客户操作系统可以在每个接口指定两个以上 WINS 服务器(最多 12 个地址),使用 NetBIOS 名称注册的列表中开头两个服务器。额外的 WINS 服务器地址只有在主/辅助 WINS 服务器都响应失败时才会使用。WINS 客户也得益于使用爆发处理。

(12) 客户端名称的动态重新插入。在使用 WINS 强制重新插入和更新本地 NetBIOS 名称后不必重新启动 WINS 客户。Nbstat 命令包含一个新选项为-RR,提供该功能。

(13) 对 WINS 控制台的只读控制台访问权限。该功能提供专用的本地用户组,即 WINS 用户组,它在安装 WINS 时会自动添加。通过将成员添加到该组,可以为非管理员的用户提供在 WINS 控制台上只读访问服务器计算机上相关的 WINS 信息。可以允许该组中的用户查看存储在特定 WINS 服务器中的信息和属性,但不能进行修改。

(14) 增强的数据库引擎。WINS 使用了增强性能的数据库引擎技术,该技术也应用于 Active Directory。

任务 2　WINS 服务器的安装

任务描述:在 Windows Server 2019 系统中安装 WINS 服务器,以解决在局域网的不同子网内使用 NetBIOS 名字来实现计算机间通信的问题。

任务目标:通过学习,能够在 Windows Server 2019 系统中熟练安装 WINS 服务器。

WINS 服务不是 Windows Server 2019 的默认安装发服务,需要管理员在安装完操作系统后再手动安装。一个完整的 WINS 服务器系统的安装要包括 WINS 服务器组件的安装和 WINS 客户端的设置。WINS 服务器的安装步骤如下。

步骤 1:在服务器管理器仪表板工作区单击"添加角色和功能"链接,出现开始之前向导,在此界面中提示了一些应提前完成的任务。确认无误后单击"下一步"按钮。

步骤 2:在"安装类型"向导界面中可以选择是在物理机安装还是在虚拟机安装,在此可选择"基于角色或基于功能的安装",即在本地物理机上安装本服务,然后单击"下一步"按钮。

步骤 3:在"服务器选择"向导界面中可以先选择在物理硬盘还是在虚拟磁盘上安装,然后在服务器池列表中选择服务器,在此可选择"从服务器池中选择服务器"选项,即在物理硬盘上安装,在服务器池中选定服务器后单击"下一步"按钮。

步骤 4:在"服务器角色"向导界面中,由于 WINS 没有作为一个服务器角色,而是作为 Windows Server 2019 的一个功能,在此直接单击"下一步"按钮。

步骤 5:在"功能"向导界面中,通过移动功能列表窗口中的上下滚动条找到"WINS 服务器"并选中相应的功能,在弹出的窗口中单击"添加功能"按钮后单击"下一步"按钮继续,如图 9-3 所示。

步骤 6:在"确认"向导界面中显示出安装的服务及工具,如果有需要,还可以单击"导出配置设置"及"指定备用源路径"链接进行设置,然后单击"安装"按钮开始安装。

步骤 7:在安装进度界面中可以显示出安装进度及安装结果,安装完成后单击"关闭"按钮即可。

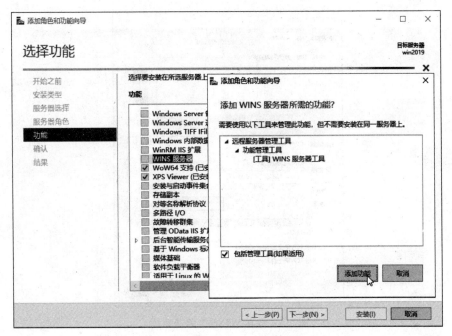

图 9-3 安装 WINS

任务 3 配置 WINS 服务

任务描述：WINS 服务器安装后，为了更好地对其应用与管理，还要进行相关的配置。

任务目标：能够熟练利用 WINS、DNS 管理控制台，将 WINS 移植到 DNS 服务器，并能正确设置 WINS 的客户端，完成不同环境下的相互通信。

9.3.1 设置 WINS 客户端计算机

作为 WINS 客户端的计算机如果要使用 WINS 服务，必须要进行相应设置，以常用的 Windows 10 操作系统，设置步骤如下。

步骤 1：右击 Windows 10 中的"网络"，在弹出的快捷菜单中选择"属性"命令。

步骤 2：在打开的"网络和共享中心"窗口中，单击"以太网"连接，在弹出以太网状态窗口中单击"属性"按钮。

步骤 3：在打开的"以太网属性"对话框中，选中"Internet 协议版本 4（TCP/IPv4）"，再单击"属性"按钮，打开"Internet 协议版本 4（TCP/IPv4）属性"对话框。

步骤 4：在"Internet 协议版本 4（TCP/IPv4）属性"对话框中单击"高级"按钮，在弹出的"高级 TCP/IP 设置"窗口中单击"添加"按钮，然后在弹出的窗口中输入 WINS 服务器的 IP 地址，如图 9-4 所示。再单击"添加"按钮，最后单击"确定"按钮完成设置。

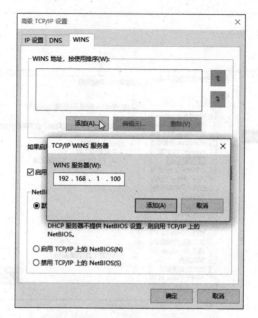

图 9-4　设置 WINS 服务器地址

9.3.2　设置支持非 WINS 客户端

如果网络中的非 WINS 客户机要实现与 WINS 客户机以 NetBIOS 名称进行通信，必须为非 WINS 客户机进行相应的设置。WINS 客户机在开机的时候，会自动向服务器注册 NetBIOS 名称和 IP 地址，但是对于非 WINS 客户机，它们不会自动注册名称与地址，如果希望服务器中也注册它们的数据，则需要在 WINS 服务器上手动设置静态映射，设置静态映射的步骤如下。

步骤 1：依次在服务器管理器中选择"工具"/"WINS"命令，打开 WINS 控制台窗口。

步骤 2：展开 WINS 控制台窗口左侧的目录树，右击"活动注册"选项，并在弹出的快捷菜单中选择"新建静态映射"命令，如图 9-5 所示。

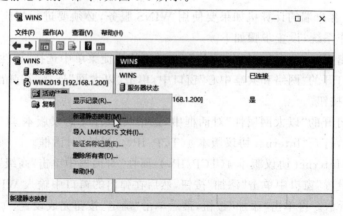

图 9-5　新建静态映射

步骤 3：在弹出的如图 9-6 所示对话框中，可以在"计算机名"文本框中输入计算机的 NetBIOS 名称，在"IP 地址"文本框中输入 IP 地址，在"NetBIOS 作用域"文本框中输入所属域，在"类型"下拉列表中选择计算机名称的类型，完成设置后单击"确定"按钮，再向数据库中手工添加记录。

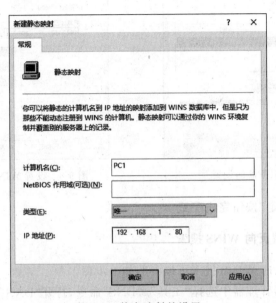

图 9-6　静态映射的设置

9.3.3　WINS 和 DNS 的交互操作

由于 DNS 是静态的配置，而 WINS 是完全动态的，DNS 能用于非微软公司操作系统客户，而 WINS 不可以，因此将 DNS 和 WINS 集成起来，充分利用各自的优越性，能使得域名解析过程更完美。通过 DNS 和 WINS 的集成能实现动态的 DNS，其基本原理为由 DNS 解析较高层的域名，而将解析的结果传给 WINS，并由 WINS 得到最终的 IP 地址。WINS 将解析结果传给客户机，就如同是 DNS 服务器处理了整个解析过程一样。

1. 在 DNS 中配置正向 WINS 搜索

在 DNS 中配置正向 WINS 搜索的步骤如下。

步骤 1：在服务器管理器中选择"工具"/"DNS"命令，打开"DNS 管理器"窗口。

步骤 2：依次展开"DNS 管理器"窗口左侧目录树，在正向查找区下右击欲配置的区域名（如 test.net），在弹出的快捷菜单中选择"属性"命令，可以打开相应的属性对话框。

步骤 3：选择"名称服务器"选项卡，从中可以显示、添加、编辑所使用的 DNS 服务器及完全合格域名的地址记录，如图 9-7 所示。

步骤 4：选择 WINS 选项卡，选中"使用 WINS 正向查找"复选框，并输入网络 WINS 服务器的 IP 地址后，单击"添加"按钮，如图 9-8 所示。

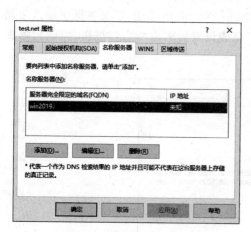

图 9-7 名称服务器的设置

图 9-8 设置 WINS 服务器的 IP 地址

步骤 5：单击"确定"按钮完成配置。

2. 在 DNS 中配置反向 WINS 搜索

在 DNS 中配置反向 WINS 搜索可以参照如下步骤。

步骤 1：在服务器管理器中选择"工具"/"DNS"命令，打开"DNS 管理器"窗口。

步骤 2：依次展开 DNS 管理器窗口左侧目录树，在反向查找区下右击欲配置的区域名（如 1.168.192.in-addr.arpa），弹出的快捷菜单中选择"属性"命令，可以打开属性对话框。

步骤 3：选择 WINS-R 选项卡，在如图 9-9 所示的对话框中选中"使用 WINS-R 查找"复选框，并在"附加到返回的名称域"输入主域信息，该域将附加到 WINS 返回的计算机名中。例如，如果输入 test.net 并且 WINS 返回 NetBIOS 计算机名 pc1，则 DNS 服务器会将这两个值组合在一起，返回 pc1.test.net。单击"确定"按钮完成设置。

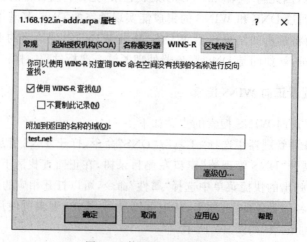

图 9-9 使用 WINS-R 查找

通过在 DNS 中配置正反两个方向的 WINS 搜索，可以使用 WINS 解析完全合格域名把主机 IP 地址解析为 NetBIOS 计算机名，集成 DNS 和 WINS 协同工作，能使 WINS 的解析过程更为顺畅。

3. 为 DNS 中的 WINS 设置缓存值和超时值

集成 WINS 与 DNS 应设置 WINS 缓存值和超时值。缓存值确定在多长时间内从
WINS 返回的记录有效；超时值确定了 DNS 在
等待 WINS 响应时，应在等待多长时间后才断定
WINS 超时并向它返回错误信息。这些值同时
为正向和反向 WINS 搜索设置。

在 DNS 中设置 WINS 的缓存值和超时值，
可以在如图 9-9 所示对话框中，单击"高级"按
钮，打开如图 9-10 所示的对话框中进行设置。
DNS 默认 WINS 缓存记录 15 分钟，超时 2 秒。
对于大多数网络来说，均应增加这些值。60 分
钟的缓存值和 3 秒的超时值可能更为适当。

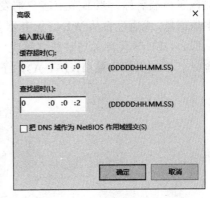

图 9-10　设置缓存值和超时值

4. 配置完全的 WINS 和 DNS 集成

配置完全的 WINS 和 DNS 集成可使用 NetBIOS 计算机名和 NetBIOS 作用域来解析
搜索。当 DNS 服务器查找完全合格域名的地址记录的时候，如果找到记录，服务器会利用
该记录仅通过 DNS 来解析域名；如果未找到记录，服务器则会将域名的最左端部分抽取为
NetBIOS 计算机名，将其余部分抽取为 NetBIOS 作用域。这些值接着会传递给 WINS 进
行解析。

配置 WINS 和 DNS 的完全集成，可以在如图 9-10 所示的对话框中选中"把 DNS 域作
为 NetBIOS 作用域提交"复选框，确认后即可。

完全集成 WINS 和 DNS 之前，不仅应确保 NetBIOS 作用域在网络上配置适当，还应确
保为所有网络计算机使用一致的命名方案。由于 NetBIOS 区分大小写，所以仅在大小写完
全匹配的情况下才会解析查询。另请注意，如果有子域，则必须给子域委派名称服务权限，
这样才能使 WINS 和 DNS 集成正常工作。

9.3.4　配置 WINS 代理服务器

WINS 代理是一个 WINS 客户端计算机，该计算机配置为代表其他不能直接使用
WINS 的主计算机执行所需操作。WINS 代理帮助解析路由 TCP/IP 网络上的计算机的
NetBIOS 名称查询。默认情况下，大多数计算机都不能使用 WINS 名称来解析 NetBIOS
名称查询，以及在网络上注册其 NetBIOS 名称。用户可以配置一个 WINS 代理来代表这些
计算机进行监听，并向 WINS 查询广播未解析的名称。WINS 代理仅对于只包括 NetBIOS
广播(或 B 节点)客户端的网络有用或必要。对于大多数网络而言，一般都是启用 WINS 的
客户端，因此不需要 WINS 代理。WINS 代理是启用 WINS 的计算机，它监听 B 节点
NetBIOS 名称服务功能(名称注册、名称释放和名称查询)，并且能对本地网络不适用的远程
名称进行响应。代理直接与 WINS 服务器进行通信，以检索响应这些本地广播所需的信息。

WINS 代理用于一些非 Windows 网络客户机和没有安装 WINS 客户机软件的计算机使用 WINS 服务。当 B 节点客户端注册其名称时,代理将对照 WINS 服务器数据库检查该名称。如果 WINS 数据库中已经有该名称,则该代理可能会试图注册该名称的 B 节点客户端发回一个否定的注册响应。当 B 节点客户端释放其名称时,代理将从其远程名称缓存中删除该客户端名称。当 B 节点客户端发送一个名称查询时,代理将适用其远程名称缓存中的本地信息,或通过它从 WINS 服务器获得的信息来解析该名称。

那么,WINS 代理如何解析名称呢? 图 9-11 显示了将一台 WINS 代理(HOST-B)用于包含一个 B 节点客户端(HOST-A)的子网。

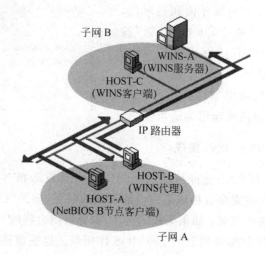

图 9-11   WINS 代理示意图

WINS 代理使用以下步骤来解析该 B 节点计算机的名称。

HOST-A 向本地子网广播一个 NetBIOS 名称查询,HOST-B 接受该广播,并在其缓存中检查合适的该 NetBIOS 计算机名到 IP 地址的映射,HOST-B 处理该请求。如果 HOST-B 的缓存中有一个名称到 IP 地址的映射与 HOST-A 请求的映射相匹配,它就会将该信息返回给 HOST-A;如果没有,HOST-B 就会向 WINS 服务器查询 HOST-A 所请求的映射。当 HOST-B 从它配置的 WINS 服务器(此例中的 WINS-A)接收到所请求的名称到 IP 地址的映射时,就会立即将该信息缓存起来。默认情况下,WINS 代理会将它在 WINS 中查询到的远程名称映射缓存 6 分钟,但该时间可以设置,最短为 1 分钟。然后,HOST-B 可以使用该映射信息,来应答随后来自 HOST-A 或子网上其他 B 节点计算机的 NetBIOS 名称查询广播。

注意: 因为 WINS 服务器不对广播进行响应,所以对于包含必须使用广播来解析 NetBIOS 名称的非 WINS 计算机的每个子网,都应该配置一台计算机充当 WINS 代理。

当 WINS 代理用来响应对多宿主客户端或包含 IP 地址列表的一组记录的查询时,只有第一个列出的地址返回到 B 节点客户端。

任何一个 WINS 客户机都可以配置成代理,WINS 代理的配置很简单,具体过程如下。选择"开始"/"运行"命令,在打开的"运行"对话框的文本框中输入 regedit。启动"注册表编辑器"并找到"HEKEY_LOCAL_MACHINE\SYSTEM\CurrentControlSet\Services\NetBT\Parameters",修改右侧窗口中 EnableProxy 的键值为 1,如图 9-12 所示。

图 9-12　修改 WINS 代理的键值

任务 4　管理 WINS 数据库

任务描述：为了避免在网络中单台 WINS 服务器发生故障时导致无法提供服务的危险，在网络中设置两台（或以上）WINS 服务器（主 WINS 服务器、辅助 WINS 服务器），这两台服务器的数据库互为备份，也就是相互复制数据库，以保持两台服务器上的数据库中的数据是相同的，提高可靠性和容错性。

任务目标：能够对 WINS 服务器中的有关 WINS 数据库进行查看、存储、备份等操作。

9.4.1　WINS 数据库复制

1. 建立复制伙伴

如果网络中有多台 WINS 服务器，可以相互设置为复制伙伴来复制对方的 WINS 数据库，这样做可以分流 WINS 客户机的查询请求、相互备份。当复制伙伴的 WINS 数据库信息改变时，将自动通知主 WINS 服务器，完成数据的更新。WINS 数据库的复制采用的是一种增量型的复制，即在复制过程中只复制数据库中变化的记录，并不是复制整个数据库。建立复制伙伴的操作步骤如下。

步骤 1：在服务器管理器中选择"工具"/"WINS"命令，打开"WINS 管理器"窗口。

步骤 2：右击 WINS 管理器控制台左侧中 WINS 服务器目录下的"复制伙伴"选项，在出现的快捷菜单中选择"新建复制伙伴"命令，如图 9-13 所示。

步骤 3：出现"新的复制伙伴"对话框，如图 9-14 所示，在"WINS 服务器"文本框中为WINS 服务器添加复制伙伴的 IP 地址或名称，完成后单击"确定"按钮。

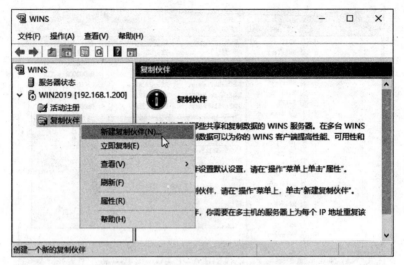

图 9-13　新建复制伙伴

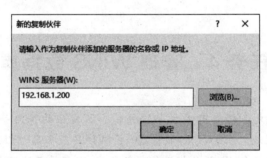

图 9-14　添加服务器

2. 数据库复制

设置完复制伙伴后,就可以在 WINS 服务器之间完成数据库的复制操作。WINS 服务器之间的复制有两种方法:推复制和拉复制。

(1) 推复制。WINS 服务器将其数据中更改过的数据(而不是全部数据)复制给其接收伙伴,发送伙伴在发送数据时,通知其接收伙伴接收数据的方式有两种:到达系统管理员所设置的数据"更新计数"时执行复制,或者由系统管理员执行立即复制操作。执行推复制操作如下。

步骤 1:选中 WINS 管理器控制台左侧中 WINS 服务器目录下的"复制伙伴"选项,右击右侧工作区中的一个复制伙伴,在弹出的快捷菜单中选择"开始'推'复制"命令,如图 9-15 所示。

步骤 2:打开"启动'推'复制"对话框后,在该对话框中可以选择"推"复制的对象:"仅为此伙伴启动"或"传播到所有伙伴",如图 9-16 所示。

步骤 3:单击"确定"按钮,将出现如图 9-17 所示的提示信息,证明数据库复制设置完毕。

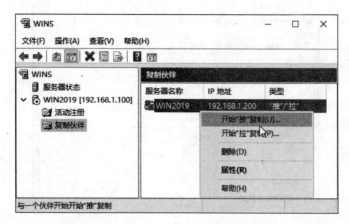

图 9-15　数据库复制

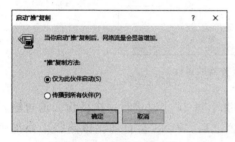

图 9-16　选择复制对象

图 9-17　完成信息

（2）拉复制。拉复制是指 WINS 服务器向其他伙伴服务器发出复制请求，将其他 WINS 服务器的数据库复制到自己的数据库中。复制伙伴传数据的方式也有两种：到达系统管理员所设置的复制时间，或由系统管理员执行立即复制操作。执行拉复制操作如下：

在 WINS 控制台右击右侧窗口的复制伙伴，在弹出的快捷菜单中选择"开始'拉'复制"命令，系统出现"启动'拉'复制"对话框，单击"是"按钮，开始执行"拉"复制操作。

9.4.2　维护 WINS 服务器数据库

WINS 数据库保存了网络中 NetBIOS 名称到 IP 地址的映射，用户可以对数据库进行备份、还原及设置数据库的验证间隔时间。

1. 备份 WINS 数据库

为了防止突发事件造成 WINS 服务器数据的丢失，用户可以采用系统自动备份或手动备份的方法来对 WINS 数据库进行备份。自动备份的方法如下。

步骤 1：在 WINS 控制台中右击 WINS 服务器，从弹出的快捷菜单选择"属性"命令，打开 WINS 服务器的属性设置对话框，选择"常规"选项卡，如图 9-18 所示。

步骤 2：在"数据库备份"的"默认备份路径"文本框中输入数据库的备份路径；也可以单击"浏览"按钮，选择用来存入备份文件的文件夹。选中"服务器关闭期间备份数据库"选项，这样当关闭 WINS 服务器时，将自动执行 WINS 数据库的备份。默认情况下系统不进

图 9-18　设置 WINS 服务器的属性

行数据库备份。设置了数据库备份路径后，默认情况下每 24 小时进行一次备份。通过输入一个路径或者单击"浏览"按钮选择备份文件夹位置之后，WINS 会自动在该路径中添加子文件夹 Wins_bak\new。备份的数据库就存储在该子文件夹中。

用户还可以选择手动立即备份数据库，操作步骤如下。

步骤 1：在 WINS 控制台中右击 WINS 服务器，从弹出的快捷菜单中选择"备份数据库"命令，将出现"浏览文件夹"对话框。

步骤 2：在"浏览文件夹"对话框中选择用来存放备份数据的文件夹，单击"确定"按钮。

步骤 3：系统会弹出"数据备份顺利完成"消息框，表示已经成功地对服务器的数据库做了一次备份。

2. 还原 WINS 数据库

如果 WINS 服务器的数据库出现了问题，则可以用已经备份过的数据来进行还原操作，步骤如下。

步骤 1：还原 WINS 数据库之前，必须先停止 WINS 服务器。右击 WINS 服务器，从弹出的快捷菜单中选择"所有任务/停止"命令，系统会出现"停止 WINS"对话框，单击对话框系统停止 WINS 服务器的工作。

步骤 2：停止 WINS 服务后，开始还原数据库。右击 WINS 服务器，从弹出的快捷菜单中选择"还原数据库"命令。

步骤 3：在弹出的"浏览文件夹"对话框中选择先前备份的数据存放的文件夹，单击"确定"按钮。

步骤 4：在执行还原数据库时，WINS 服务会自动启动。还原完毕，系统会弹出"数据库还原成功完成"消息框，单击"确定"按钮，WINS 服务器就可以正常运行了。

3. 设置数据库验证间隔

WINS 服务器如果曾经和其他计算机相互复制数据,经过验证间隔后,会主动向复制来源计算机要求验证复制来的数据是否需要更新或者应该消失。用户通过设置 WINS 数据库的验证间隔,就可以使 WINS 服务器定时检查数据库,确认当前数据是否和网络上的其他服务器保持一致。在定时检查数据库的时候,WINS 服务器会复制所有其他服务器的数据进行每笔记录的新旧识别(通过版本号),如果其他服务器上有比本机更新的数据则覆盖本机的记录。设置步骤如下。

步骤 1:在 WINS 控制台中右击 WINS 服务器,在弹出的快捷菜单中单击"属性"命令,打开设置属性对话框,选择"数据库验证"选项卡,如图 9-19 所示。

图 9-19　"数据库验证"选项卡

步骤 2:在"验证数据库"选项卡中选中"数据库验证间隔"选项后,可以设置数据库验证间隔时间,即 WINS 服务器定期检查数据库的周期;可以设置检查开始的时间、一周验证的最大记录数量以及是选择检查"所有者服务器"还是"随机选择的伙伴"两种检查根据。设置完成后单击"确定"按钮即可。

4. 查看数据库信息

WINS 服务器上的数据库记录了 WINS 客户机的注册情况。通过数据库查看注册信息的操作如下。

步骤 1:在 WINS 控制台中右击 WINS 服务器下的"活动注册"选项,在弹出的快捷菜单中选择"显示记录"命令。

步骤 2:出现"显示记录"对话框的"记录映射"选项卡,如图 9-20 所示。若选中"筛选与此名称样式匹配的记录"复选框,将按照在文本框中输入的名称进行显示;若选中"筛选与此 IP 地址匹配的记录"复选框,将按照输入的 IP 地址显示匹配的记录;若选中"启用结果缓存"复选框,将为显示的结果开辟内存区来缓存结果,缓存可以类似查询的速率。

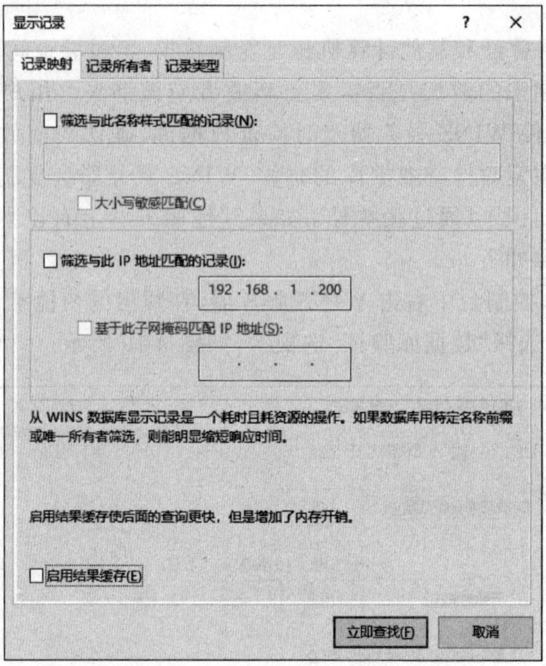

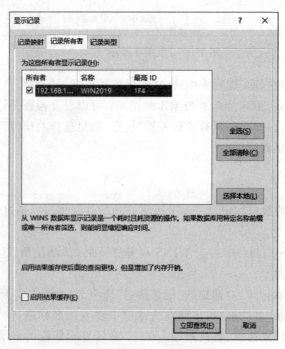

图 9-20　"记录映射"选项卡

步骤 3：打开"记录所有者"选项卡。在"为这些所有者显示记录"列表框中显示了 WINS 服务器上所有的数据库所有者。如果有多个服务器,这里将显示多个所有者,可以选择显示具体的那些所有者(服务器)上的记录,如图 9-21 所示。

图 9-21　"记录所有者"选项卡

步骤 4：单击"记录类型"选项卡。用于选择显示数据库中的记录类型，WINS 记录类型包括工作站、信使、RAS 服务器、域控制器、正常组名、NetsDDE、文件服务器、网络监视器代理程序、网络监视器名称等，如图 9-22 所示。

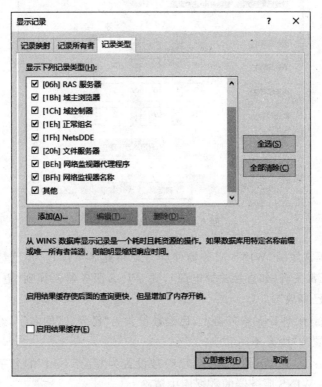

图 9-22　"记录类型"选项卡

步骤 5：无论是显示基于映射的记录、基于所有者的记录还是基于类型的记录，选中后单击"立即查找"按钮，将在 WINS 控制台工作区域中显示出相应结果。

5. 设置数据库记录的保存期限

在 WINS 服务器数据库中的每笔记录都是有保存期限的，客户端在经过保存期限的 1/2 时间以后，就会尝试重新传送名称和地址来更新数据，否则保存期到了以后，服务器就会删除这笔记录。用户根据网络的需要设置记录的保存期限，客户端会自动在期限到期以前更新数据。设置步骤如下。

步骤 1：在 WINS 控制台中右击服务器，从弹出的快捷菜单中单击"属性"命令，在属性对话框中选择"间隔"选项卡，如图 9-23 所示。

步骤 2：在"间隔"选项卡中可设置更新间隔、消失间隔、消失超时、验证间隔的参数。单击"确定"按钮完成设置。

参数说明如下。

（1）更新间隔：用于设置 WINS 工作站必须重新登记其名字的时间间隔（即 TTL 时间），默认是 6 天（144 小时）。在此期间，如果 WINS 工作站未进行重新登记，则此名字便会被设置为"已释放"。该"更新间隔"不宜设置得过短，那样会增加网络负担。一般情况下，只

187

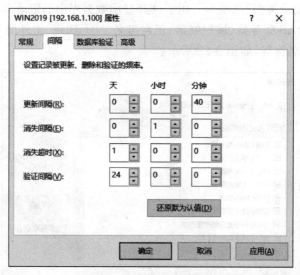

图 9-23   设置保存期限

要 WINS 工作站正常注销,WINS 服务器便会自动将此名字设置为"已释放"。但是,如果 WINS 工作站非正常关机(如直接关掉电源),则 WINS 服务器要等到"更新间隔"期满后再将此名字设置为"已释放"。

(2) 消失间隔:在 WINS 服务器上,已经被设置为"已释放"的名字,经过此"消失间隔"时间后,便会被设置为"废弃不用"。

(3) 消失超时:在 WINS 服务器上,已经被设置为"废弃不用"的名字,经过此"废弃超时"时间后,便会从 WINS 服务器的数据库中清除。

(4) 验证间隔:经过此时间后,必须验证那些不属于此 WINS 服务器的名称是否仍然活动,对未活动的名字将进行清除处理。

实　　训

1. 实训目的

掌握 Windows Server 2019 系统中 WINS 服务器的安装、配置与管理的方法,主要包括客户端和服务器的设置、数据库的维护等。

2. 实训内容

(1) 安装 WINS 服务。

(2) 维护 WINS 数据库。

(3) 数据库的复制。

(4) 设置静态映射。

(5) 配置 WINS 客户机。

3. 实训要求

(1) WINS 服务器：计算机名为 WINS 1，IP 地址为 192.168.1.11，采用 Windows Server 2019 操作系统。

(2) WINS 客户机 1：计算机名为 WINS 2，IP 地址为 192.168.1.12，采用 Windows Server 2019 操作系统。

(3) WINS 客户机 2：计算机名为 WINS 3，IP 地址为 192.168.1.13，采用 Windows XP 操作系统。

习　题

一、填空题

1. WINS 的全称为_____。

2. WINS 提供了_____名字到_____地址映射。

3. WINS 数据库默认的保存路径为_____。

二、选择题

1. 启用客户机 WINS 功能的方式为(　　)。

　　A. 依次选择"开始"/"设置"/"管理工具"/WINS

　　B. 在 TCP/IP 属性设置对话框中的"默认网关"里添加 WINS 服务器的 IP 地址

　　C. 在 TCP/IP 属性设置对话框中的"首选 DNS 服务器"里添加 WINS 服务器的 IP 地址

　　D. 在 TCP/IP 属性设置对话框中的"高级"设置里的"WINS"选项卡中，添加 WINS 服务器的 IP 地址

2. 实现将 WINS 迁移到 DNS 的方法是(　　)。

　　A. 客户端删除网络属性中的 WINS，重新为用户配置基于 DNS 名称服务的属性

　　B. 为用户配置基于 DNS 名称服务的属性，然后删除客户端网络属性中的 WINS

　　C. 把 WINS 数据库的数据复制到 DNS 的数据库中

　　D. 以上操作都可实现

三、简答题

1. WINS 在网络中的作用是什么？

2. 简述 WINS 具有的优点。

3. WINS 服务器属性设置对话框的"间隔"选项卡中的"更新间隔""消失间隔""消失超时"的含义是什么？

4. 如何利用广播解析 NetBIOS 名称？

项目 10 活动目录配置与管理

项目描述：某公司是一个规模较大的 ICT 公司，其员工较多，可共享使用的网络资源也较多，原来这些资源分别由不同的服务器管理，不仅管理麻烦，使用也不方便。现在此公司欲实现所有帐户、共享资源的集中管理，并可以用一个帐户在公司的任何一台计算机上登录，就能查询、使用发布的共享资源，兼顾方便性与安全性。

项目目标：利用 Windows Server 2019 的 AD(活动目录)网络构架，可以实现网络资源的集中管理。活动目录存储整个网络上的资源信息，例如，用户、组和计算机帐户、共享资源和打印机等，便于用户的查找、管理和使用这些资源。

任务 1 认知活动目录

任务描述：要高效地管理使用企业网络，先得规划一个合理的网络结构，有针对性地选择域树、单域、森林等多种域网络的组织结构。使用 Windows Server 2019 的活动目录将网络中各种完全不同的对象以相同的方式组织到一起。

任务目标：了解域、活动目录与活动目录服务之间的关系及基本知识；熟知"域"网络可以构架的各种组织结构；熟悉活动目录的特征与结构；能够利用组织单元来构建企业"单域"的网络，可以合理、有效地管理与组织活动目录中的各种对象。

活动目录是 Windows Server 2019 操作系统完全实现的目录服务，是 Windows Server 2019 网络体系的基本结构模型，也是 Windows Server 2019 网络操作系统的核心支柱。活动目录不仅有利于网络管理员对网络的管理，方便用户查找对象，也使得网络的安全性大幅增强。

10.1.1 目录和活动目录

目录服务是网络管理的重要内容。活动目录(active directory)是 Windows Server 2019 系统中提供的目录服务，用于存储网络上各种对象的相关信息，以便于管理员查找和使用。

1. 目录

以前所指的目录是代表文件存储在磁盘上的位置和层次关系。目录的属性是相对固定的，所以它是静态的。由于目录之间没有相互关联，在不同应用程序中同一对象要进行多次配置,管理起来相当烦琐,影响了系统资源的使用效率,因此使用效率较低,管理较为复杂。

2. 活动目录

活动目录是一个全面的目录服务管理方案,也是一个企业级的目录服务,其具有很好的可伸缩性。活动目录采用了 Internet 的标准协议,它与操作系统紧密地集成在一起。活动目录可以管理诸如计算机对象、用户帐户、打印机之类的网络资源。几乎所有的应用都可以直接利用系统提供的目录服务结构,而且活动目录也具有很好的扩充能力,允许应用程序定制目录中对象的属性或者添加新的对象类型。

活动目录是活动的,所以它是动态的。它是一种包含服务功能的目录,如找到了一个用户名,就可联想到它的帐户、电子邮件地址等所有基本信息。而且不同应用程序之间还可以对这些信息进行共享,减少了系统开发资源的浪费,提高了系统资源的利用率。

3. 目录与活动目录区别

活动目录包括两个方面:目录和与目录相关的服务。目录是存储各种对象的一个物理上的容器,从静态的角度来理解活动目录与以前所结识的"目录"和"文件夹"没有本质区别,仅仅是一个对象,是一实体;而目录服务是使目录中所有信息和资源发挥作用的服务,活动目录是一个分布式的目录服务,信息可以分散在多台不同的计算机上,保证用户能够快速访问,因为多台机上有相同的信息,所以在信息容错方面具有很强的控制能力,正因如此,不管用户从何处访问或信息在何处,都能对用户提供统一的视图。

4. 活动目录的作用

安装了活动目录的计算机称为"域控制器"。对于用户而言,只要加入并接受域控制器的管理就可以在一次登录之后全网使用,方便地访问活动目录提供的资源。对于管理员,则可以通过活动目录的集中管理就能管理全网的资源。

如果把网络看作一本书,活动目录就好比是书的目录,用户查询活动目录就类似查询书的目录,通过目录就可以访问相应的网络资源。但这种活动目录是活动的、动态的。当网络上的资源变化时,其对应的目录项就会动态更新。

10.1.2　Active Directory 的组织结构

活动目录的逻辑结构非常灵活,它提供了完全树状层次结构视图,系统通过使用域组织和 Active Directory 域服务来加强通信功能,从而满足企业对于简化用户与网络连接的要求。活动目录中的逻辑单元包括域、组织单元、域树、域森林等。

1. 名字空间

从本质上讲,活动目录就是一个名字空间,可以把名字空间理解为任何给定名字的解析边界,这个边界就是指这个名字所能提供或关联、映射的所有信息范围。通俗地说就是在服务器上通过查找一个对象可以查到的所有关联信息总和。如一个用户,如果在服务器已给这个用户定义了诸如用户名、用户密码、工作单位、联系电话、家庭住址等信息,那上面所说的总和广义上理解就是"用户"这个名字的名字空间,因为只输入一个用户名即可找到上面所列的一切信息。名字解析是把一个名字翻译成该名字所代表的对象或者信息的处理过程。例如,在一个电话目录形成一个名字空间中,可以从每一个电话户头的名字解析到相应的电话号码。

2. 对象

对象是活动目录中的信息实体,即通常所见的"属性"。但它是一组属性的集合,往往代表了有形的实体,比如用户帐户、文件名等。对象通过属性描述它的基本特征。比如,一个用户帐户的属性中可能包括用户姓名、电话号码、电子邮件地址和家庭住址等。

3. 容器

容器是活动目录名字空间的一部分,与目录对象一样,它也有属性。但与目录对象不同的是,它不代表有形的实体,而是代表存放对象的空间,因为它仅代表存放一个对象的空间,所以它比名字空间小。比如一个用户,它是一个对象,但这个对象的容器就仅限于从这个对象本身所能提供的信息空间,如它仅能提供用户名、用户密码,其他的如工作单位、联系电话、家庭住址等,就不属于这个对象的容器范围了。

4. 目录树

在任何一个名字空间中,目录树是指由容器和对象构成的层次结构。树的叶子、节点往往是对象,树的非叶子节点是容器。目录树表达了对象的连接方式,也显示了从一个对象到另一个对象的路径。在活动目录中,目录树是基本的结构,从每一个容器作为起点,层层深入,都可以构成一棵子树。一个简单的目录可以构成一棵树,一个计算机网络或者一个域也可以构成一棵树。

5. 域

域是 Windows 网络系统的安全性边界。一个计算机网最基本的单元就是"域",活动目录可以贯穿一个或多个域。在独立的计算机上,域即指计算机本身,一个域可以分布在多个物理位置上,同时一个物理位置又可以划分不同网段为不同的域,每个域都有自己的安全策略以及它与其他域的信任关系。当多个域通过信任关系连接起来之后,活动目录可以被多个信任域共享。

6. 组织单元

组织单元是用户、组、计算机和其他单元在活动目录中的逻辑管理单位,组织单元不能包括来自其他域的对象。组织单元是可以指派组策略设置或委派管理权限的最小作用单位。使用组织单元,可在组织单元中代表逻辑层次结构的域中创建容器,这样就可以根据组织模型管理帐户、资源的配置和使用。不仅可使用组织单元创建可缩放到任意规模的管理模型,还可授予用户对域中所有组织单元或对单个组织单元的管理权限,这样组织单元的管理员就不需要具有域中任何其他组织单元的管理权。

7. 域树

域树由多个域组成,这些域共享同一表结构和配置,形成一个连续的名字空间。树中的域通过信任关系连接起来,活动目录包含一个或多个域树。域树中的域层次越深,级别越低。一个"."代表一个层次,如域 child.microsoft.com 就比 microsoft.com 这个域级别低,因为它有两个层次关系,而 microsoft.com 只有一个层次。而域 grandchild.child.microsoft.com 就比 child.microsoft.com 级别低,道理一样。

域树中的域是通过双向可传递信任关系连接在一起。由于这些信任关系是双向的而且是可传递的,因此在域树或树林中新创建的域可以立即与域树或树林中每个其他的域建立信任关系。这些信任关系允许单一登录过程,在域树或树林中的所有域上对用户进行身份验证,但这不一定意味着经过身份验证的用户在域树的所有域中都拥有相同的权利和权限。因为域是安全界限,所以必须在每个域的基础上为用户指派相应的权利和权限。

8. 域林

域林是由一个或多个没有形成连续名字空间的域树组成的,它与域树最明显的区别就在于:域林中的域树之间没有形成连续的名字空间,而域树则是由一些具有连续名字空间的域组成。但域林中的所有域树仍共享同一个表结构、配置和全局目录。域林中的所有域树通过 Kerberos 信任关系建立起来,所以每个域树都知道 Kerberos 信任关系,不同域树可以交叉引用其他域树中的对象。域林都有根域,域林的根域是域林中创建的第一个域,域林中所有域树的根域与域林的根域建立可传递的信任关系。

9. 站点

站点是指包括活动目录域服务器的一个网络位置,通常是一个或多个通过 TCP/IP 连接起来的子网。站点内部的子网通过可靠、快速的网络连接起来。站点的划分使管理员可以很方便地配置活动目录的复杂结构,更好地利用物理网络特性,使网络通信处于最优状态。当用户登录到网络时,活动目录客户机在同一个站点内找到活动目录域服务器,由于同一个站点内的网络通信是可靠、快速和高效的,所以对于用户来说,可以在最短的时间内登录到网络系统中。因为站点是以子网为边界的,所以活动目录在登录时很容易找到用户所在的站点,进而找到活动目录域服务器完成登录工作。

10. 域控制器

域控制器是使用活动目录安装向导配置的 Windows Server 2019 的计算机。活动目录安装向导安装和配置为网络用户和计算机提供活动目录服务的组件供用户选择使用。域控制器存储着目录数据并管理用户域的交互关系,其中包括用户登录过程、身份验证和目录搜索,一个域可有一个或多个域控制器。为了获得高可用性和容错能力,使用单个局域网(LAN)的小单位可能只需要一个具有两个域控制器的域。具有多个网络位置的大公司在每个位置都需要一个或多个域控制器以提供高可用性和容错能力。

10.1.3 规划活动目录

活动目录是整个 Windows Server 2019 操作系统中的一个关键服务。它不是孤立的，它与许多协议和服务有着非常紧密的关系，还涉及整个系统的系统结构和安全。安装"活动目录"不像安装一般 Windows 组件那么简单，在安装前要进行一系列的规划和准备。

（1）在安装活动目录之前，必须保证已经有一台机器安装了 Windows Server 2019 且至少有一个 NTFS 或 ReFS 分区，另外已经在 TCP/IP 中配置了静态 IP 地址和 DNS 协议，并且 DNS 服务支持 SRV 记录和动态更新协议。

（2）要规划好整个系统的域结构，活动目录它可包含一个或多个域。如果整个系统的目录结构规划得不好，层次不清就不能很好地发挥活动目录的优越性。在这里选择根域（就是一个系统的基本域）是一个关键，根域名字的选择可以有以下几种方案：

① 可以使用一个已经注册的 DNS 名作为活动目录的根域名，这样做的好处在于企业的公共网络和私有网络使用同样的 DNS 名字。

② 还可以使用一个已经注册的 DNS 域名的子域名作为活动目录的根域名。

③ 为活动目录选择一个与已经注册的 DNS 域名完全不同的域名，这样可以使企业网络在内部和互联网上呈现出两种完全不同的命名结构。

④ 把企业网络的公共部分用一个已经注册的 DNS 域名进行命名，而私有网络用另一个内部域名，从名字空间上把两部分分开，这样做就使得某一部分要访问另一部分时必须使用对方的名字空间来标识对象。

（3）要进行域和帐户命名规划，因为使用活动目录的意义之一就在于使内、外部网络使用统一的目录服务，采用统一的命名方案，以方便网络管理和商务往来。活动目录域名通常是该域的完整 DNS 名称，但是为确保向下兼容，每个域最好还有一个 Windows Server 2019 以前版本的名称，以便在运行以前版本的操作系统的计算机上使用。用户帐户在活动目录中，每个用户帐户都有一个用户登录名、一个以前版本的用户登录名（安全帐户管理器的帐户名）和一个用户主要名称后缀。在创建用户帐户时，管理员输入其登录名并选择用户主要名称，活动目录建议以前版本的用户登录名使用此用户登录名的前 20 个字节。活动目录命名策略是企业规划网络系统的第一个步骤，命名策略直接影响到网络的基本结构，甚至影响网络的性能和可扩展性。活动目录为现代企业提供了很好的参考模型，既考虑到了企业的多层次结构，也考虑到了企业的分布式特性，甚至为直接接入 Internet 提供了完全一致的命名模型。

（4）要注意设置规划好域间的信任关系，对于 Windows Server 2019 计算机，通过基于 Kerberos V5 安全协议的双向、可传递信任关系启用域之间的帐户验证。在域树中创建域时，相邻域（父域和子域）之间自动建立信任关系。在域林中，在树林根域和添加到树林的每个域树的根域之间自动建立信任关系。如果这些信任关系是可传递的，则可以在域树或域林中的任何域之间进行用户和计算机的身份验证。

如果将以前版本的 Windows 域升级为 Windows Server 2019 域时，将自动保留当前域和任何其他域之间现有的单向信任关系，包括以前版本的 Windows 域的所有信任关系。如果用户要安装新的 Windows Server 2019 域并且希望与任何以前版本的域建立信任关系，则必须创建与那些域的外部信任关系。

任务 2 创建和管理域控制器

任务描述：某企业在 Windows Server 2019 操作系统中安装活动目录以建立域控制器，构建域组织结构的方式，使局域网的管理工作变得更集中、更容易、更方便，并通过活动目录的管理来实现各种共享对象的动态管理与服务。

任务目标：通过学习，明确安装域控制器的条件和准备工作；掌握域网络的组建流程和操作技术；安装、激活"Active Directory 域服务"并将一个独立服务器升级为域控制器；熟悉域控制器的基本功能。

10.2.1 安装 Active Directory

Windows Server 2019 系统中的活动目录支持授权管理服务、联合身份验证服务、轻型目录服务、证书服务和域服务等，其中最基本的域服务存储有关网络上的用户、计算机和其他设备对象信息，并向用户和网络管理员提供这些信息。Active Directory 域服务使用域控制器，向网络用户授予通过单个登录进程访问网络上任意位置的允许资源的权限。现将 Windows Server 2019 配置为第一台域控制器，其域控制器名称为 WIN2019、域名为 test.net、BIOS 名称为 test，安装 Active Directory 域服务的步骤如下。

步骤 1：在"服务器管理器"仪表板工作区单击"添加角色和功能"链接，出现"开始之前"向导界面，在此界面中提示了一些应提前完成的任务。确认无误后单击"下一步"按钮。

步骤 2：在"安装类型"向导界面中可以选择是在物理机安装还是在虚拟机安装，在此可选择"基于角色或基于功能的安装"，即在本地物理机上安装本服务，然后单击"下一步"按钮。

步骤 3：在"服务器选择"向导界面中可以先选择在物理硬盘还是在虚拟磁盘上安装，然后在服务器池列表中选择服务器，在此可选择"从服务器池中选择服务器"选项，即在物理硬盘上安装，在服务器池中选定服务器后单击"下一步"按钮。

步骤 4：在"服务器角色"向导界面中，在角色列表中选中"Active Directory 域服务"复选框，将弹出提示对话框，如图 10-1 所示，单击"添加功能"按钮，将选中"Active Directory 域服务"复选框，然后单击"下一步"按钮。

步骤 5：在"功能"向导界面中，可根据需要在功能列表中选中相关的功能，在此可直接单击"下一步"按钮继续。

步骤 6：在"Active Directory 域服务介绍"界面中介绍了有关概念，在此可直接单击"下一步"按钮继续。

步骤 7：在"确认"向导界面中显示出安装的服务及工具，如果有需要，还可以单击"导出配置设置"及"指定备用源路径"连接进行设置。单击"安装"按钮开始安装。

步骤 8：在"安装进度"界面中可以显示出安装进度及安装结果，安装完成后单击"关闭"按钮即可。

步骤 9：在"服务器管理器"窗口的通知图标下会出现一个黄色感叹号，单击黄色感叹号

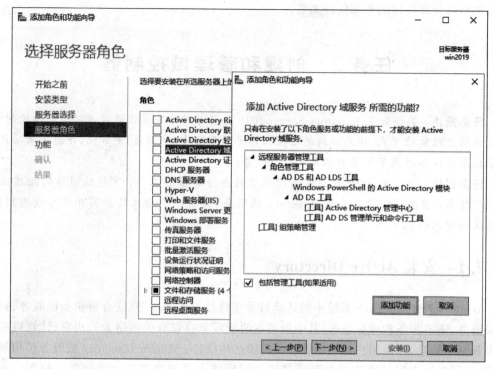

图 10-1 "添加角色和功能向导"对话框

后,在下拉菜单中单击"将此服务器提升为域控制器"链接,如图 10-2 所示,稍后将出现"Active Directory 域服务配置向导"界面。

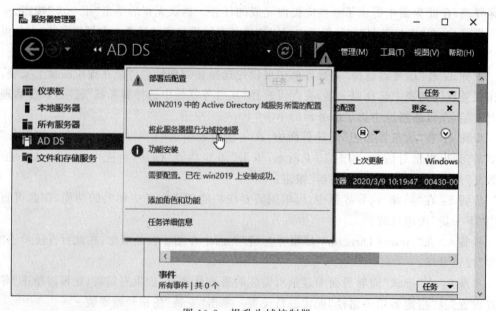

图 10-2 提升为域控制器

步骤 10:在"部署配置"向导界面中选择"添加新林"单选项(因为本计算机是部署的第一个域控制器),在"根域名"文本框中输入 test.net 后单击"下一步"按钮,如图 10-3 所示。

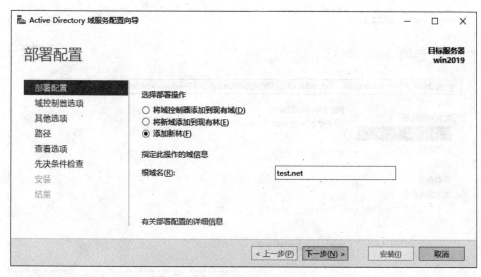

图 10-3　"部署配置"对话框

步骤 11：在"域控制器选项"向导界面中需要输入目录服务还原模式密码（在此需要复杂密码），然后单击"下一步"按钮继续，如图 10-4 所示。

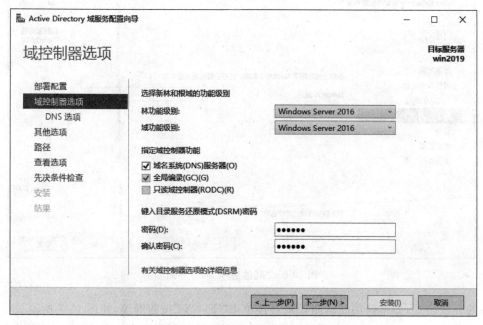

图 10-4　"域控制器选项"向导界面

步骤 12：如果域控制器要与现有的 DNS 基础结构集成，可以在"DNS 选项"向导界面中创建 DNS 委派。在此无须创建 DNS 委派，直接单击"下一步"按钮继续，如图 10-5 所示。

步骤 13：在"其他选项"向导界面中可以指定 NetBIOS 名，如果使用默认名称则直接单击"下一步"按钮继续，如图 10-6 所示。

步骤 14：在"路径"向导界面中可以指定活动目录的数据库文件、日志文件、SYSVOL

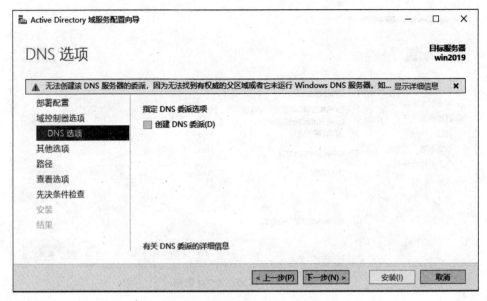

图 10-5 "DNS 选项"向导界面

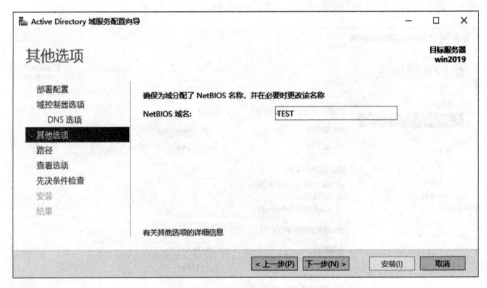

图 10-6 "其他选项"向导界面

文件的存放位置,如果使用默认路径则直接单击"下一步"按钮继续,如图 10-7 所示。

  步骤 15:在"查看选项"向导界面中可以看到本域控制器的有关配置,也可以单击"查看脚本"按钮,在记事本中显示脚本代码。单击"下一步"按钮继续,如图 10-8 所示。

  步骤 16:因为需要先验证先决条件后才能在此服务器上安装活动目录,因此在"先决条件检查"向导界面中将显示先决条件验证情况,所有先决条件检查通过后单击"安装"按钮开始安装,如图 10-9 所示。

  步骤 17:在"安装"向导界面中可以看到安装进度及详细的操作结果,如图 10-10 所示。

  步骤 18:安装过程中会自动重启计算机。重启完毕,完成活动目录的安装。

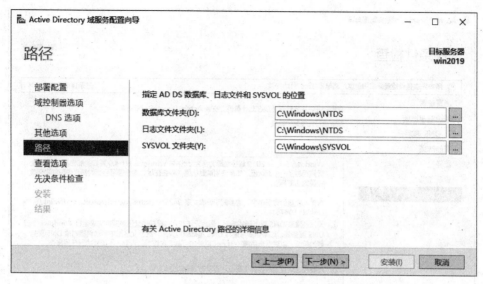

图 10-7　"路径"向导界面

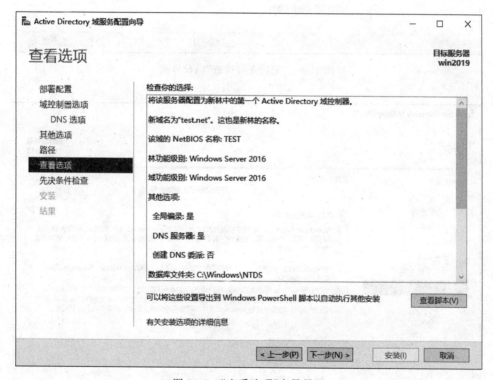

图 10-8　"查看选项"向导界面

　　活动目录安装好之后,Windows Server 2019 的服务器管理器工具菜单中增加了有关活动目录的几个管理工具,其中"Active Directory 管理中心"用于对域控制器的管理,"Active Directory 用户和计算机"用于管理活动目录的对象、组策略和权限等,"Active Directory 域和信任关系"用于用户管理活动目录的域和域之间的信任关系,"Active Directory 站点和服务"用于管理活动目录的物理结构。

图 10-9 "先决条件检查"向导界面

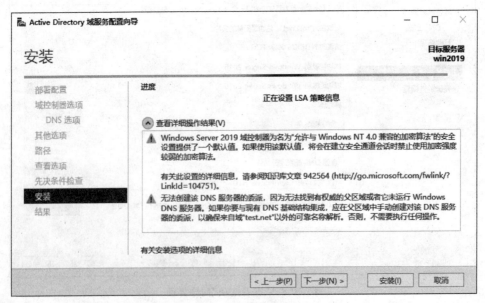

图 10-10 "安装"向导界面

10.2.2 删除 Active Directory

在某些情况下,如果不再需要活动目录服务,并不能像卸载其他服务那样简单直接,需要先将域控制器降级为独立的服务器或成员服务器后才能卸载,删除活动目录的具体方法如下。

步骤 1:依次在服务器管理器中选择"管理"/"删除角色和功能"命令,将出现一个操作向导,单击"下一步"按钮。

步骤 2:在"选择目标服务器"对话框中可以选择从本地服务器还是虚拟磁盘上删除,在此可选择从服务器池列表中选择服务器,然后单击"下一步"按钮。

步骤 3:在"选择服务器角色"对话框中,在角色列表中取消选中"Active Directory 域服务"复选框,将弹出删除 Active Directory 域服务功能的提示对话框,单击"删除功能"按钮,将弹出警告对话框,如图 10-11 所示。

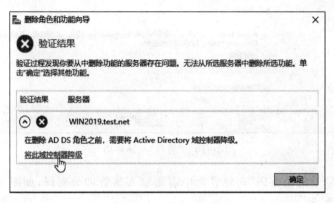

图 10-11　警告对话框

步骤 4:单击该对话框中的"将此域控制器降级"链接,将出现"凭据"向导界面,如图 10-12 所示。如果要修改凭据(当前用户),可单击"更改"按钮输入用户名、密码。在此可直接选中"强制删除此域控制器"选项,然后单击"下一步"按钮。

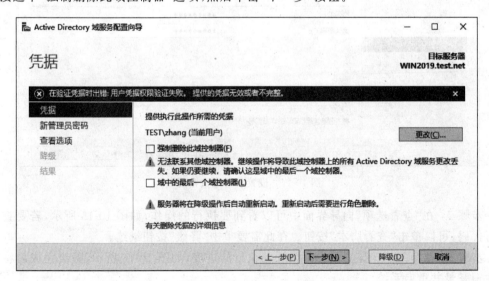

图 10-12　"凭据"向导界面

步骤 5:在"警告"向导界面中可以看到当前计算机承担的角色。若确认删除需选中下方的"继续删除"复选框,如图 10-13 所示,单击"下一步"按钮。

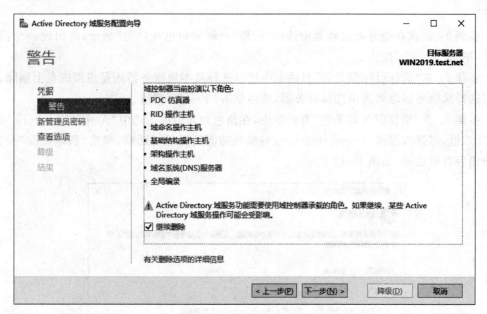

图 10-13　"警告"向导界面

　　步骤 6:在"新管理员密码"向导界面中需要输入新管理员密码,如图 10-14 所示,单击"下一步"按钮继续。

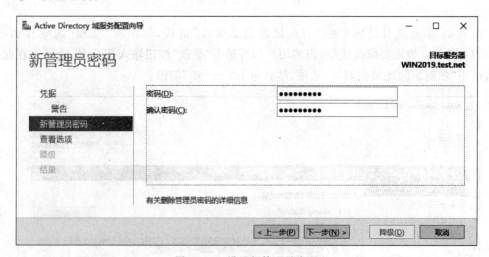

图 10-14　设置新管理员密码

　　步骤 7:在"查看选项"向导界面中可以看到要执行的操作,如图 10-15 所示,若要查看执行代码,可以单击"查看脚本"按钮。在此需要单击"降级"按钮继续。

　　步骤 8:在"降级"向导界面中可以看到执行的进度,如图 10-16 所示,降级完成后将自动注销登录并重启系统。

　　步骤 9:重启登录后,在服务器管理器仪表板工作区单击"添加角色和功能"链接,将出现"开始之前"对话框,单击在此界面的说明区域中的"启动'删除角色和功能'向导"链接,转

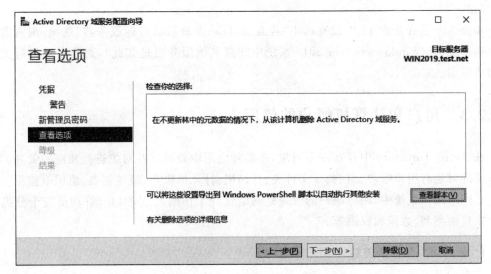

图 10-15　"查看选项"对话框

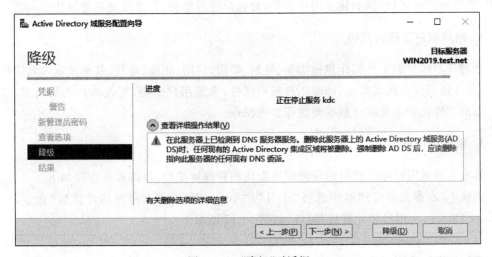

图 10-16　"降级"对话框

换成删除角色或功能的向导,单击"下一步"按钮。

步骤 10:在"选择目标服务器"向导界面中可以选择从本地服务器还是虚拟磁盘上删除,在此可选择从服务器池列表中选择服务器,然后单击"下一步"按钮。

步骤 11:在"删除服务器角色"向导界面中,在角色列表中取消选中"Active Directory 域服务"选项,将弹出删除 Active Directory 域服务功能的提示窗口,单击"删除功能"按钮后,就取消了对选项的选中,单击"下一步"按钮。

步骤 12:在"删除功能"向导界面中可根据需要在功能列表中取消选中,在此可直接单击"下一步"按钮继续。

步骤 13:在"确认"向导界面中显示出删除的服务及工具。若要删除后自动重启计算机,可选中"若需要,自动重新启动目标服务器"选项。单击"删除"按钮开始删除。

步骤 14:在"结果"向导界面中可以显示出删除进度及删除结果,删除完成后单击"关闭"按钮。

步骤 15：若在步骤 13 中没有选中"若需要，自动重新启动目标服务器"选项，则需要手动重启系统（在 Windows Server 2019 系统中卸载其他服务也是如此），否则在进行有关操作时将报错。

10.2.3 用户和计算机帐户的管理

在 Active Directory 中存在许多对象，在实际应用中要对这些对象进行相应的管理。可以管理的对象有用户帐户、组、共享文件夹、打印机、计算机帐户、域控制器、组织单位等。

在网络操作系统中，用户帐户的管理是网络管理工作的起点，因此，管理员应十分熟悉用户帐户的类型、数量和权限等。

1. 管理用户帐户的策略

根据组的规划设计原则，先设计好拟建立帐户的名称、组、访问级别、使用资源的类型与权限，再管理用户帐户，例如建立用户帐户，对帐户进行复制、修改或删除等操作。

2. 用户帐户管理的内容

管理用户帐户的主要工作包括添加、复制、禁用、启用、删除、查找、移动及重命名用户帐户等，此外还可以查找联系人，修改用户帐户属性，重置用户密码，更改用户的所属组，以及进行用户个性化登录和用户数据漫游等多项操作。

3. 新建域帐户

具有管理域用户帐户权限的帐户均可新建和管理域帐户，具体操作步骤如下。

步骤 1：在服务器管理器中选择"工具"/"Active Directory 用户和计算机"命令，打开"Active Directory 用户和计算机"窗口，如图 10-17 所示。

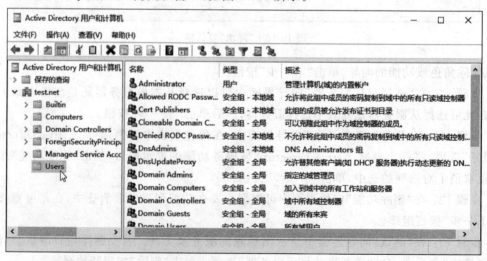

图 10-17 "Active Directory 用户和计算机"窗口

步骤 2：展开左侧窗格中的目录树，右击列表中的 Users 选项，在弹出的快捷菜单中选择"新建"/"用户"命令，打开如图 10-18 所示的"新建对象用户"对话框，在相应的文本框中输入必要的信息。

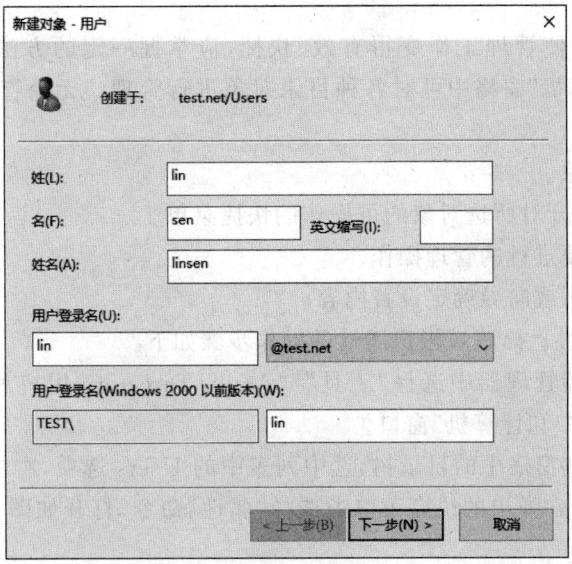

图 10-18 新建用户

步骤 3：单击"下一步"按钮，输入用户登录时使用的密码，并确定密码管理选项，如图 10-19 所示。

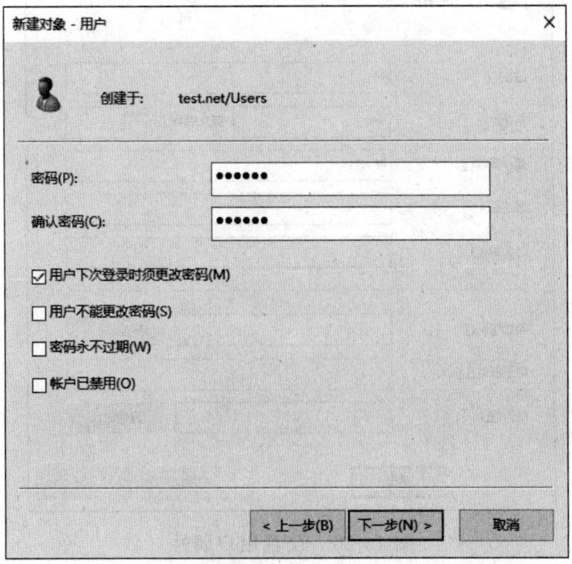

图 10-19 输入密码

注意：在 Windows Server 2019 中，密码是区分大小写的，而且必须符合复杂度要求。如果选中"用户不能更改密码"复选框，可以防止多用户共用一个帐户时某一用户私自修改密码。

步骤 4：单击"下一步"按钮，可看到用户的信息摘要。单击"完成"按钮，完成新用户的创建。在如图 10-17 所示的右侧窗格中会看到新创建的用户。

4. 域帐户的常规管理

网络管理员为了使管理工作变得有效、快捷，应掌握一定的方法和工具。在"Active Directory 用户和计算机"窗格中可对各种目录对象进行管理。无论管理对象是什么，主要操作步骤如下。

步骤 1：选中对象。

步骤 2：右击，打开对所选对象的可操作的快捷菜单。

步骤 3：选择需要进行的管理操作。

步骤 4：按照提示或向导确定设置内容。

（1）修改帐户属性。修改域帐户属性的操作步骤如下。

步骤 1：在服务器管理器中选择"工具"/"Active Directory 用户和计算机"命令，打开"Active Directory 用户和计算机"窗口。

步骤 2：展开左侧窗格中的目录树，选中列表中的 Users 选项，右击右侧工作区中要管理的用户（如 linsen），在弹出的快捷菜单中选择"属性"命令，打开如图 10-20 所示的用户属性对话框。

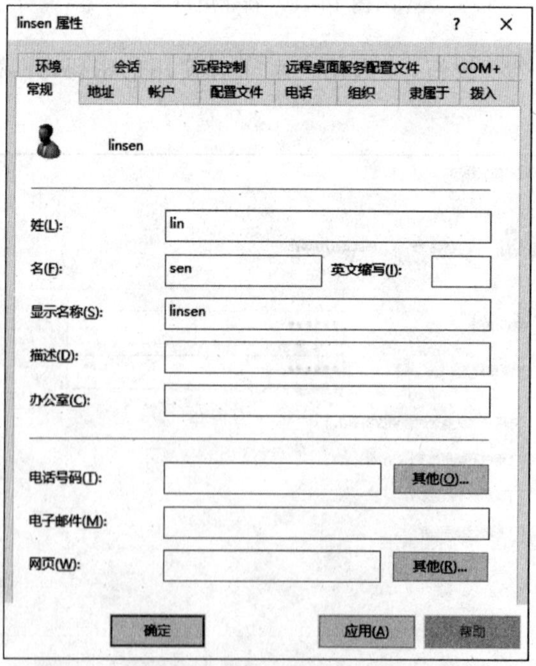

图 10-20　设置用户属性

步骤 3：在设置用户属性的对话框中可以修改该帐户的各种各样的选项内容。例如，可以单击"帐户"选项卡，再单击"登录时间"按钮，打开如图 10-21 所示对话框，可设定允许该用户帐户什么时间可以登录到域中。

步骤 4：修改完各项内容后，单击"确定"按钮，完成帐户属性的修改。

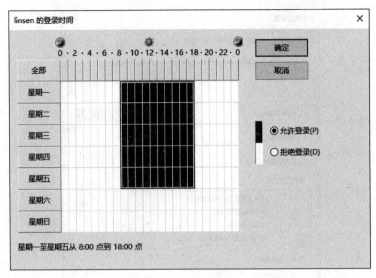

图 10-21　设定登录时间

（2）复制用户帐户。如果网络上拥有许多性质相同的帐户，可先建立一个用户帐户，再使用复制帐户的功能复制和建立帐户，以提高工作效率。

操作方法是：只需先建立一个用户帐户作为模板，然后选中该帐户，右击，在快捷菜单中选择"复制"命令。之后，跟随向导即可完成本项操作。如此反复多次，即可完成多个帐户的建立工作。

注意：帐户模板复制时可以自动复制的项目有描述、隶属的组关系、可登录的时间、允许登录的工作站、帐户有效期限与帐户类型、配置文件、登录到和登录时间等。其余的项目需要由管理员手工输入。

（3）用户帐户的管理策略。由上述操作可见，使用用户帐户的复制功能建立具有多个具有相同类型的新帐户，可节约大量时间。因此，在进行大量用户帐户创建时，应依据一定的策略。

- 应当为每一类用户建立一个模板帐户，例如，企业的经理、销售人员、财务人员等。
- 如果需要管理一批使用性质相近的临时网络用户，也可以创建一个用于管理的模板，例如，为登录时间、登录地点和要访问的资源受限条件相同或相近的用户帐户创建模板。

（4）一次修改多个帐户。如果网络上多个性质相同的帐户都需要修改某一参数，可使用多用户帐户的修改办法。对多个帐户可同时修改的参数有添加到组、禁用帐户、启用帐户、移动、发送邮件、剪切和删除等。例如，禁用多个帐户的操作步骤如下。

步骤 1：在如图 10-17 所示窗口右侧的用户帐户列表清单中选中要修改的多个帐户。

步骤 2：右击，在弹出的快捷菜单中选择"属性"命令，打开多个项目属性对话框。

步骤 3：可以在多个项目属性窗口中分别单击"常规""帐户""地址""配置文件"及"组织"选项卡，批量修改用户的有关属性，如图 10-22 所示。

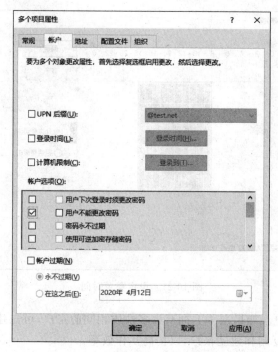

图 10-22 "多个项目属性"对话框

10.2.4 域和域控制器的管理

在 Active Directory 中,目录存储只有一种形式,即域控制器,它包含了完整的域目录信息。因此,每一个域中必须有一个域控制器,否则域也就不存在了。对于网络管理员来说,域控制器管理是最重要的工作,因为域控制器的运行状态直接关系到网络是否能正常运行。

1. 设置域控制器属性

步骤 1:在服务器管理器中选择"工具"/"Active Directory 用户和计算机"命令,打开"Active Directory 用户和计算机"窗口,展开窗格中左侧的目录树,单击 Domain Controllers 子节点。

步骤 2:在窗口右侧详细资料列表中,右击要设置属性的域控制器,从弹出的快捷菜单中选择"属性"命令,打开如图 10-23 所示的属性对话框。

步骤 3:单击"常规"选项卡,其中显示了该域控制器的常规信息。在"描述"文本框中可以输入该域控制器的一般描述。如果不希望域控制器的可受信任用来委派,可禁用"信任计算机作为委派"。

步骤 4:单击"操作系统"选项卡,显示出操作系统的名称、版本以及 Service Pack 等信息,管理员只能查看但不能更改这些信息。

步骤 5:单击"隶属于"选项卡,可以添加、更改或删除域控制器所属的组。若要添加组,单击"添加"按钮,打开选择组对话框,可为域控制器选择一个要添加的组。

步骤 6:单击"委派"选项卡,可以选择是否委派以及委派哪些服务。

图 10-23　设置域控制器属性

步骤 7：单击"位置"选项卡，可以设置域控制器的位置。

步骤 8：单击"管理者"选项卡，可以更改域控制器的管理者。

步骤 9：单击"拨入"选项卡，可以设置使用 PSTN 方式连接此服务器时的网络访问权限以及是否允许管理者进行回拨等。

步骤 10：设置完毕，可以单击"确定"按钮，退出域控制器属性的管理。

2. 查找域控制器对象

在 Windows Server 2019 中，Active Directory 实际上是一个网络资源清单，包括网络中的域控制器、用户、计算机、联系人、组、组织单位、打印机及其他网络资源等各个方面的信息，使管理员可以方便地管理这些内容。要查找目录对象，可参照如下步骤。

步骤 1：在"Active Directory 用户和计算机"窗口中右击左侧窗格中的域节点，在弹出的快捷菜单中选择"查找"命令，打开"查找 用户、联系人及组"对话框，如图 10-24 所示。

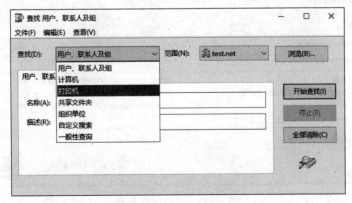

图 10-24　查找相关信息

步骤 2：在"查找"下拉列表框中选择要查找的目录内容，包括用户、联系人及组、计算机、打印机、共享文件、组织单位、自定义搜索等；在"范围"下拉列表框中选择查找范围，如整个目录。

步骤 3：在相应的查找内容选项卡中设置查找的条件，如用户的名称、描述等。

步骤 4：单击"高级"选项卡，设置高级查找条件。可单击"字段"按钮，从弹出的快捷菜单中选择设置条件的选项，然后在"条件"下拉列表和"值"文本框中设置条件。

步骤 5：设置高级条件后，单击"添加"按钮，将条件添加到下面的文本框中。

步骤 6：所有条件设置完毕，单击"开始查找"按钮即开始查找，并将查找结果列出。

3. 管理不同的域

在一个多域的网络中，管理员要经常在一台机器上管理不同的域，这就需要将当前域连接到其他域，这样可以使当前域中的用户和计算机访问其他域中的资源，也可将当前域控制器的部分主机操作功能传送给其他域控制器，甚至可将当前域控制器更改为其他域中的域控制器。操作步骤如下。

步骤 1：打开"Active Directory 用户和计算机"窗口，右击左侧窗格中的域节点，在弹出的快捷菜单中选择"查找"命令。

步骤 2：可以直接输入域名，或者单击"浏览"按钮，然后从列表中选择一个域。

步骤 3：单击"确定"按钮，即查找并尝试连接到相应域。

4. 使用另一个域控制器管理域

一个域的域控制器是域网络的中心，一旦出现故障，将导致域网络不能正常运行，此时管理员必须及时更改域控制器，以保证网络正常运行。更改域控制器的步骤如下。

步骤 1：打开"Active Directory 用户和计算机"窗口，右击左侧窗格中的域节点，在弹出的快捷菜单中选择"更改域控制器"命令。

步骤 2：单击此域控制器或 AD LDS 实例列表中的域控制器，或者单击列表中"<在此处键入目录服务器[：端口]>"字段，然后输入域控制器的名称或 IP 地址，如图 10-25 所示。

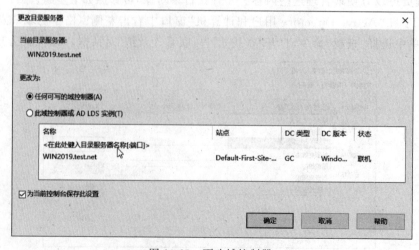

图 10-25　更改域控制器

步骤 3：单击"确定"按钮，完成连接。

任务 3　域 的 应 用

任务描述：某公司部署了活动目录后，为方便集中管理，要实现单位员工能方便登录同一网络的功能；为了展现企业文化，要使用统一的桌面环境（界面）；为了实现资源共享，能方便地把资源发布到网络；为了方便使用共享资源，无须知道共享资源物理位置便可快捷访问。

任务目标：通过学习，应能够正确区分登录目的地，例如是登录域还是登录本机，并正确理解登录帐户的身份。登录后，应当具有将各种类型的客户机加入域的技能。还应掌握在活动目录中发布客户机资源对象的方法，以及通过活动目录服务进行各种目录对象的搜索和使用的方法，实现通过活动目录服务集中管理或使用共享资源的功能。

10.3.1　登录域

在域模式结构的网络中，系统管理分为服务器和客户机两部分。域中众多的资源对象，如共享文件夹和打印机，一般分布在客户机上。虽然可以通过前面搜索共享资源的方法访问这些资源，但需要提供资源的共享名和计算机名。使用活动目录发布资源对象，可以不必知道资源所在的计算机名和共享名，可方便、快捷地访问和使用它们，但使用之前需要能够登录域。

域中的客户机既可以是安装了类似于 Windows 10 桌面操作系统的计算机，也可以是安装了类似于 Windows Server 2019 服务器操作系统的独立服务器，前者称为普通的域工作站，后者将成为域的成员服务器。

安装 Windows 操作系统的各类客户机加入域的操作过程十分相似。下面以安装了 Windows 10 桌面操作系统的客户机为例，介绍加入域的过程。

步骤 1：由于 Windows Server 2019 的活动目录使用 DNS 服务器来解析活动目录管理的域名，因此首先在客户机上设置解析域 DNS 服务器的 IP 地址。

步骤 2：右击客户机桌面上的"此电脑"图标，在弹出的快捷菜单中选择"属性"命令，打开系统信息显示窗口。

步骤 3：单击"计算机名、域和工作组设置"区域中的"更改设置"链接，打开"系统属性"对话框，如图 10-26 所示。

步骤 3：单击"更改"按钮，在"计算机名/域更改"对话框中选中"隶属于"中的"域"单选按钮，并在文本框中输入要加入的域名，如图 10-27 所示。

步骤 4：单击"确定"按钮，客户机将通过 DNS 服务器查询域控制器，解析成功后将出现如图 10-28 所示的"计算机名/域更改"对话框。

步骤 5：输入正确的用户名和密码后，单击"确定"按钮。域控制器将对帐户进行验证，如果验证成功，则将出现如图 10-29 所示的提示信息。

图 10-26 "系统属性"对话框

图 10-27 加入域

图 10-28 "计算机名/域更改"对话框

步骤 6：单击"确定"按钮，将提示重新启动计算机。计算机重新启动后，将出现如图 10-30 所示的登录窗口，输入已提前在域控制器中创建好帐户的用户名、密码后，按 Enter 键或单击"提交"按钮。

注意：按照默认域控制器策略，不允许 Administrator 帐户在此登录。

图 10-29 验证成功

图 10-30 登录窗口

10.3.2　用户配置文件管理

用户配置文件是使计算机符合所需的登录环境和工作方式设置的集合。其中包括桌面背景、屏幕保护程序、指针首选项、声音设置及其他功能的设置。用户配置文件可以确保只要登录到 Windows 便会使用个人首选项。用户配置文件与用于登录到 Windows 的用户帐户不同。每个用户帐户至少有一个与其关联的用户配置文件。

用户第一次登录到某台计算机上时，Windows 即为该用户创建一个用户配置文件。该文件保存在 C:\用户*Username* 文件夹中，其中 *Username* 为该用户的用户名。用户在登录的计算机上对工作环境所做的修改在注销时将被保存到该文件夹下的配置文件中，并在下次登录到系统时应用修改后的配置。用户配置文件包括多种类型，分别用于不同的工作环境。

1. 默认用户配置文件

默认用户配置文件用于生成一个新用户的工作环境，所有对用户配置文件的修改都是在默认用户配置文件上进行的。默认的用户配置文件在所有基于 Windows 的计算机上都存在，该文件保存在"C:\用户\Default"隐藏文件夹中。当用户第一次登录到计算机上的时候，其用户配置文件的内容就是由 Default 文件夹中的内容和 C:\programdata 文件夹中的内容组成的。

2. 本地用户配置文件

当一个用户第一次登录到一台计算机上时创建的用户配置文件就是本地用户配置文件。一台计算机上可以有多个本地用户配置文件，分别对应于每一个曾经登录过该计算机的用户。域用户的配置文件夹的名字的形式为"用户名.域名"，而本地用户的配置文件的名字直接就是以用户命名。用户配置文件不能直接被编辑。要想修改配置文件的内容需要以该用户登录，然后手动地修改用户的工作环境如桌面、"开始"菜单、鼠标等，系统注销时会自动地将修改后的配置保存到用户配置文件中去。

查看当前计算机上的本地用户配置文件的操作如下。

步骤 1：右击客户机桌面上的"此电脑"图标，在弹出的快捷菜单中选择"属性"命令，打开系统信息显示窗口。单击"计算机名、域和工作组设置"区域中的"更改设置"链接，打开"系统属性"对话框（若已经登录域，则需要输入管理员用户名及密码），再单击"高级"选项卡，如图 10-31 所示。

步骤 2：单击"用户配置文件"选项中的"设置"按钮，打开"用户配置文件"对话框，如图 10-32 所示。

3. 漫游用户配置文件

在日常工作中，企业用户可能希望自己使用企业内部任何一台计算机都能够有自己所熟悉的工作环境。也就是说，因为工作需要（如因为开会需要动用会议室的临时计算机），企业员工使用不同的计算机登录时，在员工面前呈现的就是用户自己的桌面、共享文件夹等员

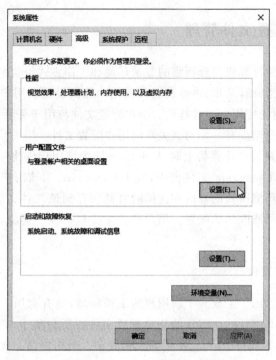

图 10-31 高级系统属性

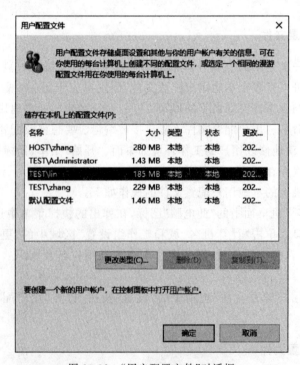

图 10-32 "用户配置文件"对话框

工自己的工作环境。换句话说,当一个用户需要在其他计算机上登录,并且每次都希望使用相同的工作环境时,只要用户名相同,就需要使用漫游用户配置文件。

　　该配置文件被保存在网络中的某台服务器上,并且当用户更改了其工作环境后,新的设置也将自动保存到服务器上的配置文件中,以保证其在任何地点登录都能使用相同的新工作环境。所有的域用户帐户默认使用的是该类型的用户配置文件。该文件是在用户第一次登录时由系统自动创建的。要创建漫游配置文件,请按照下列步骤操作。

　　步骤 1:先在服务器创建一个共享文件夹,并确定用户对该文件夹的共享权限至少要有"写入"文件权限。

　　步骤 2:在服务器管理器中选择"工具"/"Active Directory 用户和计算机"命令。

　　步骤 3:在"Active Directory 用户和计算机"窗口的右侧窗格中右击用户帐户,在弹出的快捷菜单中选择"属性"命令,在打开的属性对话框中选择"配置文件"选项卡。

　　步骤 4:在"配置文件路径"文本框指定存储漫游用户配置文件的位置,格式为"\\服务器名\共享名\用户名",如图 10-33 所示。

图 10-33　设置用户配置文件的位置

　　上述步骤完成后,当用户在网络任何一台计算机上登录域时,系统就会自动在 UNC 路径所指处建立一个空的漫游用户配置文件,此时用户的桌面设置是以"本地用户配置文件"或 Default 为准。而当用户注销时,其桌面设置以及所做的任何更改(如更改背景图形)就会被存储到此漫游用户配置文件内。以后该用户无论是到网络上的任何一台计算机登录域时,都会读取此漫游用户配置文件,并以此用户配置文件的内容来设置桌面环境。而当用户注销时,其环境的更改又被自动回存到此用户配置文件内。

　　注意:使用漫游用户配置文件的用户当第一次登录域时,这个存储在服务器端的漫游用户配置文件会自动复制到本地用户配置文件内。而当用户注销时,其环境的更改除了会被存储到服务器端的漫游用户配置文件的文件夹外,还会被存储到本地用户配置文件的文件夹内。用户下次再利用此计算机登录时,系统会比较服务器上的漫游用户配置文件与本机内的本地用户配置文件的新旧,哪个较新就使用哪一个。如果一样,则直接使用本地用户配置文件,以提高效率。

4. 强制用户配置文件

强制性用户配置文件不保存用户对工作环境的修改,当用户更改了工作环境参数之后,退出登录再重新登录时,工作环境又恢复到强制用户配置文件中所设定的状态。当需要一个统一的工作环境时该文件就十分有用。该文件由管理员控制,可以是本地的,也可以是漫游的用户配置文件,通常将强制性用户配置文件保存在某台服务器上,这样不管用户从哪台计算机上登录,都将得到一个相同且不能更改的工作环境,因此强制性用户配置文件有时候也被称为强制性漫游用户配置文件。

虽然用户所更改的设置并不会回存到服务器上的强制用户文件内,但是却会被存储到本机的本地用户配置文件内。下一次用户登录时,若服务器上的强制用户配置文件因故无法访问时,则会使用本地用户配置文件。

创建强制用户配置文件的过程与给用户指定一个预先设置好的漫游用户配置文件的方法相同,不过在创建完成后,还必须把在漫游配置文件夹内的 ntuser. dat 改为 ntuser. man。

5. 更改配置文件类型

当用户利用慢速媒介来连接网络时(如电话拨入),则其在登录时,可能会浪费很多的时间读取位于服务器上的漫游用户配置文件(或强制用户配置文件),因此若能够让用户直接读取位于本地用户配置文件,则能加快用户登录的速度。因此可以更改配置文件类型,步骤如下。

步骤 1:右击客户机桌面上的"此电脑"图标,在弹出的快捷菜单中选择"属性"命令,打开系统信息显示窗口。单击"计算机名、域和工作组设置"区域中的"更改设置"链接,打开"系统属性"对话框(若已经登录域,则需要输入管理员用户名及密码),再单击"高级"选项卡,如图 10-31 所示。

步骤 2:单击用户配置文件项中的"设置"按钮,打开"用户配置文件"对话框,如图 10-32 所示。

步骤 3:在"储存在本机上的配置文件"列表中,单击所需更改的用户配置文件,如 test\lin。

步骤 4:单击"更改类型"按钮,在弹出的如图 10-34 所示的对话框中选中需要更改的类型"漫游配置文件"或"本地配置文件"单选按钮,然后单击"确定"按钮。

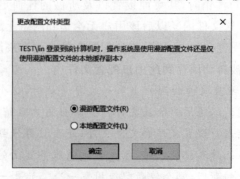

图 10-34　更改配置文件类型

10.3.3　管理客户机

将客户机添加到域中后,域控制器可以集中管理这些客户机,具体操作方法如下。

步骤 1:在"Active Directory 用户和计算机"窗口中依次打开左侧窗格中的目录树节点,单击 computers 选项,此时窗口右部区域显示所有加入域中的客户机。右击要管理的客户机,在弹出的快捷菜单(图 10-35)中可以完成如下操作。

① 禁用帐户:禁止在该客户机上使用域帐户登录域。

② 重置帐户:复位客户机上的域帐户。

③ 移动:将该计算机移动到左侧窗格的其他容器中。

④ 管理:对客户机进行远程管理。

⑤ 属性:可配置客户机的"隶属于""位置"及"管理者"等属性。

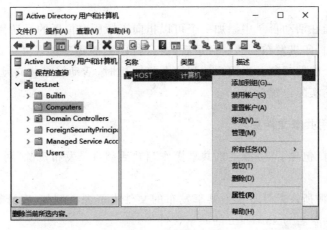

图 10-35　管理客户机

步骤 2:在快捷菜单中选择"管理"命令,将连接远程的计算机(需要将客户机防火墙关闭),打开如图 10-36 所示的"计算机管理"窗口,可对客户机进行各种管理。

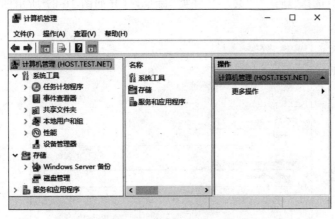

图 10-36　"计算机管理"窗口

注意：如果不能直接连接到远程计算机，可在"计算机管理"窗口中选择"操作"/"连接到另一台计算机"命令进行连接。

10.3.4　发布与使用资源

只有将共享资源发布到 Active Directory 上，网络用户才能通过 Active Directory 找到和访问这个共享资源。

1．资源类型

在域网络中，最常用的资源对象就是共享文件夹和共享打印机两种，这也是网络管理员经常管理的两类资源。

2．资源发布

资源发布是指在活动目录中添加一个可以指向资源所在位置的活动目录中的对象。例如，当将一台共享打印机发布到活动目录后，这台打印机的物理位置并未改变，只是在活动目录中添加了一个映射对象。当用户访问这台打印机时，活动目录将自动引导用户的作业输出到该打印机的实际位置。

3．发布和使用共享文件夹

资源在发布时，包含了"资源主机共享操作"和"活动目录发布资源"两大步骤，具体操作如下。

步骤 1：在资源所在的计算机上共享发布的文件夹资源。例如，在计算机名为 wlos 的计算机上有一个共享名为 software 的共享文件夹。

步骤 2：在域控制器中的服务器管理器中选择"工具"/"Active Directory 用户和计算机"命令，打开"Active Directory 用户和计算机"窗口。

步骤 3：在左侧窗格中选中要发布资源的位置，如组织单位 wl（可事前创建），右击，在弹出的快捷菜单中选择"新建"/"共享文件夹"命令，打开如图 10-37 所示的"新建对象-共享文件夹"对话框。

图 10-37　发布共享文件夹

步骤 4：在"名称"文本框中输入相应的内容（如 software），再输入网络路径的内容（格式为：\\资源主机名\共享名），单击"确定"按钮，完成资源对象的建立和发布。

步骤 5：要使用共享文件夹时，在已登录到域中的计算机上，如使用 Windows 10 系统，可以直接通过映射网络驱动器的方式连接到活动目录发布的共享文件夹。也可以打开"网络"对话框，选择"网络"/"搜索 Active Directory"命令，打开"查找 共享文件夹"对话框，如图 10-38 所示，在"查找"下拉列表中选择"共享文件夹"，在"范围"下拉列表中选择"整个目录"，在"名称"文本框中输入共享文件夹的共享名，然后单击"开始查找"按钮，将显示出共享文件夹的信息；或者不输共享名称，直接单击"开始查找"按钮，将显示出全部共享文件夹的信息。

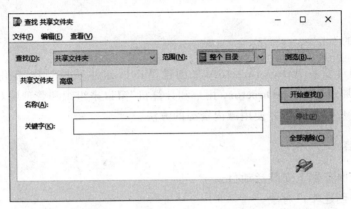

图 10-38   "查找 共享文件夹"对话框

4. 发布和使用共享打印机

利用活动目录发布及使用共享打印机的步骤如下。

步骤 1：在打印机所在计算机上安装打印机后，右击打印机图标，在弹出的快捷菜单中选择"打印机属性"命令，在"属性"对话框中选择"共享"选项卡，输入打印机的"共享名"，如图 10-39 所示。

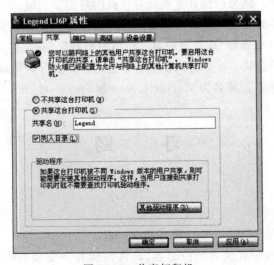

图 10-39   共享打印机

219

步骤 2：在如图 10-39 所示的对话框中选中"列入目录"复选框，单击"确定"按钮，完成打印机的发布；或者在域控制器上进行发布，方法与发布共享文件夹类似。

步骤 3：在使用共享打印机的计算机上打开如图 10-38 所示的对话框，在"查找"下拉列表中选择"打印机"选项，单击"立即查找"按钮，搜索已经发布到活动目录中的共享打印机并进行使用。

实　　训

1. 实训目的

（1）学会通过安装 Active Directory 来创建 Windows 主域控制器、备份域控制器及子域控制器，并且通过"Active Directory 用户和计算机"窗口来组织和管理域对象。

（2）掌握客户机加入域并使用域内资源的方法。

2. 实训内容

（1）在独立服务器上安装活动目录。

（2）在域中创建帐户对象。

（3）将工作站加入域。

（4）删除 Active Directory 域服务。

（5）设置漫游用户配置文件。

3. 实训要求

（1）主域控制器的安装。至少 3 台机器为一小组。每组要求中间的机器升级为域控制器，新域的 DNS 区域名分别为 test1.com，test2.com 等。

（2）客户机加入域。将另两台计算机以客户机的身份加入域。

（3）备份域控制器的安装。将 3 台机器中最左边的计算机升级为域中的第二台域控制器。安装活动目录时注意选择"现有域的第二台域控制器"。安装完成后查看其信任关系。

（4）子域控制器的安装。将 3 台机器中最右边的计算机升级为域中的子域控制器。安装完成后查看其信任关系。域名为 stu.test1.com 和 stu.test2.com。

习　　题

一、填空题

1. 目录树中的域通过_____关系连接在一起。

2. 第一个域服务器配置成为域控制器，而其他所有新安装的计算机都成为成员服务器，并且目录服务可以以后用_____命令进行特别安装。

3. 在 Windows 2019 域模式下,在_____中保存有集中的目录数据库。

二、选择题

1. 下列属于 Windows Server 2019 活动目录的集成性的管理内容是(　　)。
　　A. 用户和资源管理　　　　　　　　B. 基于目录的网络服务
　　C. 基于网络的应用管理　　　　　　D. 基于共享资源的服务
2. 用户帐户中包含有(　　)。
　　A. 用户的名称　　　　　　　　　　B. 用户的密码
　　C. 用户所属的组　　　　　　　　　D. 用户的权利和权限
3. 下面关于域的叙述中正确的是(　　)。
　　A. 域就是由一群服务器计算机与工作站计算机所组成的局域网系统
　　B. 域中的工作组名称必须都相同,才可以连上服务器
　　C. 域中的成员服务器是可以合并在一台服务器计算机中的
　　D. 以上都对
4. 安装活动目录的方法为(　　)。
　　A. "管理工具"/"配置服务器"
　　B. "管理工具"/"计算机管理"
　　C. "管理工具"/"Internet 服务管理器"
　　D. 以上都不是

三、简答题

1. 组与组织单位有什么不同?
2. 活动目录实际上是一个网络清单,包括网络中的域、域控制器、用户、计算机、联系人、组、组织单位及网络资源等各个方面的信息,使管理员对这些内容的查找更加方便。要查找目录内容,该如何操作?
3. 在计算机上新建一个用户后,如何添加 Administrator 桌面上的文件?
4. 如何用 Windows Server 2019 与 Windows 10 计算机进行域方式的互联?

项目 11　网络打印机的配置与管理

项目描述：某公司有几十台办公计算机，但只有两台相同型号的激光打印机。现在公司要求共享使用这两台打印机，以提高工作效率，降低办公费用；并要求具有很好地管理性，可靠性；要求方便使用，可实现本地、Intranet、Internet 打印并可自动适应不同的操作系统。

项目目标：通过学习，掌握网络打印机的概念、分类及应用场景；掌握网络打印机的安装、管理和使用方法。

网络打印机可通过打印服务器将打印机作为独立的设备接入局域网或 Internet，从而使打印机摆脱一直以来作为计算机外设的附属地位，使之成为网络中的独立成员，成为一个可与其并驾齐驱的网络节点和信息管理与输出终端，其他成员可以直接访问使用该打印机。利用 Windows Server 2019 系统可以配置为打印服务器，很方便地组织和管理网络打印机。网络管理员应当有能力建立起打印机系统的良好组织与管理机制。

任务 1　认知网络打印系统

任务描述：对于企事业单位的办公网络系统来说，网络打印不仅是一个资源共享的技术问题，还是一个组织和管理的问题。为了更好地管理和组织一个打印系统，首先应清楚地知道企事业中打印机的工作方式，其次应了解网络中打印设备的各种组织方式，这样才能合理部署办公网络系统中的打印系统。

任务目标：通过学习，除了应掌握网络打印管理的基本概念外，还应当知道企事业单位中网络打印机的主要工作方式，从而掌握企事业网络打印系统的正确部署方案，使所建立的打印系统具有良好的管理机制，提高办公效率。

11.1.1　打印系统的分类

自计算机大量应用以来，打印机就作为一种常见的外设出现在人们的视野里。但其使用成本相对较高，无法做到每台计算机都配备一台打印机。计算机局域网络大量应用以来，打印机就作为基本的共享资源，缓解了以上矛盾。目前，在网络中使用打印机有打印机共享、专用打印机和网络打印机 3 种方法。

1. 共享打印机

（1）应用方式：在操作系统中将打印机共享出去，其他用户在对等网络中直接使用，如

图 11-1 所示。

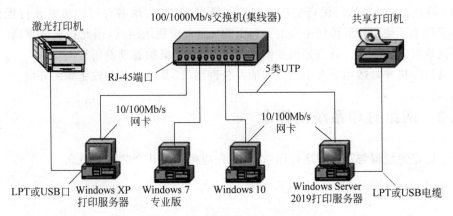

图 11-1   网络打印系统结构

（2）连接方法：将打印机直接连接到计算机的并口或 USB 口上，在计算机上安装本地打印机驱动程序、打印服务程序或打印共享程序，使之成为打印服务器。网络中的其他计算机通过添加"网络打印机"实现对共享打印机的访问。

（3）特点：这种方法的优点是连接简单，共享容易，成本低廉；缺点是对于充当打印服务器的计算机要求相对较高，无法满足高效打印的需求。一旦网络打印任务集中，就会造成主机性能下降，打印速度和质量也会受到影响。

共享打印机适用于小型办公室等场合。

2. 专用打印服务器

（1）应用方式：为了弥补共享打印机方式的不足，网络打印可采用专用服务器的方式。它与共享打印机的不同是使用了专用的打印服务器硬件，一般该硬件固化了网络打印软件，并包括 RJ-45 以太网接口、LTP 并行打印口或 USB 接口等。

（2）连接方法：将专用的打印机服务器用网线连接到交换机或集线器上，并将打印机通过 LTP 或 USB 端口连接到专用服务器上。在每台计算机上通过添加"网络打印机"实现对共享打印机的访问。

（3）特点：这种方法的优点是连接和设置简单，容易实现多台打印机的并行操作和管理，不会影响计算机的性能，性价比较高。其缺点是需要购置专用设备，维护管理成本较高。与共享打印机相似的是，发往打印机的速率与网络吞吐率和打印机处理能力相比，容易成为网络打印瓶颈。

专用打印服务器适用于具有多台打印机的中小型网络环境。

3. 网络打印机

（1）应用方式：网络打印机就是集成了网卡的打印机。其并不是计算机的外设，而是一台网络终端设备。

（2）连接方法：将网络打印机用网线直接连接到交换机或集线器上，并通过打印服务器对网络中的各台网络打印机进行管理。在每台计算机上通过添加"网络打印机"实现对共

223

享打印机的访问。

（3）特点：这种方法的优点是连接和设置简单，容易实现多台打印机的并行操作和管理。由于免去了使用较低传输带宽的并口 LTP，而直接使用网线，因此传输速率高，较好地解决了网络打印的瓶颈。缺点是需要购置网络打印机、维护管理费用较高。

网络打印机非常适用于大中型公司的办公网络，以及打印业务较密集的环境。

11.1.2　网络打印系统的概念

为了更好地理解与管理网络打印系统，首先应搞清楚几个常用的概念。

1. 打印设备

（1）本地打印设备：在 Windows 网络中通过 LTP、COM 或 USB 端口跟 Windows 工作站或服务器连接的打印设备，如本地打印机。

（2）网络打印设备：专指带有网络接口（如 RJ-45）的打印设备。它一般拥有 IP 地址，并通过网口直接连接到交换机或集线器上，而不是连接到计算机的本地端口上。

（3）网络打印机：通过网络远程使用的打印设备。它是指"本地打印机＋打印服务器＋网络打印管理软件"的统一体。

2. 打印服务系统

打印服务系统是指 Windows 网络中为网络用户提供打印服务的软、硬件的集合。其通常由打印设备、打印服务器和打印客户机等几部分组成，采用 C/S 工作方式。

3. 打印服务器

在实际工作中，为每个具有打印需求的用户配置一台打印机是不可能的。因此，在网络中，一般都会安装打印服务器来满足不同用户的打印需求。在 Windows 网络中，打印服务器是指安装了网络打印服务软件的专用设备或计算机。在本书中，是指安装了 Windows Server 2019 的计算机，启用了相应服务并安装了客户机所需的打印驱动程序。它可以管理多台打印机或打印服务器，并将打印机迁移到其他 Windows 打印服务器，或从中迁移出来。

4. 打印驱动程序

打印驱动程序是包含了 Windows Server 2019 转换打印命令为特殊的打印机语言所需要的信息的一个或多个文件，这个转换使打印设备可以打印文档。每种打印设备都有相应的打印驱动程序。

5. 因特网打印协议

简单地说，IPP 协议是一个基于 Internet 应用层的协议，它面向终端用户和终端打印设备。IPP 基于常用的 Web 浏览器，采用 HTTP 和其他一些现有的 Internet 技术，在 Internet 上从终端用户传送打印任务到支持 IPP 的打印输出设备中，同时向终端设备传送打印机的属性和状态信息。通过 IPP 打印设备，用户可通过 Internet 快速、高效地实现本地或远程打印,无须进行复杂的打印机安装和驱动安装。

6. IPP 打印输出设备的寻址和定位

IPP 打印输出设备可以是一台支持 IPP 协议的打印机,也可以是一台支持 IPP 协议的打印机服务器加上一台或几台打印机。由于需要支持 IPP 协议,IPP 打印输出设备与普通打印输出设备要有一定区别。实现它必须具有独立的内部处理器,同时还要有符合要求的存储器容量。再者它要具有接入 Internet 的网络接口,支持 Internet 的常用通信协议,同时还要支持 SNMP(简单网络管理协议),也支持 IP 地址自动网络分配。

支持 IPP 的打印设备连接到 Internet 后,将自动获得一个 IP 地址,成为 Internet 上的一个独立的终端设备。一个终端计算机可以通过浏览器寻址这台打印设备,寻址过程可以通过输入 IP 地址,也可通过输入打印机名称进行。如果此时这台打印设备开机并且在线,它将向寻址它的计算机返回打印机的属性信息,包括支持的打印介质类型、尺寸和是否支持彩色等。

7. 传送打印作业、打印机状态信息、取消打印作业

终端计算机将要打印的作业信息数据包(包括打印作业的名称、所使用的介质、打印分数、打印内容等)按照 IPP 协议进行编码,并按照协议发送到 IPP 打印设备中。IPP 打印设备将接收到的信息按照协议进行解码,并根据自己的属性解释生成打印内容。打印机在开始打印以前和打印过程中要向寻址它的终端计算机传送自己的状态信息,如耗材状态、介质状态等。目前的 IPP 终端计算机具有对 IPP 打印设备进行取消和终止已经开始的打印作业的控制功能。

8. Internet 打印实现过程

要实现 Internet 打印一般包括以下几步。

(1) 用户输入打印设备的 URL(统一资源定位符),通过 Internet 连接到打印服务器。

(2) HTTP 请求通过 Internet 发送到打印服务器。

(3) 打印服务器要求客户端提供身份验证信息,这样能够确保只有经过授权的用户才能在打印服务器上打印文件。

(4) 当用户获得授权可以访问打印服务器后,服务器使用活动服务器页(active server pages,ASP)向用户显示状态信息,其中包括有关当前空闲打印机的信息。

(5) 当用户连接 Internet 打印网页上的任何打印机时,客户端计算机首先尝试在本地寻找该打印机的驱动程序。如果没有找到适合的驱动程序,打印服务器将会生成一个 cabinet 文件(.cab 文件,又称 Setup 文件),其中包含正确的打印机驱动程序文件。打印服务器把.cab 文件下载到客户端计算机上。客户端计算机将提示用户允许下载该.cab 文件。

(6) 当用户连接到 Internet 打印机后,可以使用 Internet 打印协议(IPP)把文件发送到打印服务器。

9. 加密的通信过程

实现 IPP 打印的全过程中,所有打印信息都是通过 Internet 进行传输的,传输过程中可

能会发生打印内容被中途拦截和信息篡改现象,同时 IPP 打印设备大多数可能为公用设备,打印完成后也可能被非授权人非法取走,因此,IPP 充分考虑到了安全问题。由于 IPP 支持 HTTP 协议,所以可以支持所有 HTTP 上的安全协议,其中包括了 SSL(加密套接字协议),它实现了终端浏览器和服务器之间的安全信息交换。为避免非授权人非法取走打印内容,IPP 设备采用了在打印设备端输入密码后才能打印内容的方式,确保打印内容的安全打印。Internet 打印通信在打印服务器为 Internet 打印服务所配置的端口上使用 IPP 和 HTTP 或安全超文本传输协议(HTTPS)。因为 Internet 打印服务使用的是 HTTP 或 HTTPS,所以通常是端口 80 或 443。此外,因为 Internet 打印支持 HTTPS 通信,所以可以根据用户的 Internet 浏览器设置对通信进行加密。

11.1.3　网络打印系统的组织与配置

在用户使用网络打印设备之前,网络管理员必须合理地组织网络内的打印设备,只有设计合理的打印系统,才能充分发挥网络打印设备的最大功效。所谓设计网络打印设备的组织方式,用户应当根据本身的需求,酌情选择、设计适宜的打印系统的组织方式。

在微软网络中,"打印机"(逻辑打印机)与"打印设备"(物理打印机)之间有以下 4 种组织方式。

1. 一个"打印机"对应一台"打印设备"

一对一是指在打印服务器上添加一个"打印机"(共享),通过一个物理端口连接一台物理打印设备的组织方式。一对一的方式是最简单的连接方式,也是用户最常用的一种方式。

2. 一个"打印机"对应多台"打印设备"(即打印机池)

一对多是指如图 11-2 所示的"打印机池"的组织方式。

(1) 打印机池的定义:打印机池是指通过软件的设置连接到一个"打印机"上的一组物理打印设备。

(2) 连接形式:在打印机池中,在打印服务器的计算机上添加一个"打印机"(共享),并通过多个不同物理端口连接多台物理打印设备,这些物理打印设备应当具有相同功能,即应当为同一打印驱动程序支持。

(3) 特点:网络管理员可以通过管理一个"打印机"来管理多个功能相同的物理打印设备。当网络上有文件要打印时,"打印机池"会根据打印设备的使用状况来决定由哪台打印设备实施打印。例如,在如图 11-2 所示的系统中,已将 3 台打印设备连接到一台打印服务器的多个不同物理端口上,"打印服务器"中的"打印机"已被设置为"打印机池"状态。此时,如果有工作站要打印文件,而第 1 台和第 3 台打印设备都处于"忙碌"状态,则该打印机文件会被自动送往第 2 台打印设备上进行打印。

(4) 建立打印机池的目的。"打印机池"方式允许用户将打印文档输出到一个"打印机"上,并由假脱机处理程序来决定输出打印结果的具体打印设备。打印机池的引入使网络中

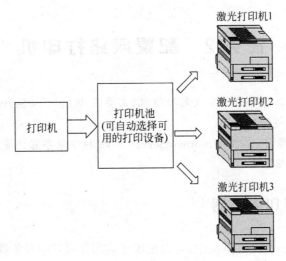

图 11-2　"打印机池"组成

的所有打印设备都能得到合理的利用,因而不会出现一台打印设备超负荷运行,而其他的打印设备却很空闲的现象。因此,建立打印机池的目的是均衡打印负荷,合理利用打印设备。

3. 多个"打印机"对应一台"打印设备"

多对一是指多个"打印机"名称与一个物理打印设备相对应的方式。

(1) 连接形式：在图 11-1 所示的系统中,在打印服务器的计算机上添加多个"打印机"(共享),这些打印机通过同一个物理端口连接同一台物理打印设备。

(2) 特点：这种方式的最大特点是可以使用户在只有一台打印设备的情况下,满足不同用户对打印优先级和打印时段的不同需求,即让同一台物理打印设备处理多个"打印机"送来的文件。因此,通过这种方式管理员可以实现对多个用户不同优先级和时段的控制。

4. 混合方式

混合方式指的是上述几种方式的组合方式,即一对一、一对多或多对一的混合方式。管理员可根据实际需要灵活组织和建立起网络的打印服务子系统。

此外,在 Windows Server 2019 网络中安装和配置打印的要求有以下几个方面。

(1) 网络中至少有一台计算机作为打印服务器。如果打印服务器管理多台任务繁重的打印机,则需要设置专门的打印服务器。

(2) 足够的内存。如果一台打印服务器管理大量打印任务或文档,这台服务器可能需要增加额外的内存。否则,打印性能与主机性能会降低。

(3) 足够的磁盘空间,以确保 Windows Server 2019 打印服务器可以存储打印文档和其他的打印数据,直到打印服务器发送这些数据到打印设备,这在打印文档大量积累时很重要。如果没有足够的空间容纳所有的文档,用户会得到错误信息,而且不能打印。

227

任务 2　配置网络打印机

任务描述：某企业新增了一台激光打印机，需要在 Windows Server 2019 中将其共享，实现通过网络在线打印的功能。

任务目标：通过学习，掌握 Windows Server 2019 打印服务器的安装、配置及测试方法，实现本地打印机的网络共享。

11.2.1　安装打印服务器

在 Windows Server 2019 系统中，可以把服务器配置成打印服务器角色，当然不一定要使用域控制器角色，随便在一台安装有 Windows Server 2019 系统的计算机上配置即可。具体配置步骤如下。

步骤 1：在服务器管理器仪表板工作区单击"添加角色和功能"链接，出现"开始之前"对话框，在此对话框中提示了一些应提前完成的任务。确认无误后，单击"下一步"按钮。

步骤 2：在"安装类型"对话框中可以选择是在物理机还是在虚拟机安装，在此可选择"基于角色或基于功能的安装"，即在本地物理机上安装本服务，然后单击"下一步"按钮。

步骤 3：在"选择服务器"对话框中可以先选择在物理硬盘还是虚拟磁盘上安装，然后在服务器池列表中选择服务器，在此可选择"从服务器池中选择服务器"选项，即在物理硬盘上安装，在服务器池中选定服务器后，单击"下一步"按钮。

步骤 4：在"选择服务器角色"对话框中，在角色列表中选中"打印和文件服务"选项，将弹出提示窗口，单击"添加功能"按钮，再选中相关选项，然后单击"下一步"按钮。

步骤 5：在"功能"对话框中，可根据需要在功能列表中选中相关功能，在此可直接单击"下一步"按钮继续。

步骤 6：在"打印和文件服务角色"对话框中简单介绍了一些服务的功能及注意事项，在此可直接单击"下一步"按钮继续。

步骤 7：在"选择角色服务"对话框中可以选中"Internet 打印"和"LPD 服务"选项。由于 Internet 打印需要 IIS 支持，在弹出的对话框中单击"添加功能"按钮添加相关功能，如图 11-3 所示。然后单击"下一步"按钮。

- LPD 服务是使基于 UNIX 的计算机或使用 Line Printer Remote(LPR)服务的其他计算机可以打印到此服务器上的共享打印机。
- Internet 打印是用于创建用户可以管理服务器上打印工作的网站。它可以使已安装 Internet 打印客户端的用户通过 Internet 打印协议(IPP)使用 Web 服务器连接，并输出到此服务器上的共享打印机。

步骤 8：若之前没有安装 Web 服务器，则将出现简单介绍 Web 服务功能的窗口，在此可直接单击"下一步"按钮继续。若之前安装了 Web 服务器，则会出现"确认"对话框。

步骤 9：由于 IIS 支持的功能较多，在"角色服务"对话框中可进一步选中需要用到的功能。若只需要基本功能，可直接单击"下一步"按钮。

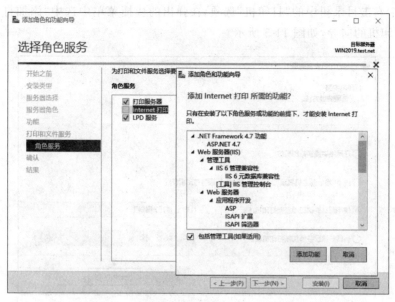

图 11-3　功能选择

步骤 10：在"确认"对话框中显示出安装的服务及工具。如果有需要，还可以单击"导出配置设置"及"指定备用源路径"链接进行设置，然后单击"安装"按钮开始安装。

步骤 11：在"安装进度"对话框中可以显示出安装进度及安装结果，安装完成后单击"关闭"按钮即可。

11.2.2　安装本地打印机

要实现网络打印，首先要保证打印机工作正常。在 Windows 网络中，安装本地打印机的方法很多，可以使用控制面板来添加，也可以使用 Windows 的即插即用功能来添加。在 Windows Server 2019 添加打印机的步骤如下。

步骤 1：用打印电缆将打印机连接到计算机的相应端口上，并打开打印机电源。

步骤 2：依次单击服务器管理器中的"工具"/"打印管理"菜单，打开"打印管理"窗口，展开窗口左侧栏中的目录树，如图 11-4 所示。

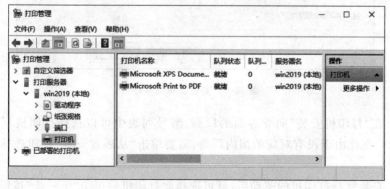

图 11-4　"打印管理"窗口

步骤 3：右击目录树中的"打印机"选项，在弹出的快捷菜单中选中"添加打印机"命令，出现添加打印机的向导，如图 11-5 所示。

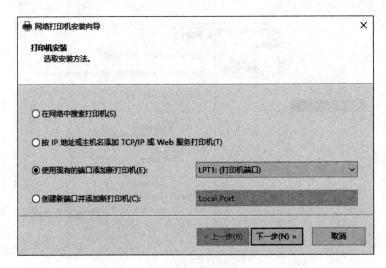

图 11-5　添加打印机

步骤 4：单击"使用现有的端口添加新打印机"单选按钮，在其后的下拉列表中选择打印机连接到的计算机的端口，单击"下一步"按钮。

步骤 5：在"打印机驱动程序"向导界面中选择"安装新驱动程序"选项，如图 11-6 所示，单击"下一步"按钮。

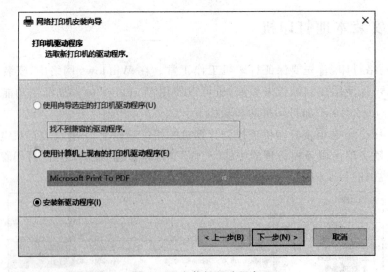

图 11-6　安装新驱动程序

步骤 6：在"打印机安装"向导界面的厂商、型号列表中可以选择打印机厂商、型号，如图 11-7 所示。在此由于没有对应的国内厂商，需要单击"从磁盘安装"按钮选择从其他位置安装驱动。

步骤 7：安装完新打印机的驱动后，就可选择此打印机后单击"下一步"按钮，在"打印机

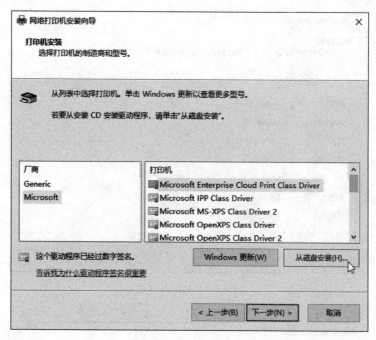

图 11-7　安装驱动程序

名"文本框中可以修改打印机的名称,如图 11-8 所示。如果要共享此打印机,则需选中此复选框,并可在"共享名称"文本框中修改共享名,在"位置"和"注释"文本框中输入相应内容。

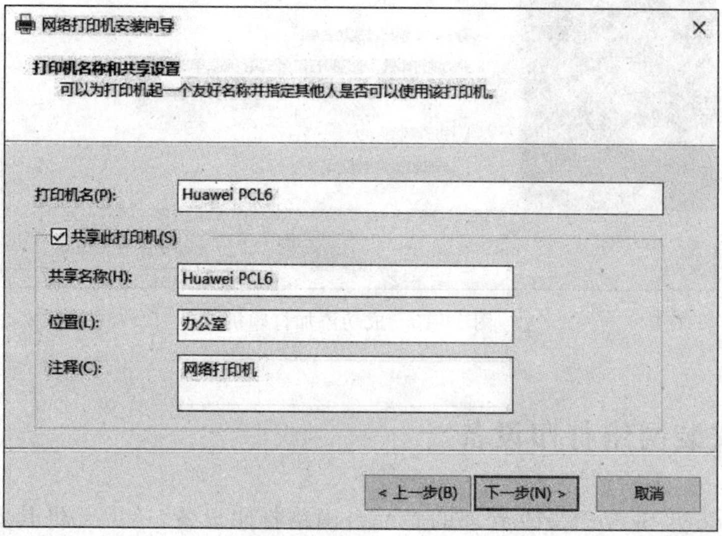

图 11-8　修改打印机名称

步骤 8:单击"下一步"按钮,将显示出此打印机的有关摘要信息,如图 11-9 所示。

步骤 9:单击"下一步"按钮,出现成功添加的界面。若要"打印测试页",则可以选中该复选框,最后单击"完成"按钮,完成打印机的添加,如图 11-10 所示。

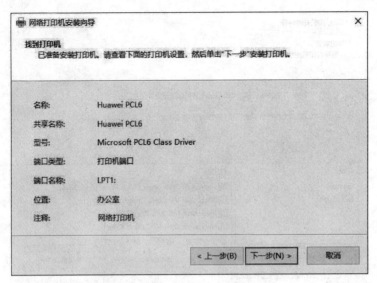

图 11-9　共享打印机

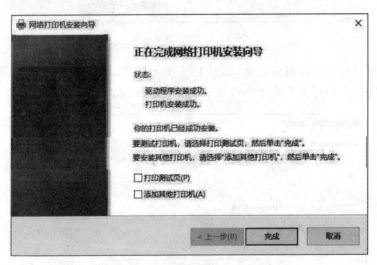

图 11-10　成功添加打印机

11.2.3　安装网络打印设备

如果 Windows Server 2019 管理的是一台网络打印设备,还需要将其安装到系统中。安装网络打印设备的方法与安装本地打印机方法大致相同,主要区别是对于一般的网络打印设备,需要额外的端口和网络协议信息。具体安装步骤如下。

步骤 1:正确把打印机、网络打印设备和计算机连接起来,并打开打印机与网络打印设备电源。

步骤 2:在服务器管理器中选择"工具"/"打印管理"命令,打开"打印管理"窗口,展开窗口左侧栏中的目录树,右击"打印机"选项,在弹出的快捷菜单中选择"添加打印机"命令,出现添加打印机的向导。

　　步骤 3：在添加打印机向导对话框中可选择"在网络中搜索打印机"或"按 IP 地址或主机名添加 TCP/IP 或 Web 服务打印机"选项。在此选择"按 IP 地址或主机名添加 TCP/IP 或 Web 服务打印机"选项，单击"下一步"按钮。

　　步骤 4：在"打印机地址"向导界面中，需要在"主机名称或 IP 地址"文本框中输入网络打印设备的 IP 地址或设备名，在"端口名"文本框中输入相应内容，如图 11-11 所示，然后单击"下一步"按钮。

图 11-11　输入 IP 地址

　　步骤 5：单击"下一步"按钮，将出现如图 11-8 所示的"打印机名称和共享设置"向导界面，参考前述步骤即可完成网络打印设备的添加。

11.2.4　使用网络打印机

　　经过配置，与打印设备物理相连的计算机就成了打印服务器，网络上的其他计算机若要使用这台服务器上的共享打印机，则必须先连接到共享打印机才能使打印机输入打印作业。连接到网络打印机的方法有很多：可以通过网上邻居连接到网络打印机，也可以通过 Web 浏览器连接到网络打印机，还可以通过"运行"对话框连接到网络打印机，更可以使用添加打印机向导连接到网络打印机。

　　从一台运行 Windows 10 操作系统的客户机上，使用添加打印机向导连接到网络打印机的具体步骤如下。

　　步骤 1：打开"控制面板"中的"设备和打印机"对话框，单击如图 11-12 所示对话框中的"添加打印机"按钮，将出现添加打印机的向导。

　　步骤 2：系统将首先搜索可识别的打印设备，如图 11-13 所示。如果在设备列表框中没有显示出需要的设备，单击"我所需的打印机未列出"链接，则弹出"按其他选项查找打印机"对话框。在此可以根据用户的实际环境确定连接到打印机的方式，不同连接方式的界面稍有不同，例如，可以选择"按名称选择共享打印机"单选按钮，如图 11-14 所示，在文本框中输入 URL 路径或单击"浏览"按钮查找。

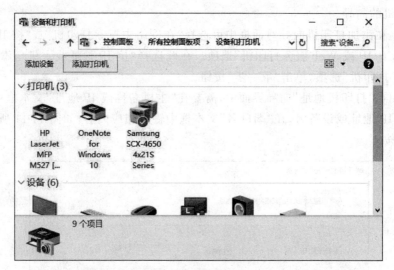

图 11-12　添加打印机

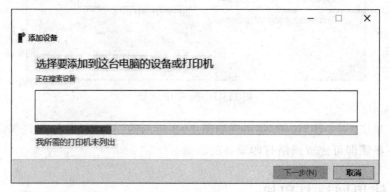

图 11-13　搜索打印机

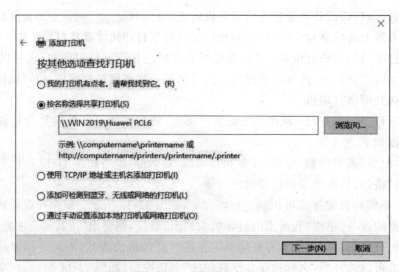

图 11-14　选择共享打印机

步骤 3：单击"下一步"按钮，若是首次连接打印服务器，则会出现验证用户名和密码的对话框，输入合法的用户名和密码后，单击"确定"按钮。可以看到已成功添加并提示驱动程序的安装状态，如图 11-15 所示。

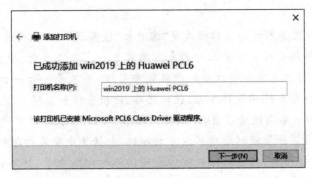

图 11-15   添加成功

步骤 4：单击"下一步"按钮，将再次提示已经成功添加打印机，如图 11-16 所示，在此可以设置(选中)是否设为默认打印机，也可以单击"打印测试页"按钮检查打印机是否正常工作。

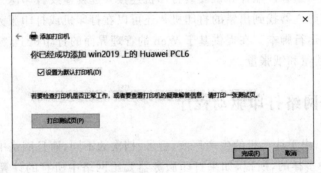

图 11-16   添加完成

步骤 5：单击"完成"按钮，结束网络打印机的添加。在 Windows 10 系统的"设备和打印机"窗口中将看到添加的网络打印机，如图 11-17 所示。该客户机可以通过访问此网络打印机完成打印作业。

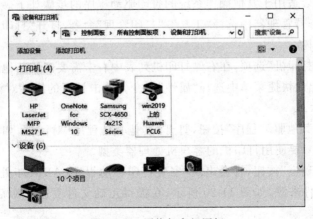

图 11-17   网络打印机图标

任务 3　管理网络打印机

任务描述：打印服务系统的工作模式是"客户机/服务器"(C/S)模式，因此，打印客户机的安装与管理也是网络管理员日常工作的基本内容之一。在很多大、中型网络中经常拥有多台打印设备，网络管理员需要将这些打印机集中管理，而不是一台一台共享。另外，管理员要熟练掌握网络打印系统的设计方案、设计思路、应用条件和实现方法。

任务目标：作为一名系统管理员，不仅要对网络中的打印机非常熟悉，而且要知道如何通过不同的方法来设置和管理网络中的众多打印机，包括集中安装打印机驱动程序，设置默认选项，处理网络打印信息，配置打印机池和管理网络打印作业等，这不仅有利于减少管理员自己的网络维护工作量，而且极大地方便了网络用户对网络打印机的使用，减少打印错误。

"打印管理"提供有关网络上的打印机和打印服务器状态的最新详细信息。可以使用"打印管理"同时为一组客户端计算机安装打印机连接并远程监视打印队列。"打印管理"可以帮助管理员使用筛选器找到出错的打印机。还可以在打印机或打印服务器需要关注时发送电子邮件通知或运行脚本。在提供基于 Web 的管理界面的打印机上，"打印管理"可以显示更多数据，如墨粉量和纸张量。

11.3.1　安装网络打印驱动程序

在实际工作中，由于计算机的生产厂商、型号、档次的不同，而且网络中各计算机安装的操作系统也是多种多样的，所以，如果打印服务器要给网络中所有的计算机提供打印服务时，则需要在打印服务器上安装用于网络内部各种操作系统的打印驱动程序，只有这样，当接受来自一台客户计算机的第一次打印请求时，会把相应的驱动程序下载到客户机并自动安装，无须用户干预。在 Windows Server 2019 打印服务器上第一次安装打印机的时候，系统会要求安装 For Windows Server 2019 的打印驱动，而适用于其他操作系统的驱动程序则需要另行安装。安装适用于其他操作系统的打印驱动程序的步骤如下。

步骤 1：在服务器管理器中选择"工具"/"打印管理"命令，打开"打印管理"窗口，展开窗口左侧栏中的目录树。

步骤 2：选中"打印机"选项，在右侧打印机列表中右击需要安装其他打印驱动程序的打印机的图标，在弹出的快捷菜单中选择"属性"命令。单击打开的属性对话框的"共享"选项卡，如图 11-18 所示。

步骤 3：单击"其他驱动程序"按钮，打开"其他驱动程序"对话框，如图 11-19 所示。在列表框中选择（选中）要使用打印机的客户机处理器类型。

步骤 4：单击"确定"按钮，将会出现"安装打印驱动程序（ARM64 处理器）"对话框，提示提供驱动程序文件来源，如图 11-20 所示，在提供正确文件复制来源后单击"确定"按钮即可。

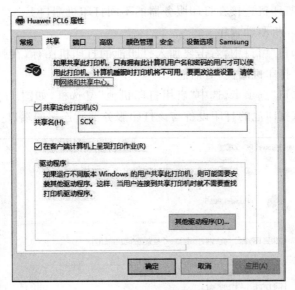

图 11-18 设置打印机属性

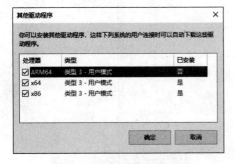

图 11-19 安装其他驱动程序

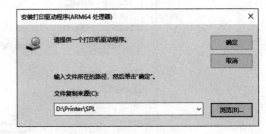

图 11-20 文件复制

11.3.2 管理网络打印机属性

在打印文件之前,一般要对打印机的属性进行设置,只有设置合适的打印机属性,才能获得需要的打印效果。

1. 配置打印池

所谓打印池是指将多台打印机组成一个打印机的集合,统一管理和使用。当客户计算机向打印服务器提交打印作业时,打印服务器会自动从多台打印机中选择一台打印机来打印该作业,当再有其他打印作业提交时,打印服务器再从打印池中选择一台空闲打印机打印该作业。打印池实现了多台打印机同步工作,大幅提高了打印速度。需要注意的是,组成打印池的所有打印机必须是同一品牌同一型号的打印机,不同品牌不同型号的打印机不能配置为打印池。

在 Windows Server 2019 系统中,配置打印池的步骤如下。

步骤1：将多台打印机连接在打印服务器的不同打印机端口上。

步骤2：安装打印机驱动程序。

步骤3：在"打印机"窗口中，右击要加入打印池的打印机图标，在弹出的快捷菜单中选择"属性"命令，打开"打印机属性"对话框。

步骤4：单击"端口"选项卡，选中"启用打印机池"复选框，如图11-21所示。在"端口"列表中选择要加入该打印池的打印设备与该打印服务器所连接的端口。

图 11-21　配置打印池

步骤5：单击"确定"按钮完成操作。

2. 配置打印优先级

所谓"打印优先级"是指网络中的不同用户对同一台打印机有不同的优先使用权，当多个用户同时向同一台打印机提交打印作业时，优先级高的用户可以优先打印自己的文档。比如，某公司内部只有一台高速打印机，公司内的普通员工和管理人员都喜欢用这台打印机来打印文件，为了保证管理人员的紧急文档能够优先打印，需要配置打印优先级。要实现这一功能，管理员首先对这台物理打印机安装两个逻辑打印机（通过安装两遍驱动程序或添加两次打印机实现），并对两个逻辑打印机设置不同的打印优先级，如一个设为1（低），另一个设为99（高）。然后，给公司的管理人员赋予使用高优先级打印机的权限，而给普通员工赋予使用低优先级打印机的权限，则当普通员工的文档和管理人员的紧急文档同时提交时，管理人员的文档会优先打印，普通员工的文档由于优先级低而后打印。

在 Windows Server 2019 系统中配置打印优先级的步骤如下。

步骤1：为同一台打印机安装两遍打印机驱动程序（安装过程及设置完全相同），安装后会出现两个逻辑打印机,如图 11-22 所示。打印机的名称有所区别,在设置共享名时也要不同。

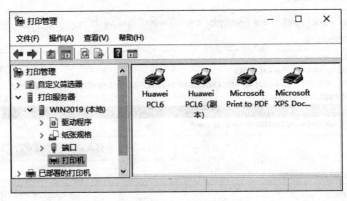

图 11-22　添加逻辑打印机

步骤 2:为两个逻辑打印机设置不同的优先级。右击要设置优先级的打印机的图标,在弹出的快捷菜单中单击"属性"命令,单击打开的属性对话框中的"高级"选项卡。

步骤 3:在"优先级"后设置适当的优先级,例如本台逻辑打印机设置为 1,如图 11-23 所示,而将另一台逻辑打印机的优先级设置为 99。

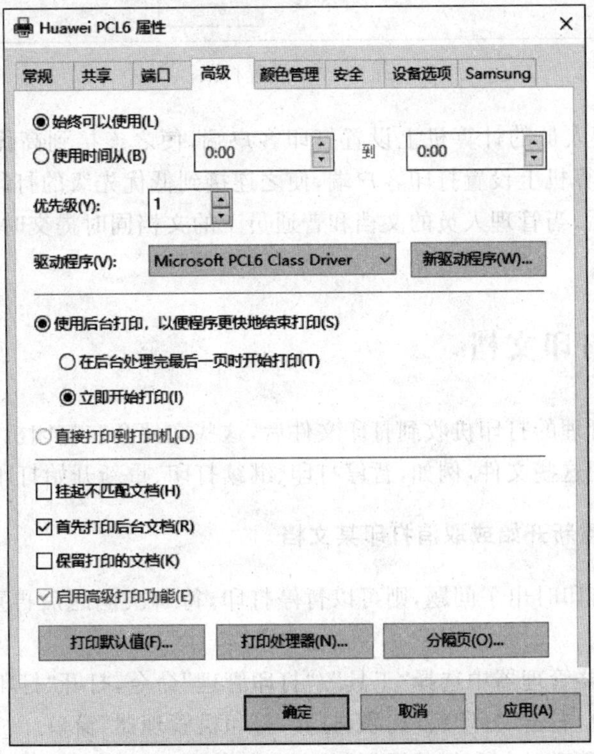

图 11-23　设置优先级

步骤 4:单击属性对话框中的"安全"选项卡,给管理人员的帐户赋予打印权限,如图 11-24 所示,则管理人员有权使用高优先级的打印机。同理,给普通员工的帐户赋予使用另一个优先级的打印机的权限。

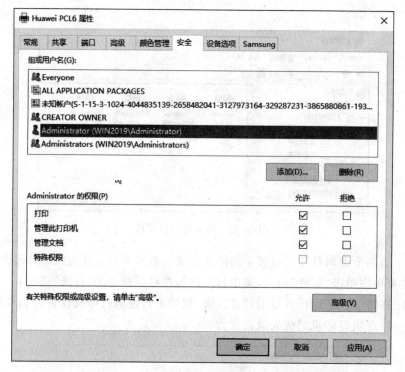

图 11-24　设置权限

步骤 5：在管理人员的计算机上设置打印客户端，使之连接到高优先级的打印机。同理，在普通员工的计算机上设置打印客户端，使之连接到低优先级的打印机。

完成以上设置后，当管理人员的文档和普通员工的文档同时提交时，管理人员的文档会优先打印。

11.3.3　管理打印文档

当打印服务器管理的打印机收到打印文件后，这些文件会在打印机内排队等待打印，而网络管理员可以管理这些文件，例如，暂停打印、继续打印、重新开始打印或取消打印等。

1. 暂停、继续、重新开始或取消打印某文档

如果某文档在打印时出了问题，则可以暂停打印，待解决问题后再重新打印，或者取消打印，操作步骤如下。

步骤 1：在服务器管理器中选择"工具"/"打印管理"命令，打开"打印管理"窗口，展开窗口左侧栏中的目录树，右击"打印机"选项，打开"打印机管理器"窗口。

步骤 2：右击要管理的打印机的图标，然后在快捷菜单中选择"打开打印机队列"命令，打开打印机正在打印的文档管理窗口，如图 11-25 所示。

步骤 3：右击列表中要处理的文档，在弹出的快捷菜单中可以选择"暂停""继续""重新启动"或"取消"命令。

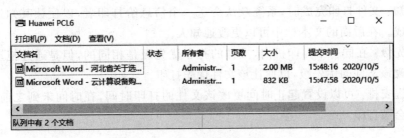

图 11-25 正在打印的文档管理窗口

2. 暂停、继续或取消打印所有文档

如果打印设备或者打印机出了问题,则可以暂停打印所有文档,待解决问题后再重新打印或者取消打印。方法是在打印机打印文档管理窗口中单击"打印机"菜单,在下拉菜单中可以选择"暂停打印"或"取消所有文档"命令。

也可以选择"脱机使用打印机"命令来暂停打印机。暂停后即使打印服务器关机再重新启动,那些正在等待打印的文件也不会被删除。

3. 设置通知人、优先级和打印时间

可以针对正在等待打印的文件设置其打印完成后的通知人、打印优先级与打印时间。方法是在"打印机打印文档管理"对话框中右击列表中要设置的文档,在弹出的快捷菜单中选择"属性"命令,单击"常规"选项卡,在此对话框中可以设置"通知""优先级"或"日程安排",如图 11-26 所示。

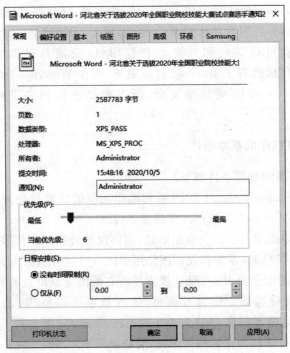

图 11-26 文档属性

241

- 通知：文件打印完成时，系统默认会送一个信息给打印者，以便让其知道文件打印完成。在后面的文本框中可以更改通知人。
- 优先级：在同一个打印机内，文件的打印优先级是相同的，但是通过拖动滑块可以更改该文件的优先级，以便让该文件优先打印。
- 日程安排：可以设置起止时间更改该文件的打印时间，在时间未到之前，该文件并不会被打印。

任务 4 Internet 打 印

任务描述：如果网络用户出差在外或在家办公，也想使用网络中的打印机，这就需要使用基于 Web 浏览器方式的 Internet 打印，能极大方便远程用户。对于局域网中的用户来说，可以避免登录到"域控制器"的烦琐设置与登录过程；对于 Internet 中的用户来讲，基于 Internet 技术的 Web 打印方式是现有使用远程打印机的唯一途径。

任务目标：通过学习，网络管理员应熟悉实现 Internet 打印的流程，掌握在 Internet 中的打印服务器和打印客户机的管理技术。

11.4.1 设置 Internet 打印服务器

局域网中通过打印机共享来实现打印资源的合理利用，通过在 Windows Server 2019 下配置 Internet 打印服务也可以在 Internet 这个最大的网络中实现打印机共享服务。随着 IPP(Internet printing protocol，因特网打印协议)的完善，任何一台支持 IPP 协议的打印机只要连接到因特网上，并且拥有自己的 Web 地址，那么，因特网上的计算机只要知道这台打印机的 Web 地址，就可以访问和共享此台打印机，完成自己的打印作业。其实，在 Windows 2000 的时代已经有了 Internet 打印服务，而在 Windows 2019 中，这个功能得到了完善提高。Windows 2019 更注重安全，所以需要进行相关设置，才能更好地实现 Internet 打印服务。

1. 实现 Internet 打印的基本条件

使用 Internet 打印的必要条件如下。

(1) 要使运行 Windows Server 2019 系列操作系统的计算机处理包含 URL 的打印作业，计算机必须运行 Microsoft Internet 信息服务(IIS)。

(2) Internet 打印使用 IPP 作为底层协议，该协议封装在用作传输载体的 HTTP 内部。当通过浏览器访问打印机时，系统首先试图使用 RPC 进行连接，因为 RPC 快速而且有效。

(3) 打印服务器的安全由 IIS 保证。要支持所有的浏览器以及所有的 Internet 客户，管理员必须选择基本身份验证。作为可选项，管理员也可以使用 Microsoft 质询/响应或 Kerberos 身份验证，这两者都被 Microsoft Internet Explorer 所支持。

(4) 可以管理来自任何浏览器的打印机，但是必须使用 Internet Explorer 4.0 或更高版本的浏览器才能连接打印机。

（5）从 Web 浏览器安装或管理网络打印机，应当满足的 URL 格式是：http://打印服务器的 FQDN 或 IP 地址/printers。

2. 安装 Internet 打印服务器

Windows 系列操作系统通过 IIS 的 ASP 解析功能、文件和打印共享服务提供 Internet 打印服务，安装 Internet 打印服务器的过程包括服务器端 IIS 和打印的安装配置，服务器提供 Internet 打印服务，用户通过 Internet 连接 Internet 打印服务器完成打印作业。Windows 桌面系统也内置 IIS 和 Internet 打印服务功能，不过桌面系统有同时只能 10 个用户连接到服务器的限制，不是理想的打印服务器平台。在此以 Windows Server 2019 为例，说明 Internet 打印服务器的安装和配置过程。

Internet 打印服务依赖 IIS，应先安装 IIS，再安装 Internet 打印服务。在 Windows Server 2019 操作系统中，"Internet 打印"是"打印和文件服务"的一个附加角色服务，它们跟"Web 服务（IIS）"一样，是不被默认安装的。如果在安装"打印和文件服务"的时候没有安装"Internet 打印"，就需要在"服务器管理器"中给"打印和文件服务"添加角色。查看服务是否被安装的方法是打开服务器管理器控制台，选中窗口左侧目录中的"本地服务器"选项，看其是否在右侧窗口的"角色和功能"列表中，如图 11-27 所示。

图 11-27　安装状态

安装"Internet 打印"的方法是在服务器管理器的仪表板功能中单击"添加角色和功能"链接，将会启动"添加角色和功能向导"对话框，在向导中选中"Internet 打印"复选框，单击"下一步"按钮后，将提示其所关联的角色服务和功能。单击"添加必需的角色服务"按钮后，再单击向导中的"下一步"按钮，在为打印和文件服务选择要安装的角色服务时一定要选中"Internet 打印"选项，如图 11-28 所示，再单击"下一步"按钮，即可一步一步按照提示完成安装。

3. 管理打印服务器

Internet 打印服务的安全管理非常重要，配置安全性是配置打印服务器的重点，通过配

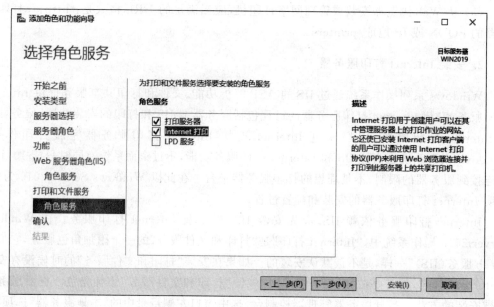

图 11-28　添加角色服务

置身份验证和 IP 地址及域名限制来实现不同网络用户对打印机的不同访问权限,配置打印服务器的安全性需要使用"Internet 服务(IIS)管理器"来进行。

(1) 配置身份验证。具体设置步骤如下。

步骤 1:展开"Internet Information Services(IIS)管理器"窗口左侧目录树,单击 Default Web Site 下的 Printers 虚拟目录,打开"Printers 主页",如图 11-29 所示。

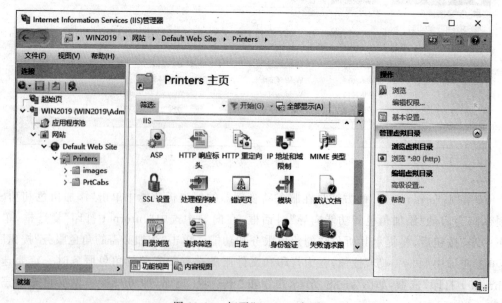

图 11-29　打开"Printers 主页"

步骤 2:双击"Printers 主页"中的"身份验证"图标,打开身份验证列表,如图 11-30 所示。可以右击身份验证列表中的某种要使用的身份验证方法,然后在弹出的快捷菜单中选择"启用/禁用"或"编辑"命令进行相应设置。

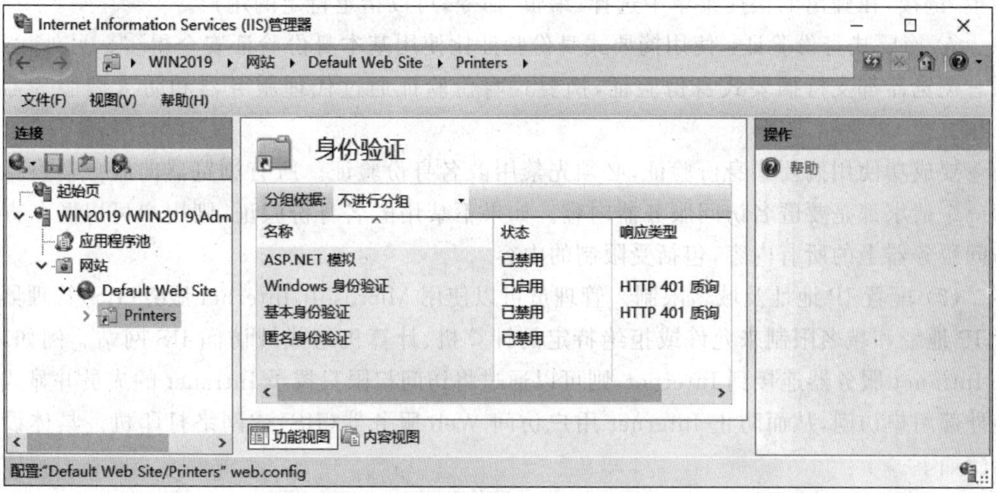

图 11-30 设置身份验证

具体的验证方法如下。

① 匿名身份验证：在使用匿名访问时，IIS 会通过使用匿名用户帐户（默认情况下此帐户是 IUSR）自动登录。不需要向客户端浏览器提供用户名和密码质询。

② 基本身份验证：使用基本身份验证可以要求用户在访问内容时提供有效的用户名和密码。所有主要的浏览器都支持该身份验证方法，它可以跨防火墙和代理服务器工作。基本身份验证的缺点是它使用弱加密方式在网络中传输密码。只有当知道客户端与服务器之间的连接是安全连接时，才能使用基本身份验证。

如果使用基本身份验证，请禁用匿名身份验证。所有浏览器向服务器发送的第一个请求都是要匿名访问服务器内容。如果不禁用匿名身份验证，则用户可以匿名方式访问服务器上的所有内容，包括受限制的内容。

在使用基本身份验证时，会提示提供登录信息，并将用户名和密码通过网络以明文形式发送。此身份验证方法的安全性级别比较低，因为有网络监视工具的人可能会截取到用户名和密码。但是，大多数 Web 客户端都支持这种身份验证。如果希望能够从任何浏览器管理打印机，请使用此身份验证方法。右击"基本身份验证"链接，在弹出的快捷菜单中选择"编辑"命令，可以指定用户帐户的默认域。

③ Windows 身份验证：Windows 身份验证既可以使用 Kerberos v5 身份验证协议，也可以使用自己的质询/响应身份验证协议。此身份验证方法更安全。但是，只能在 Intranet 环境中使用这种方法，此验证能够在 Windows 域上来对客户端连接进行验证。

④ ASP.NET 模拟：如果要在非默认安全上下文中运行 ASP.NET 应用程序，可使用 ASP.NET 模拟身份验证。

如果对某个 ASP.NET 应用程序启用了模拟，那么该应用程序可以运行在以下两种不同的上下文中：作为通过 IIS 身份验证的用户或作为设置的任意帐户。例如，如果用户使用的是匿名身份验证，并选择作为已通过身份验证的用户运行 ASP.NET 应用程序，那么该应用程序将在为匿名用户设置的帐户（通常为 IUSR）下运行。同样，如果用户选择在任意帐户下运行应用程序,则它将运行在为该帐户设置的任意安全上下文中。右击"ASP. NET模拟"链接,在弹出的快捷菜单中选择"编辑"命令,可以指定特定的用户。

⑤ 摘要式身份验证:使用摘要式身份验证比使用基本身份验证安全得多。另外,当今所有浏览器都支持摘要式身份验证,摘要式身份验证通过代理服务器和防火墙服务器来工作。

要成功使用摘要式身份验证,必须先禁用匿名身份验证。所有浏览器向服务器发送的第一个请求都是要匿名访问服务器内容。如果不禁用匿名身份验证,则用户可以匿名方式访问服务器上的所有内容,包括受限制的内容。

(2) 配置 IP 地址及域名限制。管理员可以使用 Microsoft Internet 服务(IIS)管理器设置 IP 地址和域名限制来允许或拒绝特定的计算机、计算机组或域访问 IIS 网站。例如,如果 Intranet 服务器连接到 Internet,则可以通过将访问权限只授予 Intranet 的成员并显式拒绝外部用户访问,从而防止 Internet 用户访问 Web 服务器(IIS)或网络打印机。具体设置步骤如下。

步骤 1:在如图 11-29 所示的"Printers 主页"中双击"IP 地址和域限制"图标。

注意:"IP 地址和域限制"功能不是被默认安装的。如果要设置此功能,需要添加 Web服务器(IIS)的角色功能。

步骤 2:在如图 11-31 所示窗口右侧的"操作"窗格中单击"添加允许条目"链接。

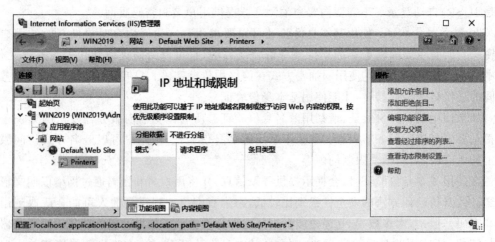

图 11-31 IP 地址及域名限制

步骤 3:在"添加允许限制规则"对话框中,如图 11-32 所示,可以选择"特定 IP 地址"或"IP 地址范围"选项,在对应的文本框中输入 IP 或域名内容后,单击"确定"按钮。

11.4.2 通过 Web 浏览器管理打印机

利用 Windows 提供的 Internet 打印协议(IPP),使网络打印机的使用与管理更加简单而方便。通过 Web

图 11-32 添加允许限制规则

浏览器可以让用户直接将打印作业通过 Intranet 或 Internet 打印到任何打印主机上,并且可以自动生成 HTML 格式的打印作业信息,用户可以在浏览器上查看和管理这些信息。

1. 管理 Internet 打印客户机

安装 Internet 打印客户机端的操作方法和步骤如下。

步骤 1:配置好客户机的 TCP/IP 属性中的 IP 地址、子网掩码和首选 DNS 服务器等内容。

步骤 2:在客户机浏览器的地址栏中输入"http://打印服务器域名或 IP 地址/Printers"后,打开如图 11-33 所示的窗口。管理员可以在此窗口对远程打印机进行查看和管理。

图 11-33 连接到打印机

步骤 3:单击窗口列表中想要管理的某一台打印机。

步骤 4:出现 Internet 打印管理内容,如图 11-34 所示,在此窗口中可以对此打印机或打印队列中的文档进行"暂停""继续""取消"操作。

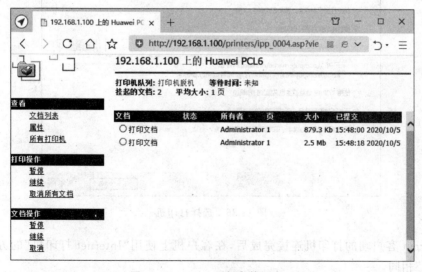

图 11-34 Internet 打印管理窗口

步骤 5：单击窗口右侧的"属性"命令，将会看到此网络打印机的有关信息，如图 11-35 所示。

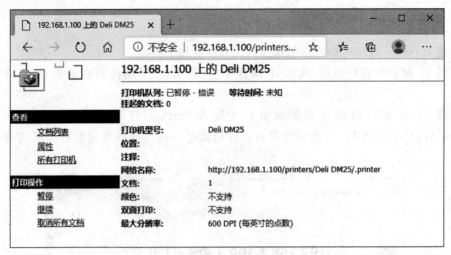

图 11-35 Internet 打印机属性

2. 使用 Internet 打印机

使用 Internet 打印机之前，可以先将打印机添加为本地打印机，其添加方法如前所述，只是在查找打印机时需要使用 URL 路径的形式，如图 11-36 所示。

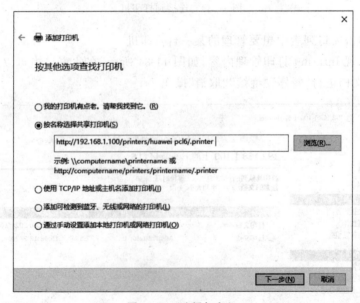

图 11-36 选择打印机

Internet 客户端的打印机连接完成后，在客户机上使用"Internet 打印机"的方法与"本地打印机"相同。

实　　训

1. 实训目的

(1) 熟悉网络打印机的安装方法。

(2) 掌握网络打印共享设置方法。

(3) 掌握打印机属性设置及管理。

2. 实训内容

(1) 安装网络打印机及设置网络打印共享。

(2) 网络打印测试。

(3) 网络打印管理。

3. 实训要求

(1) 安装网络打印服务器。

(2) 配置打印机属性中的"常规""端口""高级""安全"等选项卡。

(3) 设置 Printers 虚拟目录中的各项属性,并能用 Web 浏览器连接到打印机,进行打印管理。

(4) 设置网络打印机的优先级。

习　　题

一、填空题

1. 网络打印机是指通过＿＿＿＿＿将打印机作为独立的设备接入局域网或者 Internet。

2. 可以将网络打印机接在服务器、工作站上,或将带＿＿＿＿＿的打印机独立地连接到集线器上。

3. 在安装打印服务时,逻辑打印端口是指本地计算机与远程＿＿＿＿＿的网络连接。

二、选择题

1. 使用一台接在工作站上的远程网络打印机时,在"添加打印机向导"中选择(　　)。

　　A. "在目录内查找一个打印机"

　　B. "输入打印机名,或者单击'下一步'按钮,浏览打印机"

　　C. "连接到 Internet 或您的公司 Intranet 上的打印机"

　　D. 以上都不是

2. 设置和使用网络打印机的流程正确的是（　　　）。

　　A. 在接有打印机的单机下安装本地打印机并将它设为共享。到要使用网络打印机
　　　的工作站上执行"添加打印机"命令并查找网络打印机,找到后安装该打印机的
　　　驱动程序

　　B. 在接有打印机的单机下安装本地打印机并将它设为共享,到"网上邻居"里查找
　　　网络打印机,找到后安装该打印机的驱动程序

　　C. 到"网上邻居"里查找网络打印机,找到后安装该打印机的驱动程序

　　D. 以上都不是

3. 打印管理员的责任是（　　　）。

　　A. 删除已打印的文件

　　B. 排除打印机卡纸、缺纸等故障

　　C. 重新设置打印机驱动程序

　　D. 以上都是

4. 打印出现乱码的原因（　　　）。

　　A. 计算机的系统硬盘(C盘)空间不足

　　B. 打印机驱动程序损坏或选择了不符合当前机种的错误驱动程序

　　C. 使用应用程序所提供的旧驱动程序或不兼容的驱动程序

　　D. 以上都不对

5. 有多台相同或兼容打印设备时,为了均衡网络中的打印负荷,应采用（　　）。

　　A. 一对多方式(打印机池)

　　B. 多对一方式(多个打印机对应一台打印设备)

　　C. 一对一方式(一台打印机对应一台打印设备)

　　D. 混合方式

三、简答题

1. 简述网络打印机的几种连接方式。

2. 如何建立并使用一台网络打印机?

3. 某企业只有一台打印机,不同的员工都需要在网上使用这台打印机,作为网络管理
员,如何设置可保证经理优先使用?

项目 12　NAT 和 VPN 服务器配置与管理

项目描述：某公司已经搭建了自己的企业内部网，并将其作为最基本的公共通信平台，各种各样的信息系统的应用大幅提高了生产效率。但随着企业业务延伸，公司需要将内部网接入 Internet，一方面可以更好地利用 Internet 资源，另一方面方便与遍布全球的分支机构相互联系。据此，需要在网络出口把公司局域网用的私有地址转换为公有地址，解决互联问题；同时，在企业远程不同分支机构之间的通信时，要兼顾信息安全性和成本经济性，需要利用互联网搭建企业专线进行通信。

项目目标：通过学习，掌握 Windows Server 2019 的 NAT 服务的配置方法，实现将局域网的私有地址转换为公网地址，同时通过端口映射实现外网访问内网，解决局域网接入 Internet 问题。掌握 VPN 服务的配置方法，实现在公用网络上建立专用网络，进行加密通信。

任务 1　认知 NAT 服务器

任务描述：使用 NAT 技术将企业局域网接入 Internet，是众多企业网的常见应用，在配置之前，需要理解和掌握 NAT 技术的相关知识及应用场景。

任务目标：通过学习，掌握 NAT 的技术分类及工作过程，能合理规划 NAT 技术以实现局域网接入广域网。

1. NAT 技术简介

众所周知，每台联网的计算机上需要有 IP 地址才能正常通信。联网的组织机构在使用公网 IP 地址之前需要向 NIC 注册并提出申请。通过这些公有地址可以直接访问因特网，与公有地址对应的是私有地址（也可称为专网地址，属于非注册地址），专门为组织机构内部使用，它是属于局域网范畴内的，出了所在局域网是无法访问因特网的。

留用的内部私有地址目前主要有以下几类。

- A 类：10.0.0.0～10.255.255.255
- B 类：172.16.0.0～172.31.255.255
- C 类：192.168.0.0～192.168.255.255

具有私有地址的计算机要想访问因特网，就必须进行地址转换，把私有地址转换为公有地址。NAT（网络地址转换）可将局域网内每台计算机的私有地址转换成一个公有地址，使得局域网内计算机能访问 Internet 资源，也可以按照要求设定内部的 WWW、FTP、

TELNet 的服务提供给外部网络使用。它有效地隐藏了内部局域网的主机 IP 地址,起到了安全保护的作用。

2. NAT 技术类型

NAT 地址转换主要有静态转换和动态转换两种主要类型。端口地址转换只是动态 NAT 转换中的一种特殊类型。

(1) 静态转换。静态转换是最简单的一种转换方式,也是一对一的关系,它在 NAT 表中为每一个需要转换的内部地址创建一个固定的转换条目,映射了唯一的公网 IP 地址。当内部计算机与外界通信时,内部地址就会转化为对应的公有地址,主要是用于在内网搭建服务器,如 Web、FTP、E-mail、BBS 等。

(2) 动态转换。动态转换增加了网络管理的复杂性,同时提供了很大的灵活性。可以将所有公有 IP 地址定义成 NAT 池。将公有 IP 转换为内部地址,每个转换条目在连接建立时动态建立,连接终止时会被回收。当 NAT 池中的公有 IP 地址全部占用后,以后的地址转换申请会被拒绝。

动态转换是多对少的关系,比如内网有 3 个用户,外网地址池中定义了 2 个公有 IP,第一个用户访问外网时可以拿到第一个公有 IP,第二个用户访问外网可以拿到第二个公有 IP,此时第三个用户就无法访问外网了。只有当前两个用户中的一个停止访问外网时,也就是释放了公有 IP 时,第三个用户才可以利用前用户释放的公有 IP 访问外网,因此不常用。

(3) 端口地址转换。端口地址转换是动态转换的一种变形,是多对一的关系。内网所有用户访问外网,都使用同一个公网 IP 地址访问,并用源和目的 TCP/UDP 的端口号来区分 NAT 表中的转换条目及内部地址,节省了地址空间。但它的弊端在于,当内网用户非常多时,就会出现非常卡的情况,也就是网速非常慢。

目前常用的转换模式是动态转换+端口地址转换。这种转换模式指定特定一部分内网 IP 地址访问外网时使用一个公网 IP,另一部分内部 IP 地址访问外网时使用另外一个公网 IP 地址,第三部分用户访问外网时使用第三个外网 IP 地址,这样就有效地规避了动态转换和端口地址转换的缺点,是使用频率最高的一种。

3. NAT 工作过程

网络地址转换就是改变 IP 报文中的源或目的地址的一种处理方式,它实际上是一个在网络间对经过的数据包进行地址转换后再转发的特殊路由器,其工作过程如图 12-1 所示。

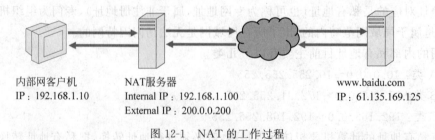

内部网客户机　　　　　NAT服务器　　　　　　　　　　　www.baidu.com
IP：192.168.1.10　　　Internal IP：192.168.1.100　　　IP：61.135.169.125
　　　　　　　　　　　External IP：200.0.0.200

图 12-1　NAT 的工作过程

(1) 客户机发出一个数据包到运行 NAT 的计算机。

（2）运行 NAT 的计算机将从内部网客户机接收到的信息包的标题替换成自己的端口号和外部的 IP 地址，发给 Internet 上的目的主机。

（3）Web 服务器将回答信息发送给运行 NAT 的计算机

（4）NAT 计算机再次替换信息包的标题，并把该消息包发送给内部网的客户机。

由此可知 NAT 的地址转换是双向的，实现了内网和外网的双向通信。根据地址转换的方向，NAT 可分为两种类型：内网到外网的 NAT 和外网到内网的 NAT。

通过图 12-1 可知，当内部网客户机发送 Internet 连接请求时，NAT 协议驱动程序将截获该请求，并将其转发到目标 Internet 服务器。所有请求看上去都像是来自 NAT 服务器的外部 IP 地址。此过程隐藏了的内部 IP 地址配置，因此内网到外网的 NAT 实现以下功能。

① 让内网共用一个公网地址接入 Internet。

② 通过隐藏内网地址，使黑客无法直接攻击内网，保护了网络安全。

4. 端口映射技术

外网到内网的 NAT 实现内网向外部用户提供网络服务，NAT 服务为内网中的服务器建立地址和端口映射，将 NAT 服务器的公网地址和端口号映射到内网的私有地址和端口号，让外网用户可以访问，工作过程如图 12-2 所示。

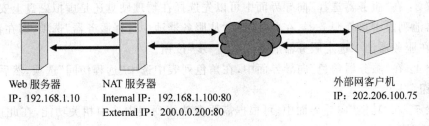

Web 服务器　　　　NAT 服务器　　　　　　　　　　　　　　　　外部网客户机
IP：192.168.1.10　　Internal IP：192.168.1.100:80　　　　　　　IP：202.206.100.75
　　　　　　　　　External IP：200.0.0.200:80

图 12-2　外网到内网的映射

5. NAT 的适用场景

NAT 的适用场景主要有两个方面：一是公有 IP 地址不够用。当企业只租用到了数量有限的公有 IP，而内部由任意数量的客户组成时，就不可能为内部每台计算机都分配一个公有 IP，这时就可以采用 NAT 技术，多个内部计算机在访问 Internet 时使用同一个公网 IP 地址。二是当公司希望对内部计算机进行有效的安全保护时可以采用 NAT 技术，内部网络中的所有计算机上网时受到路由器或服务器（防火墙）的保护，黑客与病毒的攻击被阻挡在网络出口设备上，大幅提高了内部计算机的安全性。

任务 2　安装 NAT 服务器

任务描述：某个企业需要临时使用 Windows Server 2019 配置为 NAT 服务器，以便将自己的局域网接入广域网，解决私有地址转换为公有地址的问题。

任务目标：掌握 NAT 服务安装、配置过程中各种术语及选项的含义，并能够进行正确运用，为以后 NAT 服务器的管理打下坚实的基础。

12.2.1 安装远程访问服务

在实际应用中，提供 NAT 服务的设施很多，这里以 Windows Server 2019 内置的 NAT 服务为例。NAT 服务器是个特殊的路由器，完成内网、外网之间的地址转换。在进行配置之前，作为 NAT 服务器至少需要 2 块网卡且必须满足以下要求。

(1) NAT 服务器一块网卡与内网相连，要配置内网所使用的内部私有地址。

(2) NAT 服务器另一块网卡与外网相连，要配置外网所使用的公有地址。

在 Windows Server 2019 中，NAT 功能作为远程访问服务的一部分，启用 NAT 功能需要先安装远程访问服务，其步骤如下。

步骤 1：在服务器管理器仪表板工作区单击"添加角色和功能"链接，出现"开始之前"向导界面，在此界面中提示了一些应提前完成的任务。确认无误后单击"下一步"按钮。

步骤 2：在"安装类型"向导界面中可以选择是在物理机安装还是在虚拟机安装，在此可选择"基于角色或基于功能的安装"，即在本地物理机上安装本服务，然后单击"下一步"按钮。

步骤 3：在"服务器选择"向导界面中可以先选择在物理硬盘还是虚拟磁盘上安装，然后在服务器池列表中选择服务器，在此可选择"从服务器池中选择服务器"选项，即在物理硬盘上安装，在服务器池中选定服务器后单击"下一步"按钮。

步骤 4：在"服务器角色"向导界面中，在角色列表中选中"远程访问"选项，然后单击"下一步"按钮。

步骤 5：在"功能"向导界面中，可根据需要在功能列表中选中相关功能，在此可直接单击"下一步"按钮继续。

步骤 6：在"远程访问"向导界面中介绍了有关概念，在此可直接单击"下一步"按钮继续。

步骤 7：在"角色服务"向导界面中需要选中"路由"角色，然后在弹出的添加路由所需功能提示框中可以看出，NAT 服务需要 IIS 和 VPN 功能的支持，单击"添加功能"按钮，如图 12-3 所示，将选中"路由"及"DirectAccess 和 VPN(RAS)"服务，单击"下一步"按钮继续。

步骤 8：若之前没有安装 Web 服务器，则将出现简单介绍 Web 服务功能的对话框，在此可直接单击"下一步"按钮继续。若之前安装了 Web 服务器，则会出现"确认"对话框。

步骤 9：由于 IIS 支持的功能较多，在"角色服务"对话框中可进一步选中需要用到的功能。若只需要基本功能，可直接单击"下一步"按钮。

步骤 10：在"确认"向导界面中显示出安装的服务及工具。如果有需要，还可以单击"导出配置设置"及"指定备用源路径"链接进行设置，然后单击"安装"按钮开始安装。

步骤 11：在"安装进度"界面中可以显示出安装进度及安装结果，安装完成后单击"关闭"按钮即可。

12.2.2 配置并启用 NAT 服务

在成功安装了远程访问服务角色后，就可以启用 NAT 服务了，NAT 服务的配置步骤

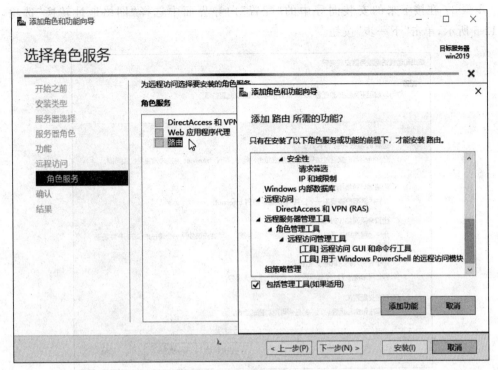

图 12-3 添加角色

如下。

步骤 1：依次单击服务器管理器中"工具/路由和远程访问"命令，打开"路由和远程访问"管理控制台，如图 12-4 所示，将会发现在默认情况下服务器状态处于停止状态。

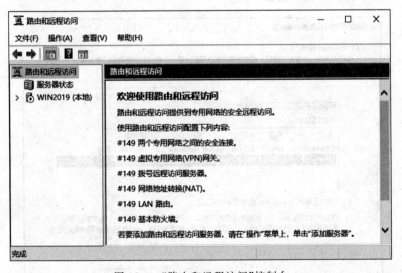

图 12-4 "路由和远程访问"控制台

步骤 2：右击服务器，在弹出的快捷菜单中选择"配置并启用路由和远程访问"命令，将弹出"路由和远程访问服务器安装向导"向导界面，单击"下一步"按钮继续。

步骤 3：在接下来的安装向导中的"配置"向导界面中选择"网络地址转换"选项，如图 12-5 所示，单击"下一步"按钮。

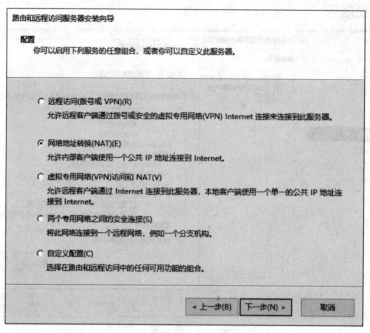

图 12-5　启用 NAT 服务

步骤 4：在接下来的"NAT Internet 连接"向导界面中选择"使用此公共接口连接到 Internet"单选按钮，如图 12-6 所示，在下面的网络接口列表中选中连接到外网的网络接口（如 Ethernet1），单击"下一步"按钮。

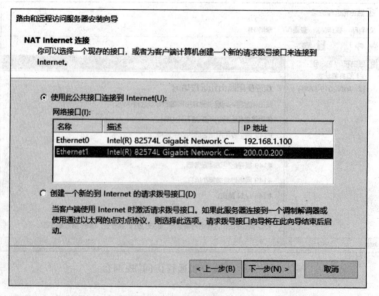

图 12-6　选择外网接口

步骤 5：在接下来的"名称和地址转换服务"向导界面中的"启用基本的名称和地址服

务"选项表示可以由 NAT 服务器来承担 DHCP 和 DNS 服务的功能,为默认选项,如图 12-7 所示。"我将稍候设置名称和地址服务"选项说明此 NAT 服务器不承担 DHCP 和 DNS 功能。在此可根据情况选择,单击"下一步"按钮继续。

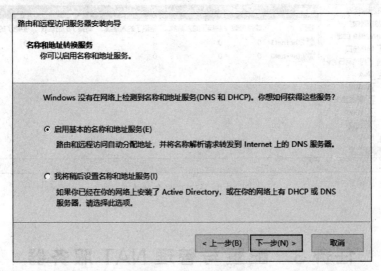

图 12-7　选择附加服务

步骤 6:在"地址分配范围"向导界面中可以看到定义的 IP 地址的范围,如图 12-8 所示。要修改此地址范围,可以通过修改网卡的静态 IP 地址来实现。单击"下一步"按钮继续。

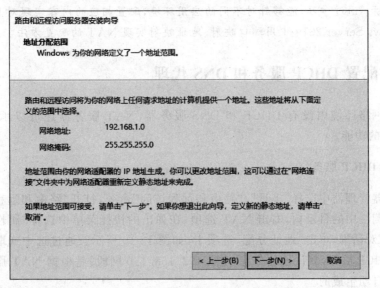

图 12-8　"地址分配范围"对话框

步骤 7:向导最后出现"摘要"向导界面,在经过确认后单击"完成"按钮,系统首先检查 Windows 防火墙是否打开了路由和远程访问服务端口(若未打开,需手动打开),然后进行服务器的初始化,初始化完成后将启动"路由和远程访问"窗口。

步骤 8:展开窗口左侧的目录树,单击 NAT 选项,将看到地址转换情况,如图 12-9 所示。

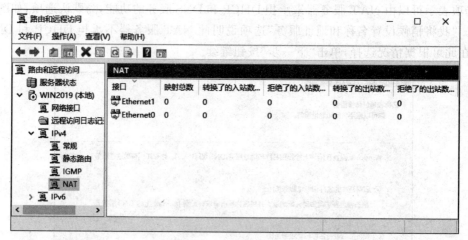

图 12-9　NAT 服务状态

任务 3　配置与管理 NAT 服务器

任务描述：某公司在安装 NAT 服务器后，需要其提供 DHCP 服务，实现外网能访问内部的 Web、FTP 服务等。

任务目标：通过学习，能够针对不同的应用环境，配置相应的内容实现对应的功能。掌握在 Windows Server 2019 中用端口映射、地址映射实现 NAT 的配置方法。

12.3.1　配置 DHCP 服务和 DNS 代理

如果在网络环境内没有 DHCP 和 DNS 服务器，NAT 服务器还可以承担 DHCP 和 DNS 最基本的功能。

1. 配置 DHCP 服务

在服务器管理器中选择"工具"/"路由和远程访问"命令，打开"路由和远程访问"窗口，展开窗口左侧栏中的目录树，右击 NAT 选项，在弹出的快捷菜单中选择"属性"命令，打开"NAT 属性"对话框，单击"地址分配"选项卡，如图 12-10 所示。通过选中或取消选中来启用或禁用 DHCP 服务，默认地址分配范围（192.168.1.0 网段）是根据 NAT 服务器局域网接口的地址自动生成的。

注意：

（1）IP 地址的范围可以修改，但网段不可以修改，否则，局域网内的计算机无法从不同网段获得地址。

（2）如果需要把局域网内计算机的 IP 地址排除在 DHCP 分配范围外，需要在图 12-10 所示的对话框中单击"排除"按钮，在打开的"排除保留地址"对话框中添加相应地址，以免发生地址冲突。

（3）如果检测到网络内已有 DHCP 服务器，将不能激活此 DHCP 分配器，如图 12-11 所示。

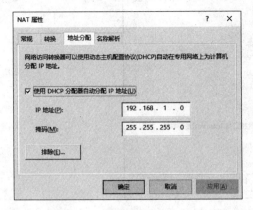

图 12-10　"地址分配"选项卡

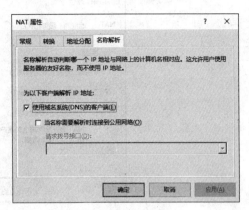

图 12-11　"名称解析"选项卡

2. 配置 DNS 代理

当需要在局域网内用计算机名进行通信却没有 DNS 服务器时，可以用 NAT 服务器代替 DNS 服务器进行名称解析。在"NAT 属性"对话框中选择"名称解析"选项卡，通过选中或取消选中"使用域名系统(DNS)的客户端"，可以启用或禁用 NAT 服务器的 DNS 代理功能。

12.3.2　配置端口映射

配置服务器的 NAT 功能后，局域网内的用户就可以通过 NAT 服务器连接到 Internet，浏览网页、玩游戏、收发电子邮件，就像使用公有地址一样。

如果局域网内架设了 Web 服务器、FTP 服务器、E-mail 服务器等，由于局域网内的地址都是私有地址，所以处于广域网范围内的计算机是不能访问的。通过配置 NAT 服务器的端口映射功能，就可以实现服务资源的对外发布。

假设局域网内的 Web 服务器的 IP 地址是 192.168.1.10，端口号为默认的 80 端口。如果想让外网用户能够访问此网站，则只能在 NAT 服务器上对外发布此网站，并通过访问 NAT 服务器的外网地址 200.0.0.200 来访问网站（假设端口号也是 80）。这样当外网用户(202.206.100.75)通过 http://200.0.0.200 来访问网站时，NAT 服务器就会将这个链接请求转发给 192.168.1.10 支持 80 端口的应用程序，即局域网 Web 服务器。Web 服务器将所请求的网页传送给 NAT 服务器，再由 NAT 服务器把它转发给外网用户(202.206.100.75)。

配置端口映射的步骤如下。

步骤 1：展开"路由和远程访问"窗口中左侧的目录树，选择 NAT 功能，在窗口右侧 NAT 的接口列表中选择与外网连接的接口(Ethernet1)，右击此接口，在弹出的快捷菜单中选择"属性"命令，打开相应的属性对话框，如图 12-12 所示。在此需要选择"公用接口连接到 Internet"单选项，并选中"在此接口上启用 NAT"选项。

步骤 2：打开"服务和端口"选项卡，在出现的"服务"列表中选取要对外开放的服务，在此选中"Web 服务器(HTTP)"服务，如图 12-13 所示。

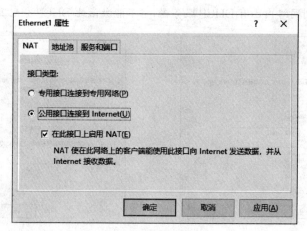

图 12-12　外网接口属性

步骤 3：在弹出的对话框中需要输入专用地址（192.168.1.10），如图 12-14 所示，单击"确定"完成设置。

注意：公用地址指的是 NAT 服务器连接外网的接口即 200.0.0.200，传入端口指局域网传入 NAT 服务器的端口，专用地址指局域网内 Web 服务器的地址即 192.168.1.10，传出端口指 NAT 服务器向公众网发布服务的工作端口。

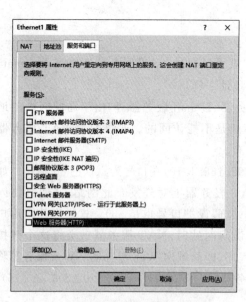

图 12-13　选择服务

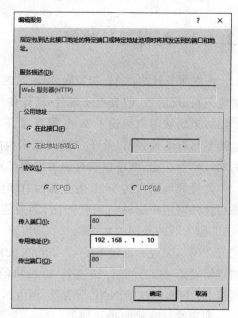

图 12-14　"编辑服务"对话框

12.3.3　配置地址映射

通过端口映射的配置，可以将局域网内的某个服务通过 NAT 服务器的特定端口发布出去，也就是说外网计算机可以与局域网计算机进行通信。然而有些比较特殊的服务，只开放部分端口是不够的,可以通过地址映射来解决。即将 NAT 服务器的某个公有 IP 地址映射给局域网内的私有 IP 地址,那么从外网传送给此公有 IP 的数据包,就都会被 NAT 服务器转送给映射的私有 IP。配置前提是此 NAT 服务器有多个公有 IP 地址。假设本项目中的 NAT 服务器有 8 个公有 IP 地址 200.0.0.200～200.0.0.207。配置步骤如下。

步骤 1:展开"路由和远程访问"窗口左侧的目录树,选择 NAT 功能,在窗口右侧 NAT 的接口列表中选择与外网连接的接口(Ethernet1)。右击此接口,在弹出的快捷菜单中选择"属性"命令,打开相应的属性对话框。

步骤 2:选择"地址池"选项卡,单击"添加"按钮,在出现的"添加地址池"对话框中分别输入"起始地址""掩码""结束地址",单击"确定"按钮,把 NAT 服务器的公有地址添加到地址池列表中,如图 12-15 所示。

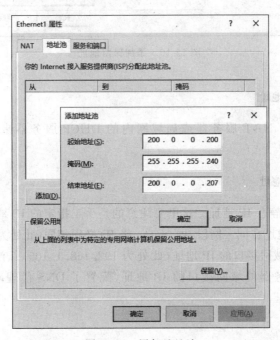

图 12-15　添加地址池

步骤 3:在地址池选项窗口中单击"保留"按钮,在接下来的对话框中选择"添加"按钮,如图 12-16 所示。在此完成将公有地址(200.0.0.200)映射给私有地址(192.168.1.10)的配置。此后所有从外网传给 200.0.0.200 的数据包都会被 NAT 服务器转给 192.168.1.10 这台计算机上。

注意:NAT 服务器不接受由外网的计算机主动与局域网内计算机通信的数据包。若要允许外网计算机与内网计算机主动通信,需要选中"允许将会话传入到此地址"复选框。

12.3.4　配置 NAT 客户端

NAT 服务器配置好以后,局域网内的客户端只要设置 IP 地址即可,可以有两种方式来设置。

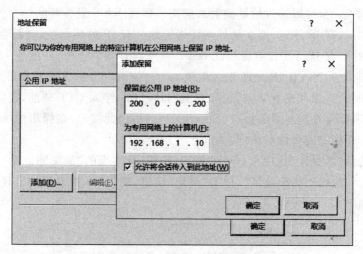

图 12-16　添加保留地址

1. 自动获得 IP 地址

客户端会自动向 NAT 服务器或局域网内的 DHCP 服务器来索取 IP 地址、网关、DNS 等。

2. 手工指定 IP 地址

由用户自己设置静态 IP 地址。这里要注意的是手工指定的 IP 地址必须与 NAT 服务器局域网接口的 IP 地址在同一网段,即 Network ID 必须相同(此处为 192.168.1.0),网关就是 NAT 服务器局域网接口的 IP 地址(此处为 192.168.1.100)。首选 DNS 服务器地址可以设置为 NAT 服务器局域网接口的 IP 地址(配置了 DNS 代理),或者是一台合法的 DNS 服务器的 IP 地址。

任务 4　认知 VPN 服务器

任务描述:某企业需要在分支机构与总部之间利用公共网络建立一个虚拟的、专用的网络,以提供一个低成本、高安全、高性能、简便易用的环境。

任务目标:掌握 VPN 技术的相关知识及应用情景,理解 VPN 的技术特征及工作过程,能合理应用 VPN 技术实现远程安全通信。

1. VPN 技术概述

VPN(virtual private network)是将物理上分布在不同地点的计算机通过开放的 Internet 连接而成的逻辑上的虚拟子网。为了保障信息的安全,VPN 技术采用了鉴别、访问控制、加密、数据确认等措施,以防止信息被泄露、篡改和复制。VPN 的主要技术有以下几种。

（1）密码技术：VPN 利用 Internet 的基础设施传输私有的信息，因此传递的数据必须经过加密，从而确保网络上未授权的用户无法读取该信息，因此可以说密码技术是实现 VPN 的关键核心技术之一。密码技术大体上可以分为两类：对称密钥加密和非对称密钥加密。

（2）身份认证技术：VPN 需要解决的首要问题就是网络上用户与设备的身份认证，如果没有一个万无一失的身份认证方案，不管其他安全设施有多严密，整个 VPN 的功能都将失效。从技术上说，身份认证基本上可以分为两类：非 PKI 体系和 PKI 体系的身份认证。

（3）隧道技术：隧道技术通过对数据进行封装，在公共网络上建立一条数据通道（隧道），让数据包通过这条隧道传输。生成隧道的协议有两种：第二层隧道协议和第三层隧道协议。

（4）密钥管理技术：在 VPN 应用中密钥的分发与管理非常重要。密钥的分发有两种方法：一种是通过手工配置的方式，另一种是采用密钥交换协议动态分发。

2. VPN 的技术类型

VPN 技术有不同的分类方法，这里按照 VPN 的服务类型划分，大致分为 3 类。

（1）接入 VPN：这是企业员工或企业的小分支机构通过公网远程访问企业内部网络的 VPN 方式。远程用户一般是一台计算机，而不是网络，因此组成的 VPN 是一种主机到网络的拓扑模型，如图 12-17 所示。

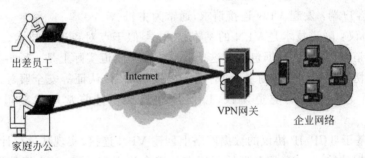

图 12-17　接入 VPN

（2）内联网 VPN：这是企业的总部与分支机构之间通过公网构筑的虚拟网，是一种网络到网络以对等的方式连接起来所组成的 VPN，如图 12-18 所示。

图 12-18　内联网 VPN

（3）外联网 VPN：这是企业在发生收购、兼并或企业间建立战略联盟后，使不同企业间通过公网来构筑的虚拟网。这是一种网络到网络以不对等的方式连接起来所组成的 VPN，如图 12-19 所示。

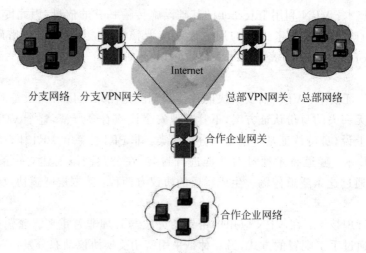

图 12-19　外联网 VPN

3. VPN 的工作过程

（1）VPN 的构成。整个 VPN 系统一般由 4 个部分构成。

① 远程访问 VPN 服务器：接收并响应 VPN 客户端的连接请求，并建立 VPN 连接。可以是专门的 VPN 设备，也可以是运行 VPN 服务的主机。

② VPN 客户端：发起 VPN 连接请求，通常为主机。

③ 隧道协议：隧道技术是 VPN 的基本技术，类似于点对点连接技术。它在公用网建立一条数据通道（隧道），让数据包通过这条隧道传输。隧道实际上是一种封装，可以将一种协议用另一种协议或相同协议封装，同时还可以提供加密、认证等安全服务。VPN 客户端和服务器必须支持相同的隧道协议，以便建立连接。目前常用的隧道协议有 PPTP 和 L2TP。

PPTP 在基于 TCP/IP 协议的数据网络上创建 VPN 连接，实现从远程计算机到专用服务器的安全数据传输。VPN 服务器执行所有的安全检查和验证，并启用数据加密，使得在不安全的网络上发送信息变得更加安全。PPTP 协议捆绑在 Windows 系列操作系统中，在 VPN 中应用最广。L2TP 是基于 RFC 隧道的协议，该协议是一种业内标准。L2TP 协议同时具有身份验证、加密与数据压缩的功能。

Windows Server 2019 还支持 SSTP 协议。SSTP 提供了一种机制，用于封装通过 HTTPS 协议的安全套接字层（SSL）通道传输的 PPP 通信。

④ Internet 连接：VPN 服务器和客户端都必须接入到 Internet，并能够正常通信。

（2）VPN 的连接过程。

① VPN 客户端发出 VPN 连接请求。

② 服务器收到连接请求后，对客户端的身份进行验证。

③ 如果身份验证没有通过，拒绝连接；如果通过，则建立连接，并分配给客户端一个内部网络的 IP 地址。

④ 客户端将获得的 IP 地址与 VPN 连接组建绑定，并利用该地址与内部网络进行通信。

4. VPN 的适用场景

VPN 的实现可以分为软件和硬件两种方式,操作系统以完全基于软件的方式实现了虚拟专用网,一般来说,VPN 使用在以下两种场合。

(1) 远程客户端通过 VPN 连接到局域网。公司局域网已经连接到了 Internet,异地用户通过远程拨号连上 Internet,然后通过 Internet 与公司的 VPN 服务器建立 PPTP 或 L2TP 的 VPN,通过隧道来传递信息,如图 12-20 所示。

图 12-20 客户端连接到 VPN

(2) 两个局域网通过 VPN 互联。两个局域网的 VPN 服务器都已经连接到 Internet,并且建立了 PPTP 或 L2TP 的 VPN 连接,就可以在两个网络之间安全地传送信息,如图 12-21 所示。

图 12-21 局域网互联 VPN

任务 5 配置 VPN 服务器

任务描述:某个企业需要临时使用 Windows Server 2019 搭建一台 VPN 服务器,实现分支机构与总部通过互联网安全、高效地通信。

任务目标:掌握 VPN 服务启用、配置过程中各种术语、选项的含义,并能够进行正确运用,为以后 VPN 服务器的管理打下坚实的基础。

12.5.1 启用 VPN 服务

在进行配置之前,VPN 服务器作为网关设备需要至少连接 2 个网络且必须满足以下要求。

(1) VPN 服务器一块网卡与内网相连,要配置内网所使用的 IP 地址。

(2) VPN 服务器需要与 Internet 相连,要建立和配置与 Internet 的连接。本例用另外一块网卡模拟连入 Internet。

（3）VPN 服务器要对请求连接的客户端进行身份验证,要能建立 VPN 连接的用户帐户。

在 Windows Server 2019 中,VPN 功能是作为远程访问服务的一部分,要启用 VPN 功能,需要先安装远程访问服务。其步骤与启用 NAT 服务的相同,只是在选择角色服务向导中可以只选中 Direct Access 和 VPN(RAS)服务。在安装了远程访问服务后,启用 VPN 服务的步骤如下。

步骤 1：在服务器管理器上选择"工具"/"路由和远程访问"命令,打开"路由和远程访问"管理控制台,如图 12-4 所示,将会发现在默认情况下服务器状态处于停止状态。

步骤 2：右击服务器,在弹出的快捷菜单中选择"配置并启用路由和远程访问"命令,将出现"路由和远程访问服务器安装向导"向导界面,单击"下一步"按钮继续。

步骤 3：在接下来的安装向导中的"配置"向导界面中选择"远程访问"选项后,单击"下一步"按钮。

步骤 4：在接下来的"远程访问"向导界面中选中 VPN 复选框,如图 12-22 所示,单击"下一步"按钮。

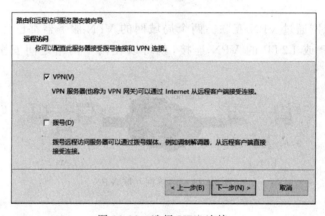

图 12-22　选择 VPN 连接

步骤 5：在接下来的"VPN 连接"向导界面中选择连接到 Internet 的网络接口(Ethernet1),如图 12-23 所示,单击"下一步"按钮。

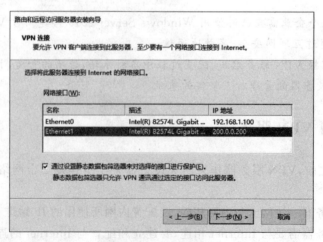

图 12-23　选择外网接口

注意：在图 12-23 中选中"通过设置静态数据包筛选器来对选择的接口进行保护"复选框，说明限定只有 VPN 数据包才可以通过此接口进来，其他的 IP 数据包都会被拒绝，从而增加了安全性。但此接口无法与非 VPN 客户端通信。

步骤 6：在接下来的"IP 地址分配"向导界面中选择客户端获得地址的方式，这里可选择"来自一个指定的地址范围"选项，如图 12-24 所示，单击"下一步"按钮。

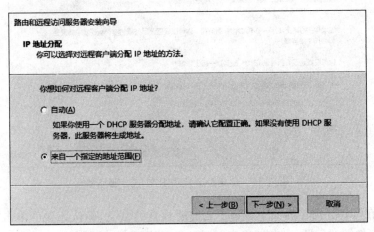

图 12-24　指定地址分配方法

步骤 7：在接下来的"地址范围分配"向导界面中单击新建"按钮"，在弹出的对话框中输入起始 IP 地址和结束 IP 地址，如图 12-25 所示，单击"确定"按钮，在"地址范围分配"对话框中会看到指定的地址范围。单击"下一步"按钮。

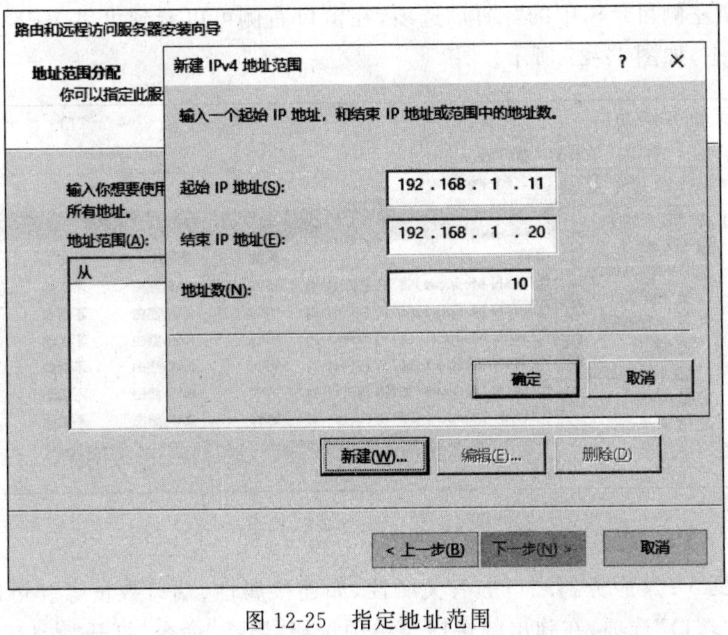

图 12-25　指定地址范围

步骤 8：在接下来的"管理多个远程访问服务器"向导界面中可选择"否，使用路由和远程访问来对连接请求进行身份验证"选项，如图 12-26 所示，单击"下一步"按钮。

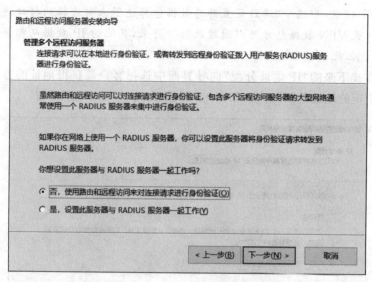

图 12-26　选择是否使用 RADIUS 服务器

步骤 9：在"摘要"向导界面中显示了之前所设置的信息，确认无误后单击"完成"按钮，将提示 DHCP 中继的问题。单击"确定"按钮，开始启用 VPN 服务。

12.5.2　配置 VPN 端口

VPN 服务启用后，系统会自动建立 PPTP、STTP、L2TP 端口，打开"路由和远程访问"窗口，单击窗口左侧目录树中的"端口"选项，在窗口右侧可以看到可供 VPN 客户端连接的每个端口的状态，如图 12-27 所示。

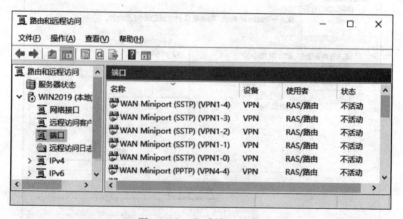

图 12-27　查看端口状态

如果要改变 VPN 服务器端口的有关属性，如连接属性、端口数量等。可以右击窗口左侧目录树中的"端口"选项，在弹出的快捷菜单中选择"属性"命令，打开"端口 属性"对话框，如图 12-28 所示。双击设备列表中欲修改的端口，在打开的"配置设备"对话框中就可以进行相应的设置，如图 12-29 所示。

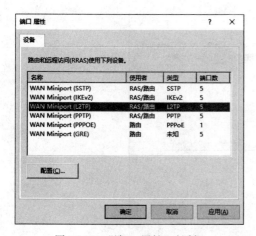

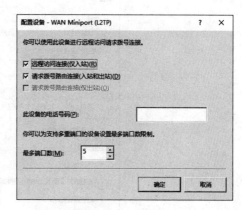

图 12-28　"端口 属性"对话框

图 12-29　配置端口

　　单击窗口左侧目录树中的"网络接口"选项,在窗口右侧可以看到 VPN 服务器上的所有网络接口及连接状态,如图 12-30 所示。

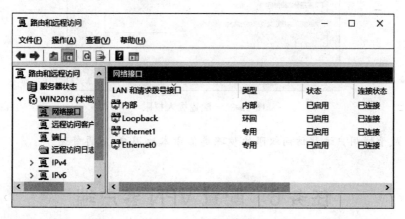

图 12-30　查看网络接口

12.5.3　配置 VPN 用户帐户

　　VPN 服务启用后,在默认状态下用户是没有权利连接到 VPN 服务器的,因此必须要给用户远程访问的权利后,用户才可以连接到 VPN 服务器,进而访问到局域网资源。

　　赋予本地用户远程访问权限的步骤为:在服务器管理器中选择"工具"/"计算机管理"命令,在打开的"计算机管理"窗口中依次展开窗口左侧目录"计算机管理"/"系统工具"/"本地用户和组"/"用户"后,在窗口中间列表中双击要授予权限的用户(lin),打开相应的属性对话框,选择"拨入"选项卡,如图 12-31 所示。在"网络访问权限"选项区中选择"允许访问"选项。

　　如果在"网络访问权限"选项区中选择了"通过 NPS 网络策略控制访问"选项,则需要专门安装"网络策略和访问服务"服务角色并进行相应配置。此外,在用户拨入属性中还可以设置回拨选项,分配静态 IP 地址,应用静态路由等功能。

图 12-31   配置拨入权限

注意：赋予域用户远程访问权限的步骤类似于本地用户，不再赘述。

任务 6   配置 VPN 客户端

任务描述：作为 VPN 用户，需要在客户操作系统简单配置，以建立与 VPN 服务的连接，实现安全通信。

任务目标：掌握在客户端操作系统中配置与 VPN 服务器连接的方法。

12.6.1   配置客户端

客户端连接到 VPN 服务器的前提条件是客户端必须能够访问 Internet。在客户端连接上 Internet 之后，还必须建立一个 VPN 连接，以完成与 VPN 服务器的连接。下面以客户端用 Windows 10 系统为例来建立连接。操作步骤说明如下。

步骤 1：右击"网络"图标，在弹出的快捷菜单中选择"属性"命令，在打开的"网络和共享中心"窗口中单击"设置新的连接或网络"链接，打开"设置连接或网络"对话框，如图 12-32 所示。

步骤 2：选择"连接到工作区"选项，单击"下一步"按钮，出现"你希望如何连接？"对话框，如图 12-33 所示。

图 12-32　网络连接类型

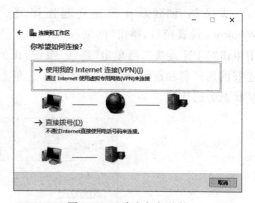

图 12-33　确定如何连接

步骤 3：单击"使用我的 Internet 连接（VPN）"链接，将出现"你想在继续之前设置 Internet 连接吗?"对话框，如图 12-34 所示。

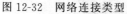

图 12-34　继续设置

步骤 4：由于现有环境是 VPN 客户机（本机）与 VPN 服务器直接物理连接在一起，所以单击"我将稍后设置 Internet 连接"，将出现"键入要连接的 Internet 地址"对话框，如图 12-35 所示。在"Internet 地址"文本框中可输入 VPN 服务器外网卡的 IP 地址（200.0.0.200），在"目标名称"文本框中可输入连接名称（VPN 连接），单击"创建"按钮。

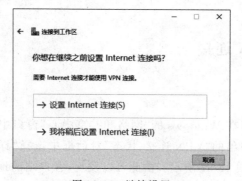

图 12-35　连接对话框

271

步骤 5：创建后还没建立起连接，在 Windows 中选择"开始"/"设置"命令，打开 Windows 设置窗口，单击"网络和 Internet"选项，在左侧窗格中单击 VPN 选项，在右侧窗格中单击"VPN 连接"，再单击"连接"按钮，在弹出的"登录"对话框中输入在服务器上提前创建好的用户名和密码，如图 12-36 所示。单击"确定"按钮，通过身份验证后，将显示 VPN 连接状态为已连接。

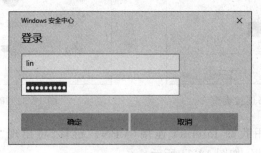

图 12-36　"登录"对话框

12.6.2　测试 VPN 连接

1. 客户端测试

VPN 连接成功之后，在 Windows 的"网络和共享中心"窗口中将会出现 VPN 连接，单击"VPN 连接"链接，在弹出的"VPN 连接 状态"对话框中选择"详细信息"选项卡，可以查看 VPN 的连接信息，如图 12-37 所示。由此可以发现，客户端的地址已经获取到内网的地址，利用此地址可以直接与内网的计算机进行通信。

图 12-37　VPN 连接状态

也可以在客户端打开命令提示符界面，输入命令 ipconfig /all 查看 IP 地址信息，如图 12-38 所示，可以看到新增一个 PPP 适配器 VPN 连接，其 IP 地址为 192.168.1.12。也可以用 ping 命令测试与内网计算机的连通性。

测试没有问题后，也可以在客户端共享文件夹，用 UNC 路径的方式相互访问共享资

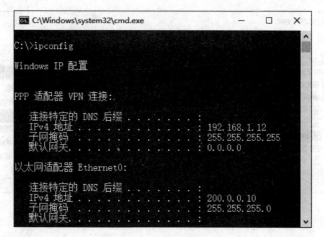

图 12-38　VPN 连接地址

源,就像在同一局域网中一样。

2. 服务端管理

(1) 查看远程访问客户端。登录到 VPN 服务器,打开"路由与远程访问"窗口,选择左侧目录树栏中的"远程访问客户端"选项,在右侧的窗格中会观察到远程客户端的 VPN 连接情况,如图 12-39 所示。

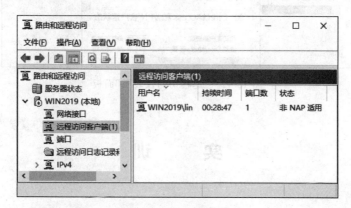

图 12-39　VPN 连接情况

(2) 查看端口状态。选择"路由和远程访问"窗口左侧目录树栏中的"端口"选项,在右侧的窗格中会看到已经有一个 PPTP 端口处于活动状态,如图 12-40 所示。

(3) 远程访问管理。在 Windows Server 2019 服务器管理器窗口中选择"工具"/"远程访问管理"命令,将打开"远程访问管理控制台"面板,如图 12-41 所示,在左侧导航栏中提供了"配置"和"仪表板"两大功能项,分别可以进行服务配置和服务状态监测。若单击"配置/VPN"选项,则会打开"路由和远程访问"窗口进行配置。在仪表板功能下单击相应选项,在窗口中间工作区中可以直观地观察到服务器操作状态、远程客户端状态、远程访问使用情况报告等。

273

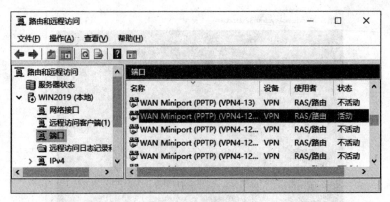

图 12-40　活动的 VPN 端口

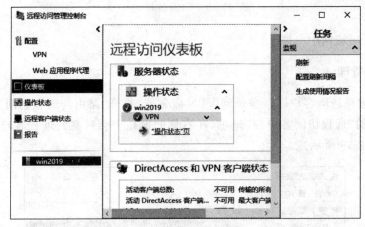

图 12-41　"远程访问仪表板"面板

实　　　训

实训 1　利用 NAT 服务器在内网对外发布 Web 网站

1. 实训目的

(1) 了解 NAT 服务器的工作过程。

(2) 掌握 Windows Server 2019 下 NAT 服务器的安装和配置。

(3) 理解不同的 NAT 技术。

(4) 掌握 NAT 客户端的设置。

2. 实训内容

(1) 安装 NAT 服务器。

（2）配置端口映射。

（3）配置地址映射。

（4）配置客户端,测试服务器的配置。

3. 实训要求

（1）规划网络,搭建内网及外网环境。

（2）安装路由和远程访问角色,并启用 NAT 服务。

（3）在内网中搭建 Web 服务器。

（4）配置 NAT 服务器,保证外网能访问 Web 服务器

（5）配置客户端,测试配置。

实训2　配置 VPN 服务器实现远程访问

1. 实训目的

（1）了解 VPN 服务器的工作过程。

（2）掌握 VPN 服务器的实现方法。

（3）掌握 VPN 客户端的设置。

2. 实训内容

（1）安装启用 VPN 服务器。

（2）配置端口。

（3）配置用户。

（4）配置客户端,测试服务器的配置。

3. 实训要求

（1）规划网络,搭建内网外网环境。

（2）安装路由和远程访问角色,并启用 VPN 服务。

（3）配置客户端,使客户端能建立 VPN 连接。

（4）检查 VPN 连接,并尝试与局域网内部服务器通信

习　　题

一、填空题

1. NAT 有 3 种类型：_____、_____ 和 _____。

2. 作为 NAT 服务器必须满足_____ 和_____两点。

3. NAT 服务器实际上是一个在网络间对经过的数据包进行地址转换后再转发

的_____。

4. 按照 VPN 的服务类型划分,大致分为 3 类,分别为_____、_____和_____。

5. VPN 常用的两种隧道协议是_____和_____。

6. VPN 系统主要由 4 部分构成,具体包括_____、_____、_____和_____。

二、选择题

1. NAT 的地址转换是双向的,根据地址转换的方向,NAT 可分为(   )。

    A. 内网到外网的 NAT   B. 外网到内网的 NAT

    C. 内外网之间的 NAT   D. 多功能 NAT

2. 配置 NAT 服务器的作用不包括(   )。

    A. 节省了公有 IP 地址   B. 提高了局域网计算机的安全性

    C. 私有地址上网的一种方式   D. 加快了局域网计算机的上网速度

3. 以下不是 VPN 所采用的技术的是(   )。

    A. PPTP   B. L2TP   C. IPSec   D. PKI

4. VPN 服务启用后,系统默认会自动建立的 PPTP 端口数为(   )。

    A. 128   B. 64   C. 32   D. 16

三、简答题

1. 什么是公有地址和私有地址?

2. 网络地址转换 NAT 的功能是什么?

3. 简述 NAT 服务器的工作过程。

4. 什么是 VPN? 简述其工作过程。

5. 如何配置 VPN 用户和端口?

6. 如何建立 VPN 连接并测试?

项目 13　证书服务器配置与管理

项目描述：随着信息化水平的提高，为了方便操作、提高效率，某单位把自己的主营业务系统部署到专用的 Web 服务器上，为了保证数据传输的安全性，网络运维管理部门准备部署证书服务器保证数据的安全性，并且要求相关人员使用数字签名，以鉴别员工身份保护数据的私密性。

项目目标：通过学习，掌握 Windows Server 2019 证书服务的部署以及 HTTPS 站点的配置方法，实现证书的申请、颁发以及在客户端的安装、应用，加强数据的安全性。

任务 1　认知证书服务器

任务描述：为了保证数据的安全性，需要解决数据的机密性、数据的完整性、用户身份验证及不可抵赖性。

任务目标：在配置证书服务之前，应掌握数据加密和解密的工作机制以及公共密钥设施的组成结构及数字签名的实现方式。

随着网络技术和信息技术的发展，基于 B/S 的业务不断涌现，很多业务数据在传输过程中要求能够实现身份认证、安全传输、不可否认性、数据完整性。由于数字证书认证技术采用了加密传输和数字签名，能够实现上述要求，因此在国内外基于 B/S 的业务中，都得到了广泛的应用。

1. SSL 证书

SSL(secure socket layer)证书是数字证书的一种，类似于驾驶证、护照和营业执照的电子副本。因为配置在服务器上，也称为 SSL 服务器证书。

SSL 证书就是遵守 SSL 协议，由受信任的数字证书颁发机构 CA，在验证服务器身份后颁发，具有服务器身份验证和数据传输加密功能。

SSL 证书通过安全协议在客户端浏览器和 Web 服务器之间建立一条 SSL 安全通道，安全协议是由 Netscape 通信公司设计开发的。该安全协议主要是用来提供对用户和服务器的认证，对传送的数据进行加密和隐藏，并确保数据在传送中不被改变(即数据保持完整性)，现已成为该领域中全球化的标准。由于 SSL 技术已建立到所有主要的浏览器和 Web 服务器程序中，因此，仅需安装服务器证书就可以激活该功能了，即通过它可以激活 SSL 协议，实现数据信息在客户端和服务器之间的加密传输，可以防止数据信息的泄露，保证了双方传递信息的安全性，而且用户可以通过服务器证书验证他所访问的网站是否是真实可靠。

数字签名又名数字标识、签章(digital certificate,digital id),提供了一种在网上进行身份验证的方法,是用来标志和证明网络通信双方身份的数字信息文件,它的概念类似日常生活中的司机驾照或身份证。数字签名主要用于发送安全电子邮件,访问安全站点,网上招标与投标,网上签约,网上订购,网上公文安全传送,网上办公,网上缴费,网上缴税以及网上购物等安全的网上电子交易活动。

2. 认证原理

一份 SSL 证书包括一个公共密钥和一个私用密钥。公共密钥用于加密信息,私用密钥用于解译加密的信息。浏览器指向一个安全域时,SSL 同步确认服务器和客户端,并创建一种加密方式和一个唯一的会话密钥。它们可以启动一个保证消息的隐私性和完整性的安全会话。

SSL 使用握手协议、记录协议、警报协议来保证数据传输的安全性。

(1)握手协议。握手协议是指客户机和服务器用 SSL 连接通信时使用的第一个子协议,握手协议包括客户机与服务器之间的一系列消息。SSL 中最复杂的协议就是握手协议,该协议允许服务器和客户机相互验证,协商加密和 MAC 算法以及保密密钥,用来保护在 SSL 记录中发送的数据。握手协议是在应用程序的数据传输之前使用的。

(2)记录协议。记录协议是在客户机和服务器握手成功后使用,即客户机和服务器鉴别对方和确定安全信息交换使用的算法后,进入 SSL 记录协议。记录协议向 SSL 连接提供两种服务。

① 保密性:使用握手协议定义的秘密密钥实现。

② 完整性:握手协议定义了 MAC,用于保证消息完整性。

(3)警报协议。当客户机和服务器发现错误时,向对方发送一个警报消息。如果是致命错误时,则算法立即关闭 SSL 连接,双方还会先删除相关的会话号、秘密和密钥。每个警报消息共 2 个字节:第 1 个字节表示错误类型,如果是警报,则值为 1,如果是致命错误,则值为 2;第 2 个字节指定实际错误类型。

3. 证书功能

服务器部署了 SSL 证书后,可以确保用户在浏览器上输入的机密信息和从服务器上查询的机密信息,在从用户计算机到服务器之间的传输链路上是高强度加密传输的,是不可能被非法篡改和窃取的。同时向网站访问者证明了服务器的真实身份,此真实身份是通过第三方权威机构验证的,也就是说有两种作用:数据加密和身份认证。

(1)确认网站真实性(网站身份认证)。用户需要登录正确的网站进行在线购物或其他交易活动。但由于互联网的广泛性和开放性,使得互联网上存在着许多假冒、钓鱼网站,用户如何来判断网站的真实性,如何信任自己正在访问的网站,可信网站将帮你确认网站的身份。当用户需要确认网站身份的时候,只需要单击浏览器地址栏里面的锁头标志即可。

(2)保证信息传输的机密性。用户在登录网站在线购物或进行各种交易时,需要多次向服务器端传送信息,而这些信息很多是用户的隐私和机密信息,直接涉及经济利益或私密,可信网站将帮用户建立一条安全的信息传输加密通道。

在 SSL 会话产生时,服务器会传送它的证书,用户端浏览器会自动地分析服务器证书,并根据不同版本的浏览器,对应产生 40 位或 128 位的会话密钥,用于对交易的信息进行加密。所有的过程都会自动完成,对用户是透明的,因而,服务器证书可分为两种:最低 40 位和最低 128 位(这里指的是 SSL 会话时生成加密密钥的长度,密钥越长越不容易被破解)的证书。

最低 40 位的服务器证书在建立会话时,根据浏览器版本的不同,可产生 40 位或 128 位的 SSL 会话密钥来建立用户浏览器与服务器之间的安全通道。而最低 128 位的服务器证书不受浏览器版本的限制,可以产生 128 位以上的会话密钥,实现高级别的加密强度。无论是 IE 或 Netscape 浏览器,即使使用强行攻击的办法破译密码,也需要 10 年。

4. 公共密钥体系 PKI

PKI 实际上是一套软硬件系统和安全策略的集合,它提供了一整套安全机制,使用户在不知道对方身份或分布地很广的情况下,以证书为基础,通过一系列的信任关系进行通信和基于 B/S 的业务交易。

一个典型的 PKI 系统包括 PKI 策略、软硬件系统、证书机构 CA、注册机构 RA、证书发布系统和 PKI 应用等。其中证书机构 CA 是 PKI 的信任基础,它管理公钥的整个生命周期,其作用包括:发放证书,规定证书的有效期和通过发布证书废除列表(CRL)确保必要时可以废除证书。一个典型的 CA 系统包括安全服务器、注册机构 RA、CA 服务器、LDAP 目录服务器和数据库服务器等,如图 13-1 所示。

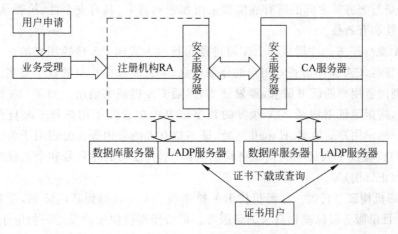

图 13-1   CA 框架图

5. 证书的申请

证书的申请有两种方式,一种是在线申请,另一种是离线申请。在线申请就是通过浏览器,或其他应用系统通过在线的方式来申请证书,这种方式一般用于申请普通用户证书或测试证书。离线方式一般通过人工的方式直接到证书机构证书受理点去办理证书申请手续,通过审核后获取证书,这种方式一般用于比较重要的场合,如服务器证书和商家证书等。下面讨论的主要是在线申请方式。

当证书申请时,用户使用浏览器通过 Internet 访问安全服务器,下载 CA 的数字证书

（又叫作根证书），然后注册机构服务器对用户进行身份审核，认可后便批准用户的证书申请，然后操作员对证书申请表进行数字签名，并将申请及其签名一起提交给 CA 服务器。

CA 操作员获得注册机构服务器操作员签发的证书申请，发行证书或者拒绝发行证书，然后将证书通过硬拷贝的方式传输给注册机构服务器。注册机构服务器得到用户的证书以后将用户的一些公开信息和证书放到 LDAP 服务器上提供目录浏览服务，并且通过电子邮件的方式通知用户从安全服务器上下载证书。用户根据邮件的提示到指定的网址下载自己的数字证书，而其他用户可以通过 LDAP 服务器获得他的公钥数字证书。

证书申请的流程如下。

（1）用户申请。用户首先下载 CA 的证书，又叫作根证书，然后在证书的申请过程中使用 SSL 安全方式与服务器建立连接。用户填写个人信息，浏览器生成私钥和公钥对，将私钥保存到客户端特定的文件中，并且要求用口令保护私钥，同时将公钥和个人信息提交给安全服务器。安全服务器将用户的申请信息传送给注册机构服务器。

（2）注册机构审核。用户与注册机构人员联系，证明自己的真实身份，或者请求代理人与注册机构联系。注册机构操作员利用自己的浏览器与注册机构服务器建立 SSL 安全通信，该服务器需要对操作员进行严格的身份认证，包括操作员的数字证书、IP 地址。为了进一步保证安全性，可以设置固定的访问时间。操作员首先查看目前系统中的申请人员，从列表中找出相应的用户，单击用户名，核对用户信息，并且可以进行适当的修改。如果操作员同意用户申请证书请求，必须对证书申请信息进行数字签名。操作员也有权利拒绝用户的申请。操作员与服务器之间的所有通信都采用加密和签名，具有安全性、抗否认性，保证了系统的安全性和有效性。

（3）CA 发行证书。注册机构 RA 通过硬拷贝的方式向 CA 传输用户的证书申请与操作员的数字签名，CA 操作员查看用户的详细信息，并且验证操作员的数字签名。如果签名验证通过，则同意用户的证书请求，颁发证书，然后 CA 将证书输出。如果 CA 操作员发现签名不正确，则拒绝证书申请，CA 颁发的数字证书中包含关于用户及 CA 自身的各种信息，如能唯一标识用户的姓名、E-mail 地址、证书持有者的公钥等。公钥用于为证书持有者加密敏感信息、签发个人证书的认证机构的名称、个人证书的序列号和个人证书的有效期（证书有效起止日期）等。

（4）注册机构证书转发。注册机构 RA 操作员从 CA 处得到新的证书，首先将证书输出到 LDAP 目录服务器以提供目录浏览服务。最后操作员向用户发送一封电子邮件，通知用户证书已经发行成功，并且把用户的证书序列号告诉用户到指定的网址去下载自己的数字证书，再告诉用户如何使用安全服务器上的 LDAP 配置，让用户修改浏览器的客户端配置文件以便访问 LDAP 服务器，获得他人的数字证书。

（5）用户证书获取。用户使用证书申请时的浏览器到指定的网址，输入自己的证书序列号，服务器要求用户必须使用申请证书时的浏览器，因为浏览器需要用该证书相应的私钥去验证数字证书。只有保存了相应私钥的浏览器才能成功下载用户的数字证书。

这时用户打开浏览器的 Internet 选项，就可以发现自己已经拥有了 CA 颁发的数字证书，其包括的内容如图 13-2 所示，用户可以利用该数字证书与其他人以及 Web 服务器（拥有相同 CA 颁发的证书）使用加密、数字签名进行安全通信。

认证中心还涉及 CRL 的管理。用户向特定的操作员（仅负责 CRL 的管理）发一份加密

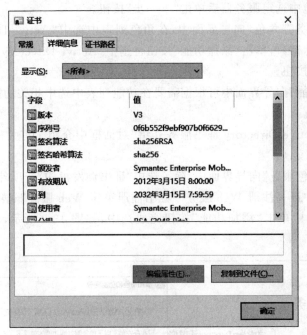

图 13-2　数字证书

签名的邮件,申明自己希望撤销证书。操作员打开邮件,填写 CRL 注册表,并且进行数字签名,提交给 CA。CA 操作员验证注册机构操作员的数字签名,批准用户撤销证书,并且更新CRL。稍后 CA 将不同格式的 CRL 输出给注册机构,公布到安全服务器上,这样其他人就可以通过访问服务器得到 CRL。

任务 2　安装证书服务器

任务描述:某单位需要使用 Windows Server 2019 服务器部署证书服务,实现数字证书的申请、颁发、应用。

任务目标:掌握 Windows Server 2019 服务的安装步骤,理解证书服务器的角色划分及相关概念,为今后应用打下基础。

CA 服务器提供整个 PKI 网络体系中证书验证、颁发、作废、吊销的管理服务,同时也是整个证书链信任体系中的核心组件。在 Windows Server 2019 系统的组件中,主要使用Active Directory 证书服务来完成证书服务器的功能。其具体安装步骤如下。

步骤 1:在服务器管理器仪表板工作区单击"添加角色和功能"链接,出现"开始之前"向导界面,在此界面中提示了一些应提前完成的任务。确认无误后单击"下一步"按钮。

步骤 2:在"安装类型"向导界面中可以选择是在物理机安装还是在虚拟机安装,在此可选择"基于角色或基于功能的安装",即在本地物理机上安装本服务,然后单击"下一步"按钮。

步骤 3:在"服务器选择"向导界面中可以先选择在物理硬盘还是虚拟磁盘上安装,然后在服务器池列表中选择服务器,在此可选择"从服务器池中选择服务器"选项,即在物理硬盘上安装,在服务器池中选定服务器后单击"下一步"按钮。

步骤 4:在"服务器角色"向导界面中,在角色列表中选中"Active Directory 证书服务"复选框,将弹出提示窗口,单击"添加功能"按钮将选中"Active Directory 证书服务"复选框,然后单击"下一步"按钮。

步骤 5:在"功能"向导界面中可根据需要在功能列表中选中相关功能,在此可直接单击"下一步"按钮继续。

步骤 6:在"Active Directory 证书服务介绍"对话框中介绍了有关概念,在此可直接单击"下一步"按钮继续。

步骤 7:在"角色服务"向导界面中,除了选中"证书颁发机构"选项外,还需选中"证书颁发机构 Web 注册""证书注册 Web 服务""证书注册策略 Web 服务"选项,在分别弹出的添加功能提示对话框中单击"添加功能"按钮完成选中,如图 13-3 所示,然后单击"下一步"按钮。

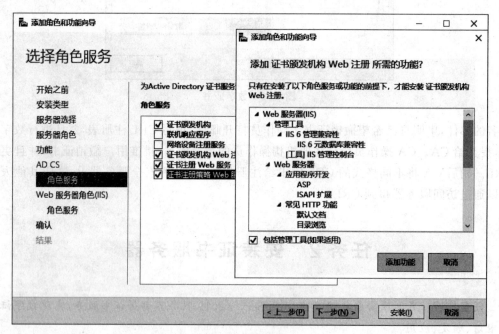

图 13-3　选择角色服务

步骤 8:因 CA 服务器需要 Web 服务的功能支持,在安装向导中将出现"Web 服务器角色(IIS)"向导界面,单击"下一步"按钮继续。

步骤 9:因 IIS 支持的功能较多,在"角色服务"向导界面中可选择需要添加的功能,如无特殊需求,此处用默认值即可,再单击"下一步"按钮继续。

步骤 10:在"确认"向导界面中显示出安装的服务及工具列表。如果有需要,还可以单击"导出配置设置"及"指定备用源路径"链接进行设置。单击"安装"按钮开始安装。

步骤 11:在"结果"向导界面中可以显示出安装进度及安装结果,安装完成后单击"关闭"按钮。

步骤 12:在"服务器管理器"对话框的通知图标下会出现一个黄色叹号,单击黄色叹号,在下拉菜单中单击"配置目标服务器上的 Active Directory 证书服务"链接,则开始进行配置,如图 13-4 所示,接下来将出现"AD CS 配置"向导界面。

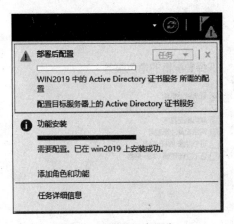

图 13-4 配置证书服务

步骤 13:在"AD CS 配置"的"凭据"向导界面中可以单击"更改"按钮,更换存放凭据的路径,如图 13-5 所示,单击"下一步"按钮。

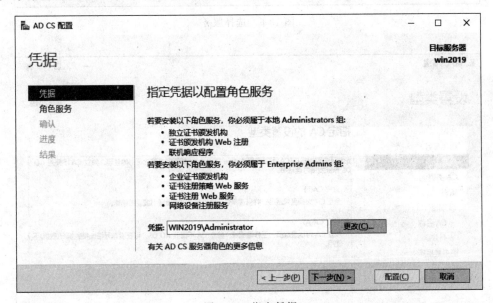

图 13-5 指定凭据

步骤 14:在"角色服务"向导界面中,因不能同时配置证书颁发机构和证书注册 Web 服务,需要先完成 CA 设置,因此在此选中"证书颁发机构"和"证书颁发机构 Web 注册"复选框,如图 13-6 所示,然后单击"下一步"按钮继续。

步骤 15:在"设置类型"向导界面中,选中"企业 CA"单选按钮,需要部署 Active Directory 域服务环境。如果是独立的服务器,则需要选中"独立 CA"单选按钮,如图 13-7 所示。单击"下一步"按钮。

步骤 16:在"CA 类型"向导界面中,如果此服务器是本网络中第一台 CA,则只能选择"根 CA"单选按钮,如图 13-8 所示。单击"下一步"按钮。

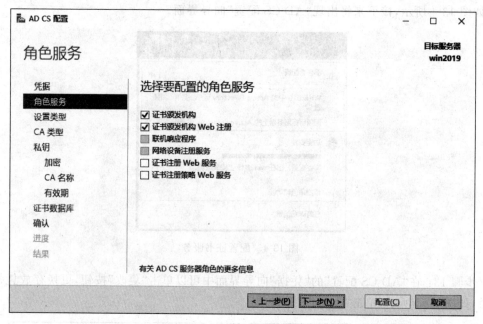

图 13-6 选择服务

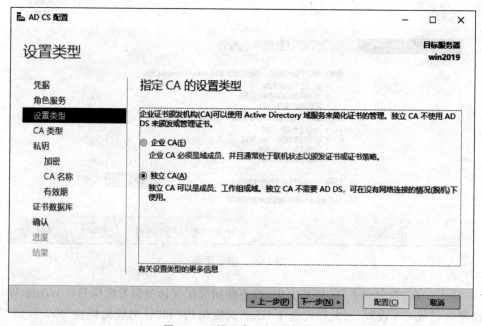

图 13-7 "设置类型"向导界面

步骤 17：在"私钥"向导界面中，如果原来没有私钥，则需要选择"创建新的私钥"选项，如图 13-9 所示。单击"下一步"按钮继续。

步骤 18：在"加密"向导界面中可以选择加密程序、密钥长度、加密算法等，在此用默认值即可，如图 13-10 所示。单击"下一步"按钮继续。

步骤 19：在"CA 名称"向导界面中可以指定 CA 的公用名称、名称后缀、预览可分辨名

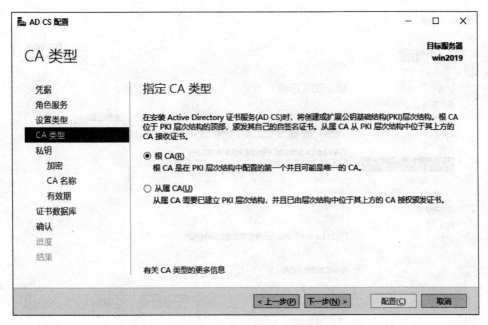

图 13-8 "CA 类型"向导界面

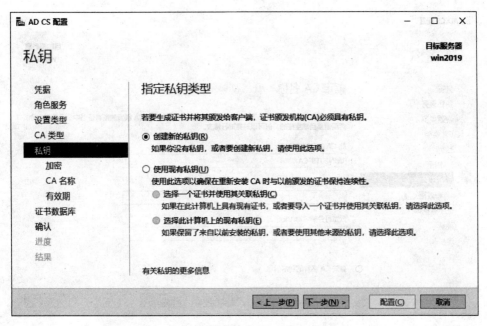

图 13-9 "私钥"向导界面

称等,在此用默认值即可,如图 13-11 所示。单击"下一步"按钮继续。

步骤 20:在"有效期"向导界面中可以改变证书的有效期,如图 13-12 所示,在此可以使用默认值 5 年。单击"下一步"按钮。

步骤 21:在"证书数据库"向导界面中可以指定存放 CA 数据库和日志文件的位置,如图 13-13 所示,在此使用默认值即可。单击"下一步"按钮。

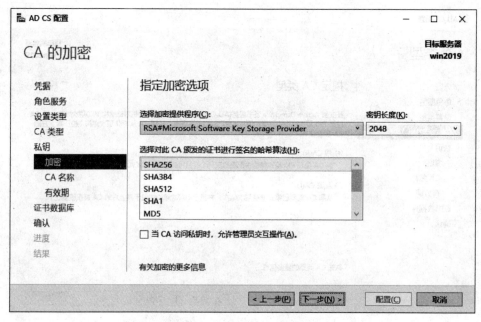

图 13-10 "加密"向导界面

图 13-11 "CA 名称"向导界面

步骤 22：在"确认"向导界面中显示出上述步骤中的配置参数,确认无误后单击"配置"按钮。

步骤 23：在"进度"向导界面中将显示出配置进度信息,然后在"结果"向导界面中显出配置成功,单击"关闭"按钮完成全部配置过程。

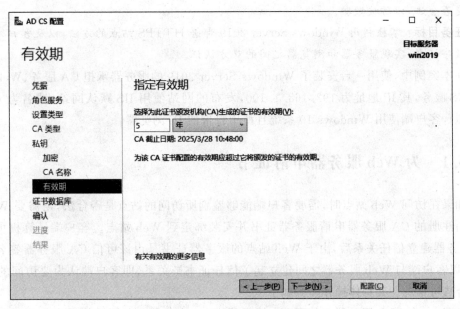

图 13-12 "有效期"向导界面

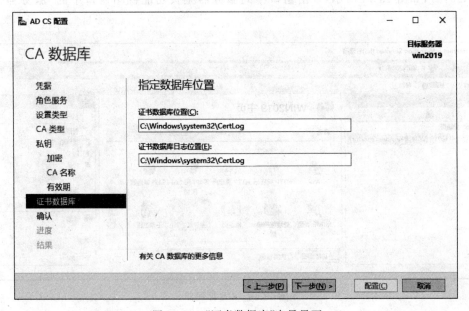

图 13-13 "证书数据库"向导界面

任务 3 创建安全 Web 站点

任务描述：某单位的 Web 站点需要进行保护,希望能够对访问客户进行身份验证,所有访问数据不可抵赖;而访问者希望 Web 站点传输的数据具有保密性,防篡改,并能鉴别站点是否合法,以防被欺骗。

任务目标:掌握利用 Windows Server 2019 部署 HTTPS 站点的方法,以及客户端申请安装数字证书,实现服务器和浏览器之间的双方认证。

在本案例中,使用一台安装了 Windows Server 2019 的服务器承担 CA 服务、Web 服务和 DNS 服务,其 IP 地址为 192.168.1.100,发布的网站使用 IIS 默认网站,域名为 www.test.net,客户端使用 Windows 10 系统且使用自带的 IE 浏览器。

13.3.1 为 Web 服务器申请证书

如果在访问 Web 站点时,需要客户端能够鉴别所访问的站点是否合法,则需要 Web 服务器向注册的 CA 服务器申请服务器证书并安装绑定到 Web 站点。客户端计算机可信的 CA 服务器建立信任关系后,由于 Web 站点的服务器证书是由该可信 CA 服务器签名并验证,所以客户端与 Web 服务器之间建立起了信任证书链关系,即客户端认为要访问的 Web 站是合法可信的。其具体操作步骤如下。

步骤 1:在 Web 服务器上打开 IIS 管理器窗口,单击窗口左侧导航栏中的本地服务器 (WIN2019),如图 13-14 所示,双击窗口中间服务器主页功能视图窗口中的"服务器证书"图标。

图 13-14 IIS 管理器

步骤 2:单击窗口右侧操作栏中的"创建证书申请"链接,如图 13-15 所示,将打开证书申请向导。

步骤 3:在"可分辨名称属性"对话框中需要依次填入"通用名称""组织""组织单位"等所有信息,"通用名称"要与申请证书的网站主机名称一致,否则将来会出错,如图 13-16 所示,然后单击"下一步"按钮。

步骤 4:在"加密服务提供程序属性"对话框中使用默认选项即可,如图 13-17 所示,单击"下一步"按钮。

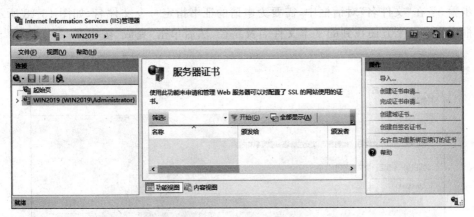

图 13-15 创建证书申请

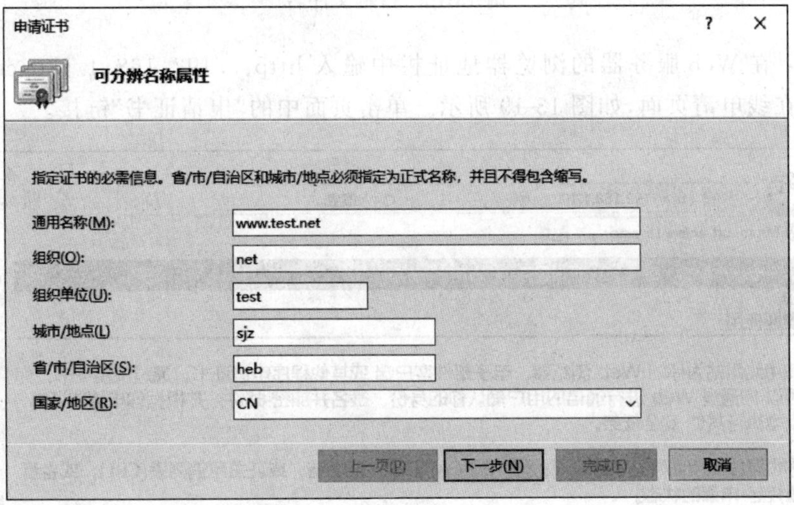

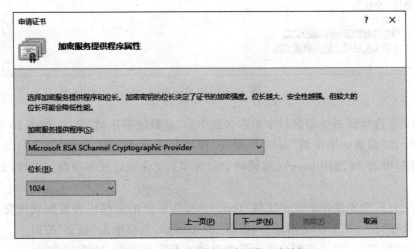

图 13-16 输入证书信息

图 13-17 "加密服务程序属性"对话框

步骤 5：在"文件名"对话框中，需要为申请的证书指定一个文件名，如图 13-18 所示，在文本框中指定一个方便找到的文本文件名及路径，然后单击"完成"按钮。

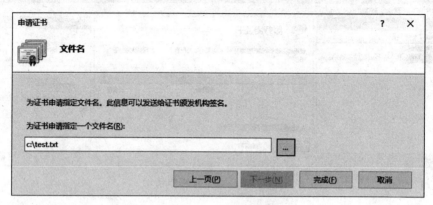

图 13-18　指定文件名

步骤 6：在 Web 服务器的浏览器地址栏中输入 http://192.168.1.100/certsrv，打开 CA 服务器在线申请页面，如图 13-19 所示。单击页面中的"申请证书"链接。

图 13-19　申请证书

步骤 7：在选择证书类型窗口中单击页面中的"高级证书申请"链接，如图 13-20 所示。

步骤 8：在"高级证书申请"窗口中，单击"使用 base64 编码的 CMC 或 PKCS♯10 文件提交一个证书申请，或使用 base64 编码的 PKCS ♯7 文件续订证书申请。"链接，如图 13-21 所示。

步骤 9：打开刚才保存的证书文件(test.txt)，将里面的全部内容复制到提交证书申请窗口中的"保存的申请"下的文本框中，如图 13-22 所示，然后单击"提交"按钮。

步骤 10：提交后，网站页面会提示证书申请处于挂起状态，如图 13-23 所示。

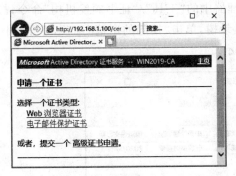

图 13-20 选择证书类型

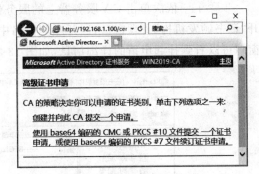

图 13-21 "高级证书申请"窗口

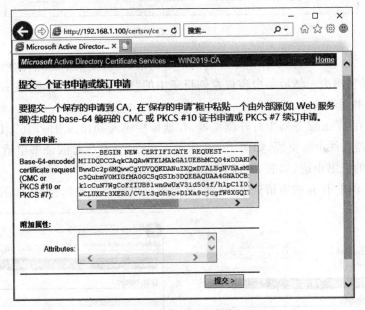

图 13-22 提交申请

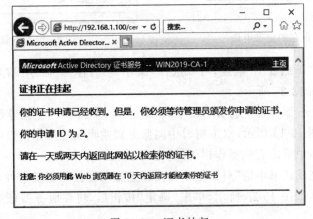

图 13-23 证书挂起

步骤 11：依次单击 CA 服务器上的服务器管理器中的"工具"/"证书颁发机构"命令，打开"证书颁发机构"管理窗口，展开左侧窗格中的目录树，单击"挂起的申请"选项，在工作区窗口可以看到挂起申请的详细信息，如图 13-24 所示。

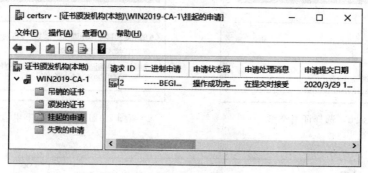

图 13-24　查看申请

步骤 12：右击窗口右侧工作区中挂起的申请记录，在快捷菜单中选择"所有任务/颁发"命令，将证书颁发出去。然后单击窗口左侧目录中的"颁发的证书"选项，在右侧工作区窗口将出现申请证书详细信息。

步骤 13：在 Web 服务器中打开浏览器，在地址栏输入 http://192.168.1.100/certsrv，打开 CA 服务器在线申请页面，如图 13-19 所示。单击"查看挂起的证书申请的状态"链接，将会看到保存的证书申请，如图 13-25 所示。

步骤 14：单击"保存的申请证书"链接，将出现证书已颁发提示窗口，如图 13-26 所示。

图 13-25　保存的证书申请

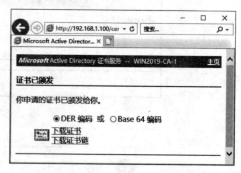

图 13-26　下载证书

步骤 15：单击"下载证书"链接，可以选择"保存"/"另存为"命令保存后再打开证书，将看到证书信息，如图 13-27 所示。

步骤 16：在 Web 服务器上打开"IIS 管理器"窗口，单击窗口左侧导航栏中的本地服务器（WIN2019），如图 13-14 所示，双击窗口中间服务器主页功能视图窗口中的"服务器证书"图标，在打开的窗口中单击右侧操作栏中的"完成证书申请"链接。

步骤 17：在"完成证书申请"对话框中需要指定证书存放位置及文件名、好记名称，选择证书存储为"个人"，如图 13-28 所示，单击"确定"按钮后，将在服务器证书工作功能视图中看到此证书信息。

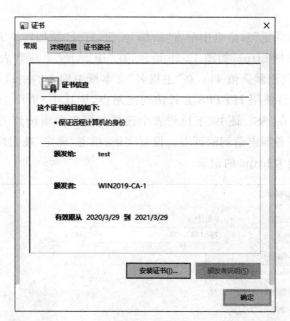

图 13-27 证书信息

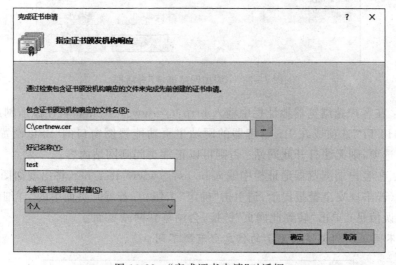

图 13-28 "完成证书申请"对话框

13.3.2 配置 HTTPS Web 站点

Web 服务器申请到证书后,需要在 Web 服务器上开启 SSL 连接,以实现客户端访问 Web 站点的方式由 HTTP 升级到 HTTPS,把服务器证书与安全 Web 站点关联起来。其具体操作步骤如下。

步骤 1:在 Web 服务器上打开"IIS 管理"窗口,展开窗口左侧导航栏目录,选中已发布的网站(如默认站点 Default Web Site),单击窗口右侧操作栏中的"绑定"链接,打开"网站绑定"对话框。

步骤 2：在"网站绑定"对话框中单击"添加"按钮，打开"添加网站绑定"对话框。首先在"类型"下拉列表中选择 https，如图 13-29 所示，在"IP 地址"下拉列表中确定使用的 IP 地址，"端口"选项可以使用默认值 443，在"主机名"文本框中输入的主机名应与申请证书的通用名称一致；若只允许使用 HTTPS 方式访问此站点，则选中"禁用 HTTP/2"选项，否则，两种方式都可访问；在"SSL 证书"下拉列表中选择此服务器申请到的证书，或者通过单击"选择"按钮找到此服务器申请到的证书。设置完毕，单击"确定"按钮后，在"网站绑定"对话框中将添加一条类型为 https 的记录。

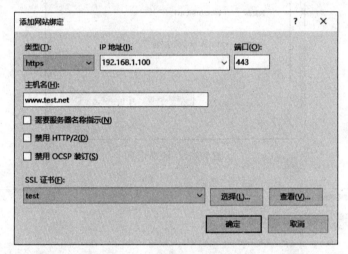

图 13-29　"添加网站绑定"对话框

步骤 3：在客户端浏览器地址栏中输入 http://www.test.net，若在添加网站绑定时选中了"禁用 HTTP"选项或在 IIS 管理器的网站主页功能视图窗口的"SSL 设置"中选中了"要求 SSL"选项，则无法打开此网站；否则可以正常访问到网站内容。

步骤 4：在客户端浏览器地址栏中输入 https://www.test.net，将出现如图 13-30 所示的显示页面(若出现安全警报提示，请单击"确定"按钮)。若展开页面中的"详细信息"链接，则会看到错误信息；单击"转到此网页"链接，会浏览到网站页面。

注意：不同版本的浏览器显示的信息会有所不同。

图 13-30　https 连接

步骤 5：为了解决客户端不信任 Web 服务器证书 CA 的问题，需要在客户端导入 CA 服务器的根证书。在客户端浏览器地址栏中输入 http://192.168.1.100/certsrv，打开证书申请页面，如图 13-19 所示，单击页面中的"下载 CA 证书、证书链或 CRL"链接。

步骤 6：在下载页面中，单击"下载 CA 证书"链接，如图 13-31 所示。将证书另存到指定的位置。

图 13-31 下载 CA 证书

步骤 7：在浏览器中选择"工具"/"Internet 选项"命令，打开"Internet 选项"管理对话框，选择"内容"选项卡，单击"证书"按钮，打开"证书"对话框，如图 13-32 所示。

图 13-32 证书列表

步骤 8：在"证书"对话框中选择"受信任的根证书颁发机构"选项卡，单击"导入"按钮，将打开"证书导入向导"对话框，单击"下一步"按钮，指定要导入的文件；再单击"下一步"按钮，在"证书存储"对话框中选中"将所有的证书都放入下列存储"单选按钮，将证书存储在"受信任的根证书颁发机构"，如图 13-33 所示。单击"下一步"按钮。

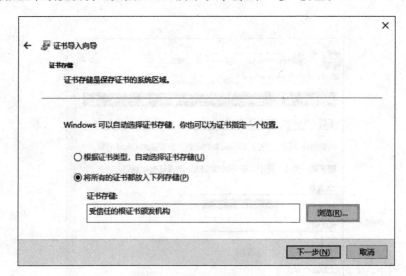

图 13-33　"证书存储"对话框

步骤 9：最后显示"导入设置"对话框，检查无误后单击"完成"按钮，将出现安全警告对话框，单击"是"按钮完成证书导入。在"证书"对话框中将看到受信任的根证书颁发机构的证书记录。

步骤 10：在浏览器地址栏中输入 https://www.test.net，将不再出现错误提示，可正常访问网站。

13.3.3　客户端申请安装证书

当 Web 服务器配置为 HTTPS 站点以后，客户端通过 SSL 方式访问时会提示此站点不安全，在查看详细信息时会提示"你的计算机不信任此网站的安全证书"，证明 Web 服务与客户端还没有建立双向信任关系。为了进一步提高安全性，Web 服务器可以通过 CA 服务器对客户端身份进行验证，强制要求每个访问客户端提供有效的数字证书，如果没有可信 CA 颁发的数字证书，将被拒绝访问。其具体实施步骤如下。

步骤 1：打开 Web 服务器的"IIS 管理器"窗口，展开左侧窗格中的目录树，单击要配置的网站(Default Web Site)，双击工作区栏中功能视图中的"SSL 设置"选项，在打开的"SSL 设置"窗格中选中"要求 SSL"选项，客户证书设置为"必需"，如图 13-34 所示。再单击右侧操作栏中的"应用"链接。

步骤 2：在客户端浏览器地址栏中不论输入 http://www.test.net 还是输入 https://www.test.net，最终都会提示"403-禁止访问：访问被拒绝"信息，因为此时要求客户端必须采用 HTTPS 方式访问且要安装客户端证书。

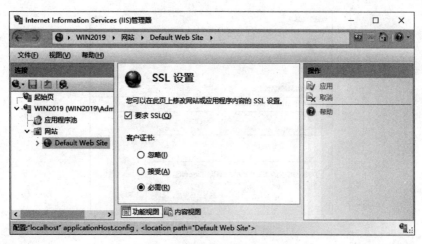

图 13-34　"SSL 设置"窗格

步骤 3：客户端在申请证书之前要对浏览器进行必要设置，否则将无法申请并出现"为了完成证书注册，必须将 CA 的网站配置为使用 HTTPS 身份验证。"的错误提示信息。在浏览器中选择"工具"/"Internet 选项"命令，打开"Internet 选项"对话框，选择"安全"选项卡，然后选中"受信任的站点"选项，如图 13-35 所示。

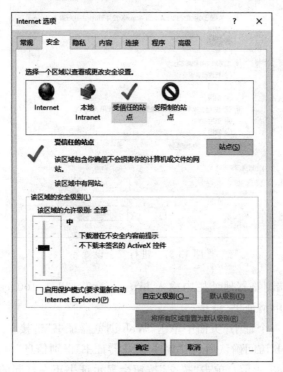

图 13-35　"安全"选项卡

步骤 4：单击"站点"按钮，打开"受信任的站点"对话框，在"将该网站添加到区域"文本框中输入 http://192.168.1.100/certsrv，单击"添加"按钮，同时取消选中"对该区域中的所有站点要求服务器验证(https)"复选框，如图 13-36 所示。单击"关闭"按钮。

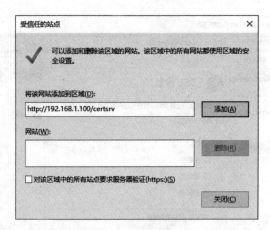

图 13-36　添加受信站点

步骤 5：单击"自定义级别"按钮，在"安全设置 - 受信任的站点区域"对话框中拖动滚动条，找到"对未标记为可安全执行脚本的 ActiveX 控件初始化并执行脚本"选项，单击"启用"单选按钮，如图 13-37 所示。之后单击"确定"按钮，直到"Internet 选项"对话框关闭。

图 13-37　进行安全设置

步骤 6：在客户端浏览器地址栏中输入 http://192.168.1.100/certsrv，打开证书注册网站，单击页面中的"申请证书"链接。

步骤 7：在"申请一个证书"页面中单击"Web 浏览器证书"链接。

步骤 8：进行 Web 访问确认后，在"Web 浏览器证书-识别信息"页面中的文本框中输入相应的信息，如图 13-38 所示。单击"提交"按钮会显示证书正在挂起的页面。

步骤 9：打开 CA 服务器中的"证书颁发机构"对话框，将提交的 Web 浏览器证书颁发出去。

步骤 10：在客户端浏览器地址栏中输入 http://192.168.1.100/certsrv，再在打开页面中单击"查看挂起的证书申请的状态"链接，将会看到挂起的证书申请的状态，如图 13-39所示。

图 13-38 识别信息页面

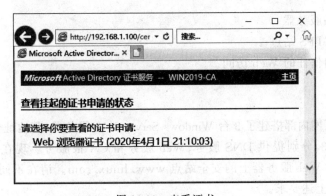

图 13-39 查看证书

步骤 11：单击"Web 浏览器证书"链接后，进行 Web 访问确认后，将提示"证书已颁发"页面，如图 13-40 所示。

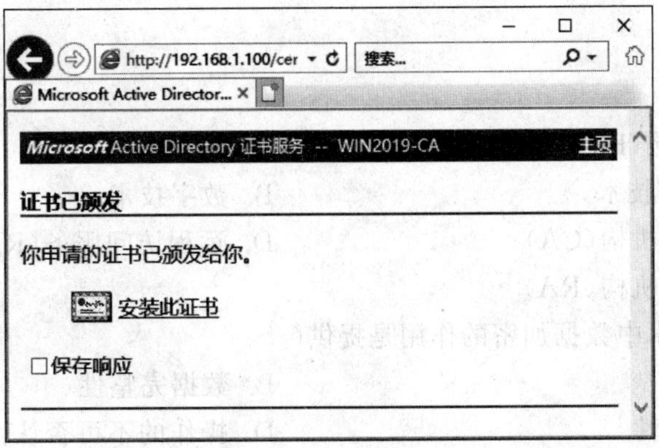

图 13-40 证书状态

步骤 12：单击"安装此证书"链接，将出现证书已安装提示页面。在浏览器中选择"工具"/"Internet 选项"命令，打开"Internet 选项"管理对话框，选择"内容"选项卡，单击"证书"按钮，打开"证书"对话框，单击"个人"选项卡，将看到 Web 浏览器证书。

步骤 13：在客户端浏览器地址栏中输入 https://www.test.net，即可实现网站的正常访问。

实　　　训

1. 实训目的

(1) 了解证书服务的工作机制。

(2) 掌握 Windows Server 2019 证书服务器的安装和配置。

(3) 掌握客户端的设置。

2. 实训内容

(1) 安装证书服务器。

(2) 架设 HTTPS 站点。

(3) 建立双向信任的 Web 访问。

3. 实训要求

某单位在园区网内部搭建了 3 台 Windows Server 2019 服务器，其地址分别为 10.0.0.1、10.0.0.2、10.0.0.3，分别提供 DNS 服务、Web 服务和 CA 根服务。现在要求实现只能用 HTTPS 方式访问 Web 服务器上的安全站点 www.linux.com。请在不同角色的机器上做出相应配置，完成上述要求。

习　　　题

一、选择题

1. 公钥基本结构(PKI)包括(　　　)。

    A. 公钥加密技术　　　　　　　　　　B. 数字技术

    C. 证书颁发机构(CA)　　　　　　　　D. 远程访问服务(RAS)

    E. 注册权威机构(RA)

2. 公钥加密技术中数据加密的作用是提供(　　　)。

    A. 身份验证　　　　　　　　　　　　B. 数据完整性

    C. 数据机密性　　　　　　　　　　　D. 操作的不可否认性

3. 公钥加密技术在数字签名的作用是提供(　　)。

　　A. 身份验证　　　　　　　　　　　　B. 数据完整性

　　C. 数据加密型　　　　　　　　　　　D. 操作的不可否认性

4. 在 Windows Server 2019 中,CA 的主要作用是(　　)。

　　A. 证书的颁发　　　　　　　　　　　B. 证书的吊销

　　C. 证书的申请　　　　　　　　　　　D. 证书的归档

　　E. 证书的查询

5. (　　)是以私钥加密数据,发送给接受者后,再以发送者的公钥解密该数据。

　　A. 数据加密　　　　　　　　　　　　B. 数字签名

　　C. 证书颁发机构　　　　　　　　　　D. 注册机构

二、简答题

1. 关于 PKI 的基本组成、加密方式及主要用处分别是什么?

2. 简述数字签名的概念。

3. 证书中通常会包含哪些信息?

4. 在安装微软的证书服务时,企业 CA 和独立 CA 有什么区别?

5. 在网站上启动安全通道(SSL)有什么作用?

项目 14　系统安全配置与管理

项目描述：随着计算机网络应用的蓬勃发展和新一代信息技术的不断出现,对操作系统具有危害性的攻击也越来越频繁,给网络中的各种数据带来巨大的安全隐患,现在要求对操作系统采取一定的措施来消除网络安全的隐患。

项目目标：掌握操作系统 Windows Server 2019 自带的安全管理工具应用场景及配置方法,通过多种技术手段来控制用户对资源的访问,提高数据的安全性,其中包括访问控制、文件加密、定制安全策略、基于主机的防火墙和数据灾难恢复技术等。

任务 1　认知 Windows 安全措施

任务描述：某单位欲通过 Windows Server 2019 操作系统自带的安全工具提高本单位信息系统的安全性,先要求搞清 Windows 操作系统提高数据安全性的措施及方式。

任务目标：通过学习,应当理解并掌握 Windows Server 2019 操作系统的安全结构和安全特点,以及为保证网络安全所采用的安全措施和安全技术。

网络安全是指网络系统的硬件、软件及其系统中的数据受到保护,不因偶然的或者恶意的原因而遭受到破坏、更改、泄露,系统连续可靠正常地运行,网络服务不中断。网络安全从其本质上来讲就是确保网络上的信息安全。

目前,许多企业都将微软的 Windows 平台作为自己的首选平台。而微软把 Windows Server 2019 操作系统定位于一个具有各种内在安全功能的强大而坚实的网络操作系统,随着其日趋完善,越来越多的企业正在打算升级到这个新版服务器操作系统上。随着企业对利用 Windows 平台运行关键业务应用的依赖日益增加,Windows 平台的安全性、可用性的重要性也就不言而喻了。毕竟,在目前竞争日益激烈的条件下,系统崩溃给企业带来的影响可能是灾难性的,所以如何有效地管理 Windows 服务器成为企业 IT 部门一项非常紧迫的事情。幸运的是,有一些行之有效的工具和服务能够帮助企业管理自己的服务器,最大化并维护自己在 Windows 环境下所做的投资,这促使他们选择迁移到 Windows Server 2019 上。

Windows Server 2019 可以说是微软迄今为止最健壮的 Windows Server 操作系统,它的所有功能都是围绕着为企业业务和应用提供一个更加坚实的基础平台这样一个目标设计的。Windows Server 2019 全新的可用性、虚拟化、安全性和管理能力可以帮助信息技术(IT)专业人员最大限度地控制和管理其基础设施。

例如,Windows Server 2019 引入了 Windows PowerShell 技术。Windows PowerShell

是一个命令行外壳和脚本系统管理工具。PowerShell 是一款基于对象的 Shell,建立在 .NET 框架之上,能够同时支持 WMI、COM、ADO.NET、ADSI 等已有的 Windows 管理模型。此外,它还包含 130 多个工具。这样的一个开发和管理环境使得 IT 部门更容易控制和自动化处理重复的系统管理任务。

此外,Windows Server 2019 新的服务器管理器只有一个单一的控制面板,这给管理员带来了极大的方便,管理员可以轻松地安装、配置和管理服务器角色和 Windows Server 2019 的功能。

由于 Windows Server 2019 的这些改进,许多企业都迫不及待地想要迁移到这个更加强大的业务平台上。正因为这样,对于升级的 Windows 环境提供争取的保护措施成为企业 IT 部门最紧迫的任务。为了保持企业业务的连续性,IT 部门必须能够找到一种有效的解决方案,不仅能够恢复数据、系统和应用,同时还能支持和整合 Windows Server 2019 的新功能。

1. 在系统安装过程中进行安全性设置

要创建一个强大并且安全的服务器,必须从一开始安装的时候就注重每一个细节的安全性。新的服务器应该安装在一个孤立的网络中,杜绝一切可能造成攻击的渠道,直到操作系统的防御工作完成。

在开始安装的最初的一些步骤中,用户将会被要求在 FAT 和 NTFS 之间做出选择。这时,用户务必为所有的磁盘驱动器选择 NTFS 格式。FAT 是为早期的操作系统设计的比较原始的文件系统。NTFS 是随着 Windows NT 的出现而出现的,它能够提供了 FAT 不具备的安全功能,包括访问控制列表(access control lists,ACL)和文件系统日志,文件系统日志可以记录文件系统的任何改变。接下来,用户需要安装最新的 Service Pack 和任何可用的热门补丁程序。

2. 配置安全模板

安全模板是一种可以定义 Windows 安全策略的文件表示方式,它能够配置帐户和本地策略、事件日志、受限组、文件系统、注册表以及系统服务等项目的安全设置。安全模板都以 .inf 格式的文本文件存在,用户可以方便地复制、粘贴、导入或导出某些模板。此外,安全模板并不引入新的安全参数,而只是将所有现有的安全属性组织到一个位置以简化安全性管理,并且提供了一种快速批量修改安全选项的方法。Windows 定义了 MMC 控制台,是用于创建、保存或打开管理工具来管理硬件、软件和 Windows 系统的网络组件。因用文本编辑器编辑 .inf 文件形式的安全模板过于复杂,可以将安全模板载入 MMC 控制台,以方便使用。

3. 为物理机器和逻辑组件设定适当的存取控制权限

从用户按下服务器的电源按钮那一刻开始,直到操作系统启动并且所有服务都活跃之前,威胁系统的恶意行为依然有机会破坏系统。除了操作系统以外,一台健康的服务器开始启动时应该具备密码保护的 BIOS/固件。此外,就 BIOS 而言,服务器的开机顺序应当被正确设定,以防从未经授权的其他介质启动。

同样,自动运行外部介质的功能包括光碟、DVD 和 USB 驱动器,应该被禁用。在注册表,进入路径 HKEY_LOCAL_MACHINE\SYSTEM\CurrentControlSet\services\cdrom (或其他设备名称)下,将 Autorun 的值设置为 0。自动运行功能有可能自动启动便携式介质携带的恶意应用程序。这是安装特洛伊木马(Trojan)、后门程序(Backdoor)、键盘记录程序(KeyLogger)、窃听器(Listener)等恶意软件的一种简单方法。

下一道防线是有关用户如何登录到系统。虽然身份验证的替代技术,比如生物特征识别、令牌、智能卡和一次性密码,都可以在 Windows Server 2019 中用来保护系统,但是很多系统管理员,无论是本地的还是远程的,都习惯使用用户名和密码的组合方式作为登录服务器的验证码。密码的设定最好采用一个强壮的密码策略:密码长度至少 8 个字符,包括英文大写字母、数字和非字母数字字符。此外,用户最好定期改变密码,并在特定的时期内不使用相同的密码。

一个强壮的密码策略加上多重验证,这还不够。NTFS 提供的 ACL 功能,使得一个服务器的各个方面,每个用户都可以被指派不同级别的访问权限。文件访问控制、打印共享权限的设置应当基于组(group)而不是"每个人(everyone)"。确保只有一个经过合法身份验证的用户能访问和编辑注册表,这也很重要,这样做的目的是为了限制访问这些关键服务和应用的用户人数。

4. 禁用或删除不需要的帐户、端口和服务

在安装过程中,3 个本地用户帐户被自动创建,即管理员(administrator)、来宾(guest)、远程协助帐户(help-assistant,随着远程协助会话一起安装)。管理员帐户拥有访问系统的最高权限,它能指定用户权限和访问控制。虽然这个主帐户不能被删除,但是用户应该禁用或给它重新命名,以防轻易就被黑客盗用而侵入系统。正确的做法是:应该为某个用户或一个组对象指派管理员权限。这就使黑客更难判断究竟哪个用户拥有管理员权限。这对于审计过程中是至关重要的。如果一个 IT 部门的每一个人都可以使用同一个管理员帐户和密码登录并访问服务器,将是一个很大的安全隐患。

同样,来宾帐户和远程协助帐户为那些攻击 Windows Server 2019 的黑客提供了一个更为简单的目标。

开放的端口也是最大的潜在威胁,Windows Server 2019 有 65535 个可用的端口,而服务器并不需要所有这些端口。所有的端口被划分为 3 个不同的范围:众所周知的端口(0～1023)、注册端口(1024～49151)、动态/私有端口(49152～65535)。众所周知的端口都被操作系统功能所占用,而注册端口则被某些服务或应用占用。动态/私有端口则是没有任何约束的。

如果能获得一个端口和所关联的服务和应用的映射清单,那么管理员就可以决定哪些端口是核心系统功能所需要的。举例来说,为了阻止任何 Telnet 或 FTP 传输路径,可以禁用与这两个应用相关的通信端口。同样,知名软件和恶意软件使用那些端口都是大家所熟知的,这些端口可以被禁用以创造一个更加安全的服务器环境。最好的做法是关闭所有未用的端口。

增强服务器免疫力最有效的方法是不安装任何与业务不相关的应用程序,并且关闭不需要的服务。虽然在服务器上安装一个电子邮件客户端或第三方工具可能会使管理员更方

便,但是,如果不直接涉及服务器的功能,那么最好不要安装它们。在 Windows Server 2019 上有 100 多个服务可以被禁用,但并非所有的服务都是可以禁用的。举例来说,虽然远端过程调用(remote procedure call,RPC)服务可以被 Blaster 蠕虫所利用,进行系统攻击,不过它却不能被禁用,因为 RPC 允许其他系统过程在内部或在整个网络进行通信。为了关闭不必要的服务,可以选择"开始"/"管理工具"/"服务"命令打开"服务"窗口。双击该服务,打开"属性"对话框,在"启动类型框"中选择"禁用"即可。

5. 创建一个强大和健壮的审计和日志策略

阻止服务器执行有害的或者无意识的操作,是强化服务器的首要目标。为了确保所执行的操作是都是正确的并且合法的,那么就得创建全面的事件日志和健壮的审计策略。

随着一致性约束的来临,强大的审计策略应该是健壮的 Windows Server 2019 服务器的一个重要组成部分。成功和失败的帐户登录和管理尝试,连同特权使用和策略变化都应该被初始化。

在 Windows Server 2019 中,创建的日志类型有应用日志、安全日志、目录服务日志、文件复制服务日志和 DNS 服务器日志等。这些日志都可以通过事件查看器(event viewer)监测,同时事件查看器还提供广泛的有关硬件、软件和系统问题的信息。在每个日志条目中,事件查看器显示 5 种类型的事件:错误、警告、信息、成功审计和失败审计。

6. 创建一个基线的备份

在花费了大量时间和精力强化 Windows Server 2019 服务器时,管理员所要做的最后一步是创建一个 0/full 级别的机器和系统状态备份。一定要对系统定期进行基线备份,这样当有安全事故发生时,就能根据基线备份对服务器进行恢复。在对 Windows Server 2019 服务器的主要软件和操作系统进行升级后,务必要对系统进行基线备份。

7. 密切留意用户帐户

为了确保服务器的安全性,还需要密切注意用户帐户的状态。不过,管理帐户是一个持续的过程。用户帐户应该被定期检查,并且任何非活跃、复制、共享、一般或测试帐户都应该被删除。

8. 保持系统补丁应该是最新的

强制服务器升级是一个持续的过程,并不会因为安装了 Windows Server 2019 SP 而结束。为了第一时间安装服务期升级/补丁软件,可以通过"控制面板"中的 Windows Update 启用自动更新功能。在"自动更新"选项卡上选择"自动下载更新"。因为关键的更新通常要求服务器重新启动,用户可以给服务器设定一个安装这些软件的时间表,从而不影响服务器的正常功能。

9. 利用外部解决方案保护系统和数据安全

维护一个关键并且复杂的 IT 环境从未变得像现在这样如此具有挑战性,尤其是对于那些人员不足、工作负荷过重而且预算紧张的 IT 部门来说。数据量增长的速度惊人,传统的备份方法越来越不能满足需要,用户对于更有效的数据管理方式的需求越来越多。此外,企业也正在寻找更快、更可靠系统恢复解决方案。最新版本的 Windows Server 2019 横空出世,引入了一些新技术,能够帮助企业管理和扩大业务流程。对于一个企业来说,定义一个完整的数据和系统保护策略以确保企业的关键业务信息的安全是至关重要的。

如果缺少正确的保护措施,基础设施故障、自然灾害甚至简单的人为错误,都有可能把一个效率高并且利润丰厚的公司变成一个无法恢复的烂摊子。

为了减少这种风险,企业需要用一种更全面的方法取代目前基于简仓的备份和恢复策略,支持 VSS Writer Integration、动态目录、BitLocker 技术、群集技术等,最大限度地优化 Windows Server 2019 和遗留的 Windows 系统。这一新方法使 IT 管理员对于 Windows 环境和恢复策略完全有信心。Windows Server 2019 的数据保护解决方案在本质上也应该保护所有打开的文件。

在 Windows Server 2019 中,微软公司为数据保护解决方案设定了一个新的要求——可以从大量的快照中执行备份。

此外,这些全面的数据保护解决方案是由基于磁盘的技术所支持的,能够最大限度地减少系统停机时间并帮助企业达到严格的恢复时间目标。先进的功能让 IT 管理员能够在几分钟内还原整个服务器系统或个人的电子邮件。

越来越多的全面数据和系统保护解决方案还集成了智能归档工具,这样就增加了关键档案的安全性和有效性。随着越来越多的企业认识到数据保存和恢复标准的遵从一致性的重要性,他们希望能找到一个综合的归档解决方案,以帮助管理和减少存储量并从整体上改善的数据安全。

任务 2　设置本地安全策略

任务描述:为了提高系统安全性,某单位欲对登录用户限制密码复杂度、登录时间、用户权限等,此外,还想限制用户登录的方式、登录地点及对安全事件进行跟踪等。

任务目标:掌握 Windows Server 2019 系统中与本地安全策略身份认证相关的基本知识和操作技能。

在 Windows 网络中,本地安全策略是非常重要的一个安全组件。在处理各种服务请求时,本地的身份认证(识别)系统是网络安全的第一保护层。它除了可以进行帐户和口令的检测与认证之外,还可以限制用户的上网时间、非法使用者锁定和密码更改等。登录验证之后,还会涉及资源的访问与控制。本地安全策略可以控制的内容有:本地登录还是交互式登录,登录用户在本地计算机中的操作权力与访问权限,用户帐户策略的密码策略和帐户锁定策略等。

14.2.1　本地策略

Windows Server 2019 系统自带的"本地安全策略"是一个很不错的系统安全管理工具,利用好它可以使系统更安全。在"本地策略"中可以设置用户权限分配。微软公司的网络服务器,交互式登录,网络访问。用户帐户控制等相关的参数,以实现某种效果。以下举例说明。

1. 设置登录不需按 Ctrl+Alt+Delete 组合键

用户在很多情况下登录系统时,如注销后及切换用户时,会显示"按 Ctrl+Alt+Delete 登录"的提示,如果想把它去掉,可以执行如下几个步骤。

步骤 1:在服务器管理器中选择"工具"/"本地安全策略"命令,打开"本地安全策略"的管理控制台。在此可通过菜单栏中的菜单命令选择查看方式、导出列表及导入策略等操作,如图 14-1 所示。

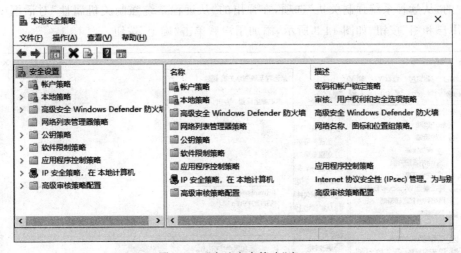

图 14-1 "本地安全策略"窗口

步骤 2:展开窗口左侧导航栏"安全设置"下的"本地策略"/"安全选项",在右边的窗格中找到"交互式登录:无须按 Ctrl+Alt+Del"策略,双击打开它,选择"已启用",如图 14-2 所示,单击"确定"按钮完成设置。

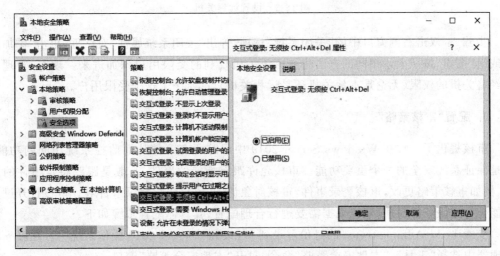

图 14-2 设置交互登录策略

307

2. 赋予普通用户关机权限

在 Windows 操作系统中,用户分为两类,一类是管理员级,拥有系统的生杀大权;另一类是普通用户级,也就是受限用户。如果是受限用户,当登录到系统后,欲关机时会发现"开始"菜单中关机按钮后没有"关机"选项,但单击用户图标后有一个"注销"选项,也就是说此用户没有关机权利。如果要使受限用户具有关机的权限,在非域控制器上的设置步骤如下。

步骤 1:以 Administrator 的身份登录到 Windows Server 2019 操作系统中。在服务器管理器中选择"工具"/"本地安全策略"命令,打开"本地安全策略"窗口。

步骤 2:展开窗口左侧导航栏"安全设置"下的"本地策略"/"用户权限分配",双击右侧窗口中的"从远程系统强制关机"选项,在弹出的"从远程系统强制关机属性"对话框中单击"添加用户和组"按钮,如图 14-3 所示,添加用户后单击"确定"按钮。

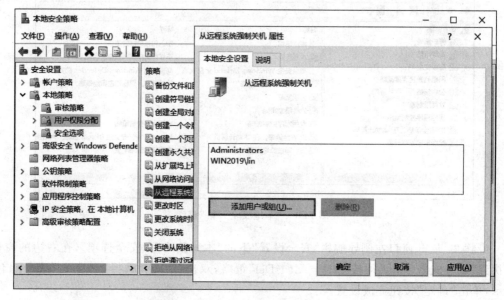

图 14-3　设置远程关机

步骤 3:双击右侧窗口中的"关闭系统"选项,弹出"关闭系统属性"对话框,单击"添加用户或组"按钮,按照上述相同的方法将欲赋予关机权利的受限用户添加进来。现在,管理员已经将关机的权限(无论是本地关机还是远程关机),都赋予了这个受限用户。

3. 配置"审核策略"

审核提供了一种在 Windows Server 2019 中跟踪所有事件从而监控系统访问的功能。它是保证系统安全的一个重要功能。审核允许跟踪特定的事件,一般是跟踪特定事件的成败,例如审核策略更改,审核登录事件,审核对象访问,审核帐户登录事件等。审核打开过多可能会导致服务器超载,建议根据需要进行合理配置,其具体配置步骤如下。

步骤 1:以 Administrator 的身份登录到 Windows Server 2019 操作系统中。在服务器管理器中选择"工具"/"本地安全策略"命令,打开"本地安全策略"窗口。

步骤 2:展开窗口左侧导航栏"安全设置"下的"本地策略"/"审核策略",双击右侧窗格中的某个策略,可以显示出其设置。例如,双击"审核策略更改",在打开的"审核策略更改 属性"对话框中既可以选中"成功"复选框,也可以选中"失败"复选框,如图 14-4 所示,单击"确定"按钮完成配置。

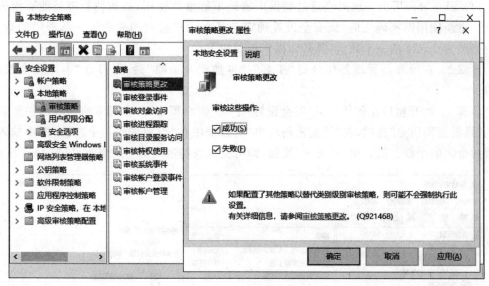

图 14-4 设置审核策略

步骤 3:在服务器管理器中选择"工具"/"事件查看器"命令,打开"事件查看器"窗口,展开窗口左侧的导航目录树,单击"安全"选项,在中间窗格中将看到安全审核事件,如图 14-5 所示。

图 14-5 "事件查看器"窗口

14.2.2 帐户与密码策略

在"本地安全策略"窗口中还可以设置用户和密码策略,控制用户对桌面设置和应用程序的访问,以保护客户端计算机的安全。

1. 密码策略

通过设置密码策略,可以增强用户帐户的安全性。

(1) 强制密码历史。该策略通过确保旧密码不能继续使用,从而使管理员能够增强安全性。重新使用旧密码之前,该安全设置确定与某个用户帐户相关的唯一新密码的数量。该值必须为 0～24 的一个数值,其具体操作步骤如下。

步骤 1:在服务器管理器中选择"工具"/"本地安全策略"命令,打开"本地安全策略"窗口。

步骤 2:展开窗口左侧导航栏"安全设置"下的"帐户策略"/"密码策略",双击左侧窗格中的"强制密码历史"选项,在"强制密码历史"对话框中在"保留密码历史"文本框中输入可保留的密码的个数。最后单击"确定"按钮,即可完成强制密码历史的修改,如图 14-6 所示。

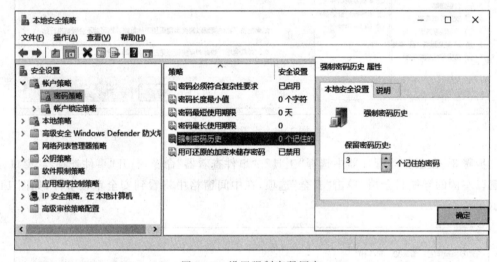

图 14-6　设置强制密码历史

密码历史的数量在域控制器上默认为 24,在独立服务器上为 0,且成员计算机的配置与其域控制器的配置相同。要维持密码历史记录的有效性,则在通过启用"密码最短使用期限安全策略设置"更改密码之后,不允许再立即更改密码。

(2) 密码最长使用期限。该安全设置确定系统要求用户可以使用一个密码的时间(单位为天)。可将密码的过期天数设置为 1～999 天。如果设置为 0,则指定密码永不过期。如果密码最长使用期限为 1～999 天,那么密码最短使用期限必须小于密码最长使用期限。如果密码最长使用期限设置为 0,则密码最短使用期限可以是 1～998 天的任何值。

打开"密码最长使用期限"对话框,选中"定义这个策略设置"复选框,在"密码过期时间"文本框中输入许可保留的天数,如 10 天。

使密码每隔 30～90 天过期一次,是一种最佳安全操作。通过这种方式,攻击者只能够在有限的时间内破解用户密码并访问用户的网络资源。

(3) 密码最短使用期限。该安全策略设置确定用户可以更改密码之前必须使用该密码的时间(单位为天),允许设置为 1～998 天的某个值。如果设置为 0,则允许立即更改密码。

打开"密码最短使用期限"对话框,选中"定义这个策略设置"复选框,在"可以立即更改密码"文本框中输入许可更改的天数即可。

　　密码最短使用期限必须小于密码最长使用期限,除非密码最长使用期限设置为 0。如果密码最长使用期限设置为 0,那么密码最短使用期限可设置为 0～998 天的任意值。

　　如果希望强制密码历史有效,将密码最短有效期限配置为大于 0。如果没有密码最短有效期限,则用户可以重复循环通过密码,直到获得喜欢的旧密码。推荐设置方法为管理员给用户指定密码,然后要求用户登录时更改管理员定义的密码。如果将该密码的历史记录设置为 0,则用户将不能选择新密码,因此,在默认情况下将密码历史记录设置为 1。

　　(4) 密码长度最小值。该安全设置确定用户帐户的密码可以包含的最少字符个数,可以设置为 1～14 个字符的某个值,建议设置为 8 个字符或者更高。如果将字符数设置为 0,则表示不需要设置密码。

　　打开"密码长度最小值"对话框,选中"定义这个策略设置"复选框,在"密码必须至少是"文本框中输入密码的长度,例如 10。默认密码值在域控制器上为 7,独立服务器上为 0。

　　(5) 密码必须符合复杂性要求。该安全设置强制用户必须使用复杂设置的密码。建议启用该策略,以保护用户帐户的安全。

　　打开"密码必须符合复杂性要求"对话框,选中"定义这个策略设置"复选框,然后选择"已启用"单选按钮,则表示必须使用符合密码规则的密码,才可通过策略的认证。

　　在启用该策略时,要确定密码是否必须符合复杂性要求。密码必须满足以下最低要求:

　　① 不包含全部或部分的用户帐户名。

　　② 长度至少为 6 个字符。

　　③ 至少包含来自以下 4 个类别中的 3 个类别字符。

　　• 英文大写字母(A～Z)。

　　• 英文小写字母(a～z)。

　　• 10 个基本数字(0～9)。

　　• 非字母字符(如!、$、#、%)。

　　更改或创建密码时,会强制执行复杂需求。

　　(6) 用可还原的加密来存储密码。该安全设置确定操作系统是否使用可还原的加密来存储密码。如果应用程序使用了要求知道用户密码才能进行身份验证的协议,则该策略可对它提供支持。使用可还原的加密存储密码和存储明文版本密码本质上是相同的。因此,除非应用程序有比保护密码信息更重要的要求,否则不必启用该策略。

　　当使用质询握手身份验证协议(CHAP)通过远程访问或 Internet 身份验证服务(IAS)进行身份验证时,该策略是必需的。在 Internet 信息服务(IIS)中使用摘要式验证时也要求该策略。

　　打开"用可还原的加密来存储密码"对话框,选中"定义这些策略设置"复选框,然后选择"已启用"单选按钮,则表示允许使用可还原的加密存储密码。

2. 帐户锁定策略

　　帐户锁定策略用于域帐户或本地用户帐户,用来确定某个帐户被系统锁定的情况和时间长短。要设置"帐户锁定策略",可打开"本地安全策略"窗口,依次展开"安全设置"下的"帐户策略"/"帐户锁定策略"。

（1）帐户锁定阈值。该安全设置确定造成用户帐户被锁定的登录失败尝试的次数。锁定的帐户将无法使用，除非管理员进行了重新设置或该帐户的锁定时间已过期。登录尝试失败的范围可设置为 0～999。如果将此值设为 0，则将无法锁定帐户。对于使用 Ctrl＋Alt＋Delete 组合键或带有密码保护的屏幕保护程序锁定的计算机上，失败的密码尝试计入失败的登录尝试次数中。

在"本地安全策略"窗口中双击"帐户锁定阈值"选项，显示"帐户锁定阈值 属性"对话框，在"帐户不锁定"文本框中输入无效登录的次数，例如 3，表示 3 次无效登录后，锁定登录所使用的帐户。

建议启用该策略，并设置为至少 3 次，以避免非法用户登录。

（2）帐户锁定时间。该安全设置确定锁定的帐户在自动解锁前保持锁定状态的分钟数。有效范围从 0～99999 分钟。如果将帐户锁定时间设置为 0，那么在管理员明确将其解锁前，该帐户将被锁定。如果定义了帐户锁定阈值，则帐户锁定时间必须大于或等于重置时间。

打开"帐户锁定时间"对话框，在"帐户锁定时间"文本框中输入帐户锁定时间，例如 30，则表示帐户被锁定的时间为 30 分钟，30 分钟后才可再次使用刚才被锁定的帐户。

默认值为"无"，因为只有当指定了帐户锁定阈值时，该策略设置才有意义。

（3）复位帐户锁定计数器。该安全设置确定在登录尝试失败计数器被复位为 0（即 0 次失败登录尝试）之前，尝试登录失败之后所需的分钟数，有效范围为 1～99999 分钟。如果定义了帐户锁定阈值，则该复位时间必须小于或等于帐户锁定时间。

打开"复位帐户锁定计数器"对话框，在"在此后复位帐户锁定计数器"文本框中输入帐户锁定复位的时间，例如 30，表示 30 分钟后复位被锁定的帐户。

只有当指定了帐户锁定阈值时，该策略设置才有意义。

任务 3 配置组策略

任务描述：为了进一步提高系统安全性，某单位除了管理资源的权限分配外，还欲为用户、组等对象分配或取消一些特殊的权力。例如，执行关闭系统，从网络访问此计算机，更改系统时间，拒绝本地登录，拒绝修改网络设置等操作的权力。

任务目标：掌握 Windows Server 2019 系统中组策略的配置方法，不仅可以让系统管理员控制用户的桌面环境，例如用户可用的程序，用户桌面上出现的程序以及"开始"菜单选项等，也可以进行安全方面的配置，如帐户策略、本地策略等。

14.3.1 组策略概述

组策略是系统管理员为计算机和用户定义的，是用来控制应用程序、系统设置和管理模板的一种工具。简单地说，组策略就是介于控制面板和注册表之间的一种修改系统及设置程序的工具。众所周知，许多系统、外观、网络设置等都可由控制面板进行修改，但是可修改的内容太少了，不能满足用户的需要；注册表内容又太多，修改起来极为不方便。而组策略正好介于两者之间,涉及内容远比控制面板多,操作与控制面板相似,条理性、可操作性则比注册表强得多。

组策略功能高于注册表,如果修改了组策略,修改注册表也还是受到组策略限制。组策略使用更完善的管理组织方法,可以对各种对象中的设置进行管理和配置,远比手工修改注册表方便、灵活,功能也更强大。

1. 使用组策略可以实现的功能

(1)帐户策略的设定:如设定用户密码的长度,密码使用期限,帐户锁定策略等。

(2)本地策略的设定:审核策略,用户权利分配,安全性的设定等。

(3)脚本的设定:设定登录/注销,启动/关机脚本。

(4)用户工作环境的定制:为用户定制统一的工作环境,并定制应用程序和用户习惯性的设置与数据,跟随用户一起到域内的任何一台计算机上。

(5)软件的安装与删除:用户在登录或计算机启动时,系统自动为用户安装需要的软件,也可以自动修改应用软件或删除应用软件。

(6)限制软件的运行:通过各种不同软件限制的规则,来限制域用户只能运行某些软件。

(7)文件夹的转移:改变"我的文档""开始"菜单等文件夹的存储位置或显示内容。

(8)其他系统设定:例如让所有计算机自动信任指定的 CA 等。

2. 启动组策略的方法

启动组策略的方法很多,可在 Windows Server 2019 系统"运行"窗口中的"打开"文本框中,输入 gpedit.msc 命令,单击"确定"按钮,打开对应系统的"本地组策略编辑"窗口,如图 14-7 所示。

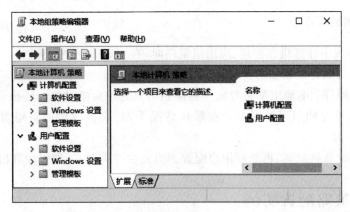

图 14-7　"本地组策略编辑器"窗口

"本地组策略编辑器"窗口中,左侧窗格的"本地计算机策略"由"计算机配置"和"用户配置"两个子项构成,右侧窗格是针对某一配置的具体设置策略。

3. 组策略对象

组策略的基本单元是组策略对象(group policy object,GPO),它是一组设置的组合,规定了某个系统所对应的特点和对指定的用户组应采取何种行为。

有两种类型的组策略对象:本地组策略对象(基于 Windows Server 2019 的计算机仅有一个)和非本地组策略对象(站点、域、域组织单元中所有用户和计算机)。

组策略作用范围:由它们所链接的站点、域或组织单元启用。

(1) 链接到一个站点(使用活动目录站点和服务)的组策略对象能够应用于该站点上的所有域。

(2) 一个域的组策略对象直接应用于域中所有计算机和用户,从而被组织单元中的所有用户和计算机继承。

(3) 应用到组织单元的组策略对象直接应用到组织单元中所有用户和计算机,从而被组织单元中所有用户和计算机继承。

4. 组策略的应用时机

组策略的配置修改后并不一定是立刻生效,而是必须等它们被应用到计算机或用户后才能有效。组策略启用的时间对不同的配置不同。

(1) 计算机配置:计算机开机时自动启用,对不重新启动的域控制器默认每隔 5 分钟自动启用,非域控制器默认每隔 90~120 分钟自动启动,此外不论策略是否有变动,系统每隔16 小时自动启动一次。

(2) 用户配置:用户登录时自动启用,当用户不注销时系统默认每隔90 分钟自动启动。此外不论策略是否有变动,系统每隔 16 小时自动启动一次。

(3) 手动启动组策略的命令是 gpupdate. exe。

5. 组策略的处理顺序

域控制器与域中计算机在处理、应用组策略时,有一定的程序和规则。

(1) 组策略的配置是累加的。

(2) 应用的顺序:本地组策略对象→链接到站点的组策略对象→链接到域的组策略对象→链接到组织单元的组策略对象。在默认情况下,后来被应用的策略覆盖前面应用的策略。

(3) 先处理计算机配置,再处理用户配置。当发生冲突时,一般以计算机配置优先。

14.3.2 组策略配置实例

尽管 Windows Server 2019 系统的安全性能已经大幅提升了,不过这并不意味着该系统已经安全无忧了,因为很多时候系统的一些安全参数会被偷偷修改,从而可能给系统造成一些安全威胁,那有什么办法让管理员能够防患于未然,在系统安全参数被修改之前就能将它禁止呢? 其实巧妙设置系统组策略参数,就可以让 Windows Server 2019 系统更加安全了。

1. 严禁恶意程序不请自来

在使用 Windows Server 2019 系统自带的 IE 浏览器上网访问网页内容时,时常会碰到一些恶意的控件程序,这些恶意控件程序往往不经过用户的许可,就自动下载保存到本地系统硬盘中,这样不但会消耗宝贵的磁盘空间资源,而且可能会给 Windows Server 2019 系统带来安全麻烦。为了让自己的 Windows Server 2019 系统更加安全,管理员可以安装使用一些专业工具来拒绝恶意程序不请自来。可是这样不但操作很烦琐,而且也不利于提高操作效率。事实上,Windows Server 2019 系统在组策略中已经添加了这种安全问题的控制选项,用户只要对相应的控制选项进行一下合适设置就可以了,下面就是具体的控制步骤。

步骤 1:打开如图 14-7 所示的"本地组策略编辑器"窗口。

步骤 2:展开"本地组策略编辑器"窗口左侧窗格中的目录树,依次选择"计算机配置"/"管理模板"/"Windows 组件"/Internet Explorer/"安全功能"/"限制文件下载"选项。

步骤 3:双击窗口右侧栏中的"Internet Explorer 进程"组策略选项,打开目标组策略选项的属性设置对话框,如图 14-8 所示。

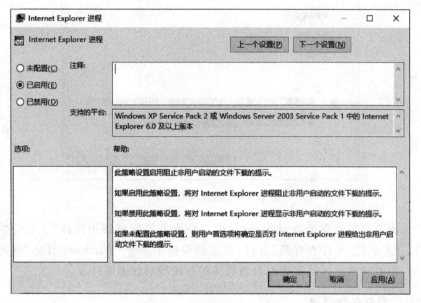

图 14-8　限制文件下载

步骤 4:在默认状态下 Windows Server 2019 系统对文件下载操作是没有任何限制的。单击"已启用"单选项,再单击"确定"按钮,将严禁恶意程序不请自来。

当然,有的恶意程序会自动通过 FlashGet、迅雷等工具软件来完成下载任务。为了谨防这些程序自动执行下载任务,还可以打开"所有进程"选项的属性设置窗口,选中对应窗口中的"已启用"选项,来禁止恶意程序通过任何进程完成下载任务。

2. 监控系统登录状态

Windows Server 2019 系统可以使用审核功能来自动监视跟踪系统登录状态。一旦有非法用户偷偷登录服务器时,管理员就能从系统的日志记录中找到蛛丝马迹,并能及时采取措施预防非法用户再次偷偷登录服务器。若要自动监控服务器系统登录状态，可以按照如下步骤来设置 Windows Server 2019 系统的组策略参数，以便让服务器自动对系统登录事件进行审核。

步骤 1：打开如图 14-7 所示的"本地组策略编辑器"窗口。

步骤 2：展开"本地组策略编辑器"窗口左侧窗格中的目录树，依次选择"计算机配置"/"Windows 设置"/"安全设置"/"本地策略"/"审核策略"选项。

步骤 3：双击右侧窗格中的"审核登录事件"选项，打开如图 14-9 所示的选项设置对话框，选中其中的"成功"和"失败"复选项，最后单击"确定"按钮，这样，任何用户无论是成功登录进服务器系统，还是没有成功登录进服务器系统，Windows Server 2019 系统的日志功能都会自动将登录服务器系统的状态记录保存下来。

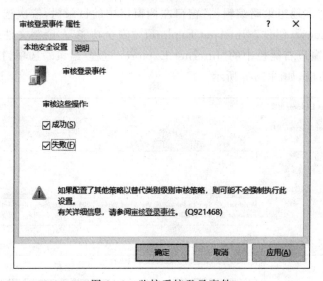

图 14-9　监控系统登录事件

步骤 4：查看之前的系统登录状态时，可以在服务器管理器中选择"工具"/"事件查看器"命令，打开系统的"事件查看器"窗口，在左侧窗格中展开"Windows 日志"选项，再选中"系统"子项，在中间显示区域就能查看到具体的系统登录状态事件了。

3. 拒绝调用任务管理器

在 Windows Server 2019 系统环境下，同时按下 Ctrl＋Alt＋Del 组合键时，可以调用系统任务管理器，更改 Windows 系统登录密码，注销及切换登录用户等；特别是在调用系统任务管理器后，用户还能对 Windows Server 2019 系统中的一些重要进程进行控制。为了防止非法用户随意控制服务器系统中的一些重要进程，可以利用 Windows Server 2019 系统内置的组策略来拒绝普通用户随意调用任务管理器，下面就是具体的设置步骤。

步骤 1：打开如图 14-7 所示的"本地组策略编辑器"窗口。

步骤 2：展开"本地组策略编辑器"窗口左侧窗格中的目录树，依次选择"用户配置"/"管理模板"/"系统"/"Ctrl＋Alt＋Del 选项"选项。在对应"Ctrl＋Alt＋Del 选项"选项的右侧显示区域中会看到"删除注销""删除更改密码""删除锁定计算机""删除任务管理器"等多个策略。

步骤 3：双击其中的"删除任务管理器"选项，打开"删除任务管理器设置"对话框。

步骤 4：默认状态下 Windows Server 2019 系统是允许用户调用"任务管理器"窗口的。选中"已启用"选项，再单击"确定"按钮，将禁止调用系统"任务管理器"窗口。

同样，可以打开其他策略的选项设置对话框，选中"已启用"选项，来禁止执行"注销""更改密码""锁定计算机"等操作。

4. 禁止降低 IE 安全等级

Windows Server 2019 系统在默认状态下经常会将 IE 浏览器的安全等级设置得比较高，这样可以防止一些恶意网页脚本代码或 ActiveX 控件程序偷偷在服务器系统中运行，从而避免给系统带来一些安全威胁。可是，在实际上网浏览的过程中，不少用户有时随意降低 IE 安全等级，以便寻求浏览便利性，这样 Windows Server 2019 系统的安全性就会受到严重威胁。为此，可以按照如下步骤来禁止普通用户随意降低 IE 浏览安全等级。

步骤 1：打开如图 14-7 所示的"本地组策略编辑器"窗口。

步骤 2：展开"本地组策略编辑器"窗口左侧窗格中的目录树，依次选择"用户配置"/"管理模板"/"Windows 组件"/Internet Explorer/"Internet Explorer 控制面板"选项。

步骤 3：在"Internet Explorer 控制面板"选项的右侧显示区域中，双击"禁用安全页"选项，打开"设置"对话框，选中其中的"已启用"选项，再单击"确定"按钮，这样，普通用户日后打开"Internet 选项设置"对话框后，将无法进入其中的安全设置页面，这样 IE 安全访问等级也就不会被随意降低了。

5. 禁止查看重要数据分区

Windows Server 2019 服务器系统中的某个分区中可能保存了一些重要数据信息，这些多半是不希望让其他用户知道的。其实，根本不需要寻求专业工具来保护重要数据分区，只要巧妙地利用 Windows Server 2019 系统的组策略功能，就能很好地保护重要数据分区不被他人随意访问。例如，要保护 D 盘分区中的数据内容不被他人访问时，可以按照如下步骤来设置系统组策略参数。

步骤 1：打开如图 14-7 所示的"本地组策略编辑器"窗口。

步骤 2：展开窗口左侧窗格中的目录树，依次选择"用户配置"/"管理模板"/"Windows 组件"/"文件资源管理器"选项。

步骤 3：在对应"文件资源管理器"选项的右侧窗格中，双击"防止从'我的电脑'访问驱动器"选项，在其后弹出的设置对话框中，选中"已启用"单选项，从选项下的驱动器下拉列表中选中要限制的驱动器，如图 14-10 所示，再单击"确定"按钮即可。

要是将所有的驱动器都关闭时，可以从驱动器下拉列表中选中"限制所有驱动器"选项即可。

6. 允许域用户在域控制器上登录

在 Windows Server 2019 系统中，如果域用户在域控制器上登录系统时，系统将不允许登录并提示"不允许使用你正在尝试的登录方式"。在域控制器上，使用在服务器管理器中

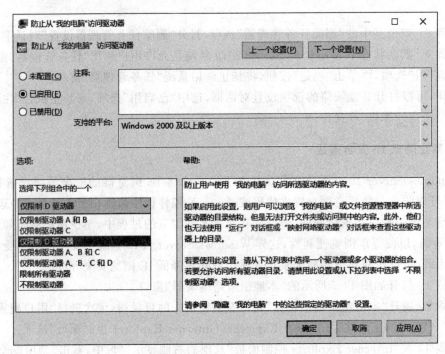

图 14-10　禁止查看某个分区

依次单击"工具"/"本地安全策略"选项的方式和在"运行"窗口执行 gpedit. msc 命令的方式,打开"本地安全策略"窗口后,会发现很多选项的状态不让修改,因此本地安全策略必须采用以下步骤修改。

步骤 1:在域控制器上以本地管理员或域管理员身份登录。依次单击服务器管理器中"工具"/"组策略管理"选项,打开"组策略管理"窗口。

步骤 2:展开左侧窗格目录树并显示出 Domain Controllers 的子项,如图 14-11 所示。

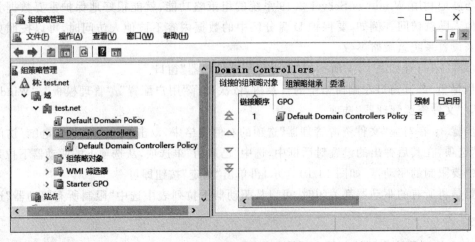

图 14-11　"组策略管理"窗口

步骤 3:右击 Default Domain Controllers Policy 选项,在弹出的快捷菜单中选择"编辑"命令。在打开的"组策略管理编辑器"窗口中,展开窗口左侧的"Windows 设置"/"安全设置"/"本地策略"/"用户权限分配"选项。

步骤 4：双击窗口右侧的"允许本地登录"选项，在弹出的"允许本地登录 属性"对话框中，如图 14-12 所示，单击"添加用户或组"按钮，又弹出"添加用户或组"对话框，在文本框中输入受限用户的名称或单击"浏览"按钮进行选择，最后再单击"确定"按钮，完成设置。

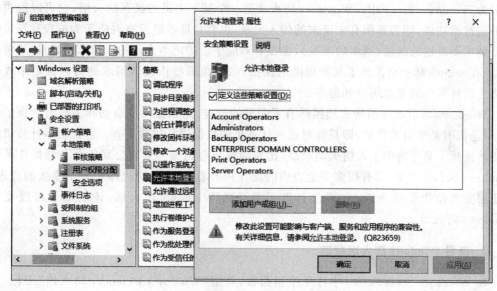

图 14-12　添加允许在本地登录的用户

任务 4　设置高级安全 Windows 防火墙

任务描述：为了保障系统安全，要求在操作系统与外部网络之间加入一套防护系统，既可以防止非法入侵者通过网络进行攻击及非法访问操作系统，又可以提供数据可靠性、完整性以及保密性等方面的安全控制，还可以允许或拒绝特定的通信流出或流入并进一步提高操作系统的安全性。

任务目标：掌握 Windows Server 2019 内置防火墙的配置方法，使之对流经它的网络通信进行扫描，能够过滤掉一些攻击，以免目标计算机上受到危害。在防火墙上关闭不使用的端口，禁止特定端口的流出通信，封锁特洛伊木马。禁止来自特殊站点的访问，从而防止来自不明入侵者的所有通信。能够将防火墙配置成不同保护级别，从而保护主机系统不受安全威胁。

14.4.1　Windows 防火墙概述

网络安全已经被越来越多的人所重视。而在保证自己的计算机安全方面，最常见的手段就是安装杀毒软件、网络防火墙以及反间谍软件等。下面介绍 Windows 自带防火墙的有关知识。

1. Windows 防火墙

早在 Windows XP 时代,微软公司就在系统中加入了内置的防火墙,这就是所谓的 Internet Connection Firewall(ICF)。到了 Windows XP SP2 时,这个内置的防火墙被正式更名为 Windows Firewall。Windows 防火墙是一个基于主机的状态防火墙,它可以提供基本的包过滤功能,即丢弃所有未请求的传入流量,也就是那些既没有对应于为响应计算机的某个请求而发送的流量(请求的流量),也没有对应于已指定为允许的未请求的流量(异常流量)。Windows 防火墙提供了某种程度的保护,以避免那些依赖未请求的传入流量来攻击网络上的计算机的恶意用户和程序。

Windows 以后版本的防火墙虽然有了明显的改进,比如提供了启动和关机时的保护能力,但是依旧是单向的防护,即只能对进入计算机的数据进行拦截审查。因此很多计算机用户仍然选择了第三方的个人防火墙产品,比如瑞星或金山等。微软公司的服务器操作系统 Windows Server 2019 具有很多安全方面的设计和功能,其中的防火墙也有了重大的改进。对于服务器操作系统来说,它不仅自带了普通的 Windows 防火墙,还新加了高级安全 Windows 防火墙。

2. 查看 Windows 防火墙状态

在 Windows Server 2019 中打开控制面板,双击"Windows Defender 防火墙"图标,可以打开如图 14-13 所示的窗口。在这里能够看到当前 Windows 防火墙对于域网络、家庭或工作网络及公用网络分别是否处于启用状态,同时还可以了解对于异常入站连接是否阻止,在阻止程序时是否显示提示信息等。如果已连接网络的防火墙处于关闭状态,建议进行相关的配置并启用防火墙进行系统保护。

图 14-13 "Windows Defender 防火墙"窗口

3. 设置 Windows 常规防火墙

在查看了这些防火墙相关的状态信息之后，直接单击右侧导航栏中"启用或关闭 Windows Defender 防火墙"链接，在"自定义设置"窗口中即可针对不同网络进行防火墙的相关配置，如图 14-14 所示。

图 14-14 设置常规防火墙

由图 14-14 可以看出，域网络、私有网络和公用网络的配置是完全分开的，在启用 Windows 防火墙里还有两个选项。

（1）阻止所有传入连接，包括位于允许程序列表中的应用：这个选项一般采用默认状态，否则可能会影响允许程序列表里的一些程序使用。

（2）Windows Defender 防火墙阻止新应用时通知我：这个选项对于个人日常使用可以选中，以方便自己随时做出判断响应。

如果需要关闭，只需要选择对应网络类型里的"关闭 Windows Defender 防火墙（不推荐）"这一项，然后单击"确定"按钮即可。

如果防火墙配置出错，可以单击图 14-13 中左侧的"还原默认设置"链接。还原时，Windows 会删除所有的网络防火墙配置项目，恢复到初始状态。

4. 允许程序规则配置

防火墙系统有助于阻止对计算机资源进行未经授权的访问。如果防火墙已打开但却未正确配置，则可能会阻止某些程序与外界的正常通信。如要修改通信规则，可单击图 14-13 中左侧上方的"允许应用或功能通过 Windows Defender 防火墙"链接，打开"允许的应用"窗口，如图 14-15 所示。

在这里可以针对不同的网络类型，允许（选中）不同的程序通过防火墙。如果是添加自己的应用程序许可规则，可以单击窗口下面的"允许运行另一程序"按钮。

另外，如果还想对增加的允许规则进行详细定制，比如端口、协议、安全连接及作用域等，则需要到高级设置这个大仓库里看看。

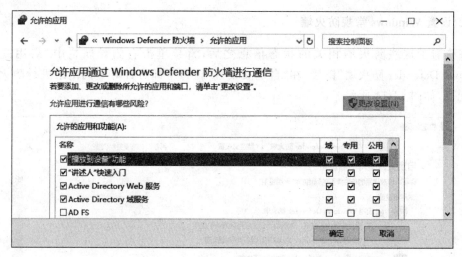

图 14-15　设置允许的程序

5. 高级安全 Windows 防火墙

在"深层防御"体系中,网络防火墙处于周边层,而 Windows 防火墙处于主机层面。与 Windows 10 和 Windows 2012 的防火墙一样,Windows Server 2019 的防火墙也是一款基于主机的状态防火墙,它结合了主机防火墙和 IPSec,可以对穿过网络边界防火墙和发自企业内部的网络攻击进行防护,可以说基于主机的防火墙是网络边界防火墙的一个有益的补充。

与以前 Windows 版本中的防火墙相比,Windows Server 2019 中的高级安全防火墙 (WFAS)有了较大的改进。首先它支持双向保护,可以对出站、入站通信进行过滤;其次它将 Windows 防火墙功能和 Internet 协议安全(IPSec)集成到一个控制台中。使用这些高级选项可以按照环境所需的方式配置密钥交换、数据保护(完整性和加密)以及身份验证设置。

WFAS 还可以实现更高级的规则配置,用户可以针对 Windows Server 上的各种对象创建防火墙规则,配置防火墙规则以确定阻止还是允许流量通过具有高级安全性的 Windows 防火墙。

传入数据包到达计算机时,具有高级安全性的 Windows 防火墙检查该数据包,并确定它是否符合防火墙规则中指定的标准。如果数据包与规则中的标准匹配,则具有高级安全性的 Windows 防火墙执行规则中指定的操作,即阻止连接或允许连接。如果数据包与规则中的标准不匹配,则具有高级安全性的 Windows 防火墙丢弃该数据包,并在防火墙日志文件中创建条目(如果启用了日志记录)。

对规则进行配置时,可以从各种标准中进行选择,例如,应用程序名称、系统服务名称、TCP 端口、UDP 端口、本地 IP 地址、远程 IP 地址、配置文件、接口类型(如网络适配器)、用户、用户组、计算机、计算机组、协议、ICMP 类型等。规则中的标准添加在一起;添加的标准越多,具有高级安全性的 Windows 防火墙匹配传入流量就越精细。

管理员可以通过多种方式来配置 Windows Server 2019 防火墙和 IPSec 的设置和选项,下面具体配置 Windows Server 2019 的这款高级安全防火墙。

11.4.2　设置高级安全 Windows Defender 防火墙

在 Windows Server 2019 中,可以采用多种方法设置高级安全 Windows Defender 防火墙。可以在如图 14-13 所示的"Windows Defender 防火墙"窗口中单击左侧导航栏中的"高级设置"链接,打开"高级安全 Windows Defender 防火墙"窗口;如果是独立服务器,也可以通过"本地安全策略"窗口中的"高级安全 Windows Defender 防火墙"选项进行设置;如果是域控制器,可以通过"组策略管理"窗口中的"安全设置"下的"高级安全 Windows Defender 防火墙"选项进行设置;也可以使用 netsh advfirewall 命令行工具进行设置;还可以使用独立的管理单元来进行设置。其具体操作步骤如下。

步骤 1:在服务器管理器中单击"工具"/"高级安全 Windows Defender 防火墙"选项,打开"本地计算机上的高级安全 Windows Defender 防火墙"的管理控制台窗口,如图 14-16 所示。

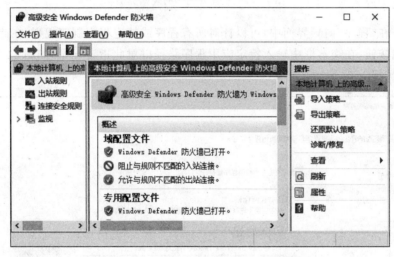

图 14-16　"高级安全 Windows 防火墙"管理窗口

由图 14-16 可知,Windows Server 2019 的高级安全 Windows Defender 防火墙使用出站和入站两组规则来配置其如何响应传入和传出的流量,通过连接安全规则来确定如何保护计算机和其他计算机之间的流量,而且可以监视防火墙活动和规则。

步骤 2:首先从入站规则开始。假如在 Windows Server 2019 上安装了一个 Apache Web 服务器,默认情况下,因为 Apache 是一款第三方应用软件,在入站规则中没有对这些流量"放行"的配置,从远端是无法访问这个服务器的,需要为它增加一条规则。单击管理控制窗口左侧导航栏中"入站规则"选项,在窗口中间的入站规则列表中可以看到 Windows Server 2019 自带的一些安全规则。单击右边操作区的"新建规则"链接,将打开新建一条安全规则的向导。

步骤 3:在"规则类型"向导界面中可以看到,可以基于具体的程序、端口、预定义或自定义来创建入站规则,其中每个类型的步骤会有细微的差别。在此选中"程序"单选按钮,如图 14-17 所示,单击"下一步"按钮。

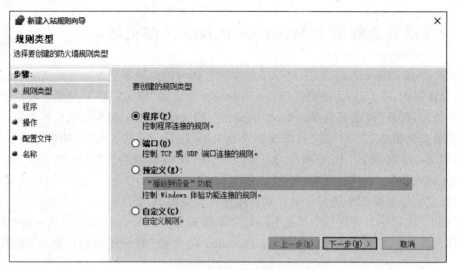

图 14-17 选择要创建的规则类型

步骤 4：在"程序"向导界面中，可以针对所有程序或特定程序制定规则，在此选中"此程序路径"单选按钮，在文本框中输入特定应用程序路径以对此指定规则，如图 14-18 所示，单击"下一步"按钮。

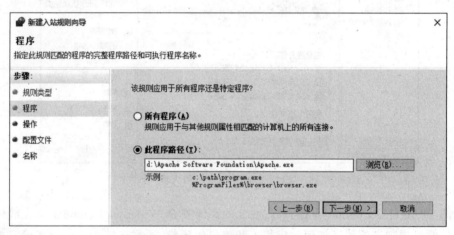

图 14-18 选择程序路径

步骤 5：在"操作"向导界面中可以指定对符合条件的流量进行什么操作，如图 14-19 所示，在此选择"允许连接"单选项，单击"下一步"按钮。

步骤 6：在"配置文件"向导界面中可以选择规则应用环境，如图 14-20 所示，选中应用环境后，单击"下一步"按钮。

步骤 7：在"名称"向导界面中的"名称"文本框中输入规则名称，也可在"描述（可选）"文本框中输入规则进行描述，如图 14-21 所示，单击"完成"按钮。

步骤 8：创建完毕后，在入站规则列表中将增加一条新创建的规则（apache），如图 14-22 所示，并且可以从远程正常访问 Apache 服务。如果要对已经创建的规则进行操作，可以选中规则后，在窗口右边的操作区域进行"禁用规则""删除"等操作。

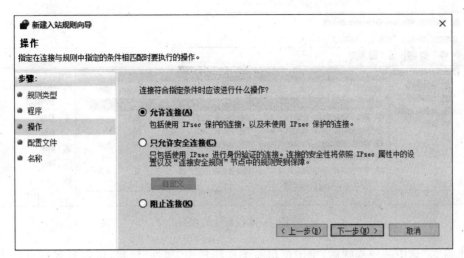

图 14-19　指定操作

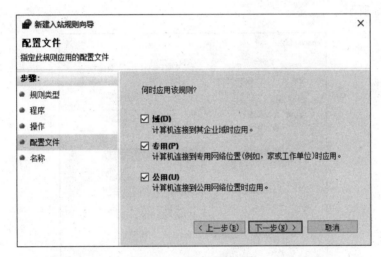

图 14-20　指定应用环境

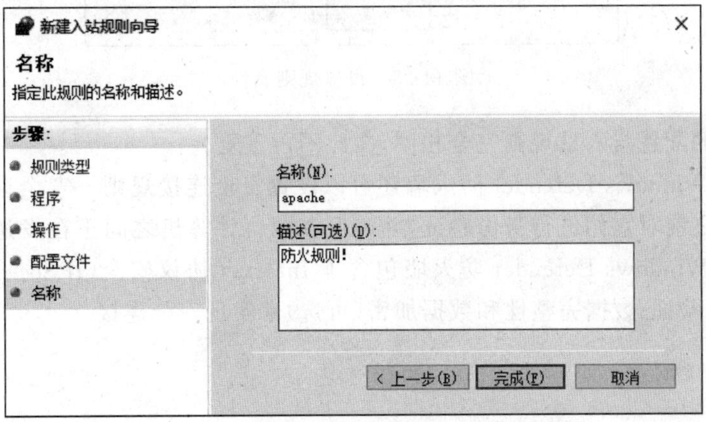

图 14-21　指定名称

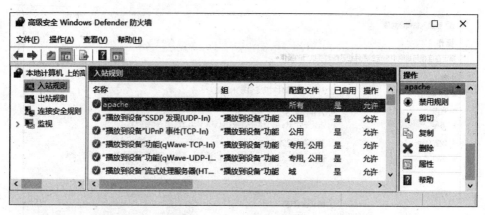

图 14-22　新建的规则

步骤 9：选中某一规则后，单击窗口右侧操作栏中"属性"链接，可以对规则进行更详细的配置，如指定授权的计算机或用户，指定协议和端口，指定作用域的 IP 地址及高级设置等，如图 14-23 所示。

图 14-23　设置规则属性

出站规则的配置与入站规则完全相同，在此不再重复。

高级安全 Windows Defender 防火墙还可以设置安全连接规则。安全连接是在两台计算机开始通信之前对它们进行身份验证，并确保在两台计算机之间正在发送的信息的安全性。高级安全 Windows Defender 防火墙包含了 Internet 协议安全（IPSec）技术，通过使用密钥交换、身份验证、数据完整性和数据加密（可选）来实现安全连接。

任务 5　数据的备份与还原

任务描述：某企业信息化系统运行过程中产生了大量的数据，现欲利用 Windows 系统用最经济的方式保护这些数据，当出现问题时能方便快速地恢复业务。

任务目标：掌握 Windows Server 2019 自有功能进行数据备份与恢复的方法，以有效降低由硬盘子系统故障、电源故障（导致数据损坏）、系统软件故障、数据被意外或恶意删除或修改、病毒、自然灾害（如火灾、洪水和地震等）等造成的数据的意外丢失，保障业务持续运行。

随着信息化进程的逐步推进，以及信息技术的不断普及，各个单位对局域网的依赖程度也是越来越高，保存在局域网服务器中的数据信息也是越来越重要。为了防止意外的发生、导致重要数据丢失，越来越多的单位开始重视数据信息的安全保护工作，而保护数据安全最常使用的方法就是及时做好数据的备份工作，于是 Windows Server 2019 系统特意对数据备份功能进行了强化，巧妙地用好该系统环境下的备份功能，可以实现专业级别的数据保护效果。以下介绍几则 Windows Server 2019 系统下的数据备份技巧。

1. 对系统帐户进行巧妙备份

要想访问 Windows Server 2019 服务器系统中的共享资源，网络管理员需要先在服务器系统中为每一位用户创建一个访问帐户，并需要对该帐户赋予相应的权限。当局域网中有多位用户需要访问共享资源时，那么服务器系统中可能就会保存多个不同的访问帐户信息。要是 Windows Server 2019 系统不小心发生瘫痪现象时，那么存储在该服务器系统中的所有帐户信息都会丢失。日后重新安装并启动好 Windows Server 2019 系统后，往往很难用手工方法将原先建立的每个用户帐户信息一一恢复成功。

为帮助网络管理员能够有效保护好用户帐户信息，Windows Server 2019 服务器系统为网络管理员提供了用户帐户备份功能，有效地借助该功能网络管理员可以非常轻松地对保存在 Windows Server 2019 服务器系统中的所有帐户信息进行备份，日后要是遇到系统帐户信息意外丢失时，网络管理员就能在瞬间将受损的帐户信息恢复正常。当然，在对保存在 Windows Server 2019 服务器系统中的所有帐户信息进行备份时，必须确保系统能够正常运行，同时保证所有帐户信息都没有受到损坏。下面就是在 Windows Server 2019 服务器系统中备份所有帐户信息的具体操作步骤。

步骤 1：在 Windows Server 2019"运行"窗口的"打开"文本框中输入 credwiz 命令，单击"确定"按钮后打开，如图 14-24 所示。从该对话框中可知，要是系统丢失、损坏或销毁了用户名和密码时，就能够使用这里的备份功能对用户名和密码信息进行恢复。选中"备份存储的用户名和密码"选项后，单击"下一步"按钮。

步骤 2：在"存储的用户名和密码"向导界面中，单击"备份到"设置项右侧的"浏览"按钮，打开系统的"文件选择"对话框，选择一个系统分区以外的文件夹来保存备份文件，同时为备份文件取一个合适的名称，单击"保存"按钮后，如图 14-25 所示。单击"下一步"按钮。

步骤 3：出现"按 Ctrl＋Alt＋Delete 继续在安全桌面上备份"的提示窗口，照此操作后出现

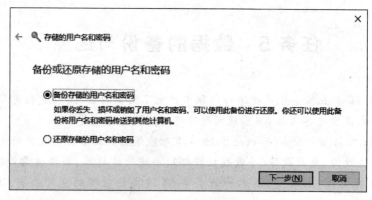

图 14-24　备份系统帐户

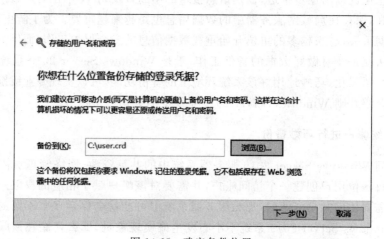

图 14-25　确定备份位置

"使用密码保护备份文件"向导界面，如图 14-26 所示。输入密码后单击"下一步"按钮，Windows Server 2019 系统就会将本地服务器中的所有用户帐户信息保存成了文件，并且该文件默认使用的扩展名为 crd。为了稳妥起见，最好再将备份文件复制一份并转移到其他计算机中。

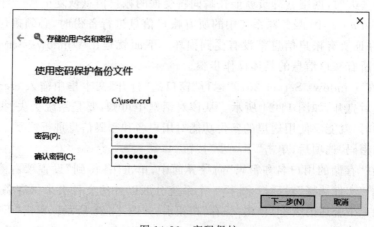

图 14-26　密码保护

要是发现 Windows Server 2019 系统中的用户帐户信息丢失、损坏或销毁而需要还原时,可以按照先前的操作步骤打开如图 14-24 所示的设置对话框,然后选中"还原存储的用户名和密码"选项,再导入先前备份好的".crd"文件,最后单击"还原"按钮,就能将受损的系统帐户恢复到原先的正常状态。

2. 对系统分区进行巧妙备份

在长时间运行之后,Windows 系统时常会发生瘫痪的现象,此时用户唯一能做的就是重新安装一遍操作系统。然而随着 Windows 系统版本的越来越高,集成在系统中的功能也是越来越多,而系统安装的时间也是越来越长。每次系统瘫痪都要重新安装一遍 Windows 系统,并不是每种业务所能忍受。考虑到这一点,微软公司开发了自己的备份恢复工具 Windows Server Backup(WSB),其可为日常备份和恢复需求提供完整的解决方案。可以使用 WSB 备份整个服务器(所有卷)、选定卷、系统状态或者特定的文件或文件夹,并且可以创建用于进行裸机恢复的备份。可以恢复卷、文件夹、文件、某些应用程序和系统状态。此外,在发生诸如硬盘故障之类的灾难时,可以执行裸机恢复(若要执行此操作,需要整个服务器的备份或者只需包含操作系统文件的卷的备份以及 Windows 恢复环境,这会将完整的系统还原到旧系统中或新的硬盘上)。若要日后恢复操作系统或整个服务器,应该首先执行下列操作。

步骤 1:在"服务器管理器"窗口中依次单击"工具"/"Windows Server 备份"选项,打开系统的"Windows Server 备份"窗口(如果首次使用,需从"服务器管理器"添加此服务器功能),如图 14-27 所示,在该窗口中可以进行各种数据备份操作。

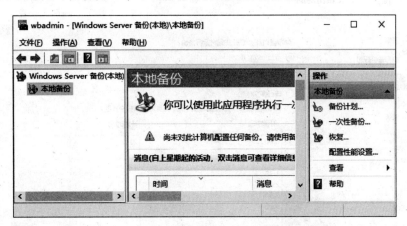

图 14-27　"Windows Serve 备份"窗口

步骤 2:在"Windows Server 备份"窗口的右侧窗格中,单击"备份计划"链接,将打开备份计划向导,首先出现"开始"向导界面,根据提示单击"下一步"按钮。

步骤 3:在"选择备份配置"向导界面中,可以选中"整个服务器(推荐)"单选按钮,也可以选中"自定义"单选按钮指定备份的分区或文件,如图 14-28 所示,然后单击"下一步"按钮。

步骤 4:在"指定备份时间"向导界面中,在默认状态下 Windows Server 2019 系统在每天的 21:00 进行一次备份操作。如果保存在 Windows Server 2019 系统安装分区中的数据

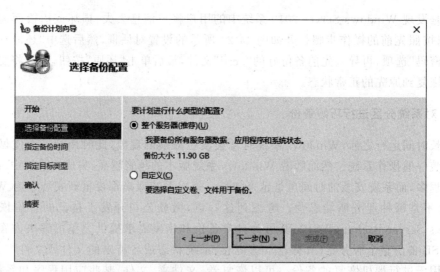

图 14-28 "选择备份配置"向导界面

信息不停发生变化,可以选中"每日多次"选项,之后从"可用时间"列表框中选择具体需要进行备份操作的时间。再单击"添加"按钮,那么被指定的可用时间就会自动出现在"已计划的时间"列表框中了,如图 14-29 所示。然后单击"下一步"按钮。

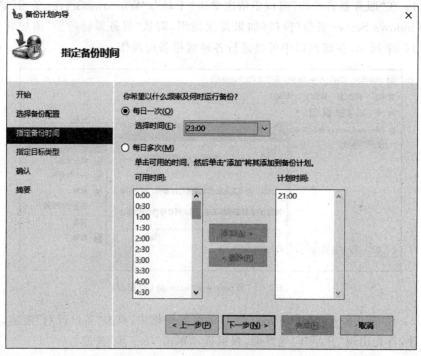

图 14-29 "指定备份时间"向导界面

步骤 5:在"指定目标类型"向导界面中,可以选择把备份存储到本机的其他磁盘、本机的其他分区或网络上共享的文件中,如图 14-30 所示。在此选择"备份到专用于备份的磁盘(推荐)"选项,单击"下一步"按钮。

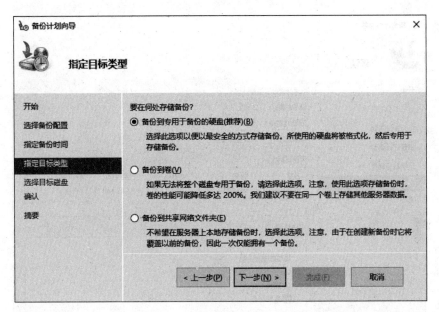

图 14-30　"指定目标类型"向导界面

步骤 6：在"选择目标磁盘"向导界面中，如图 14-31 所示，在"可用磁盘"列表中选中目标磁盘(若备份整个服务器，需要配置移动磁盘)。如果确实有额外磁盘却没有在列表显示，可单击"显示所有可用磁盘"按钮，在弹出的对话框中选中可用的磁盘。单击"下一步"按钮后，将提示磁盘将被重新格式化，单击"是"按钮。

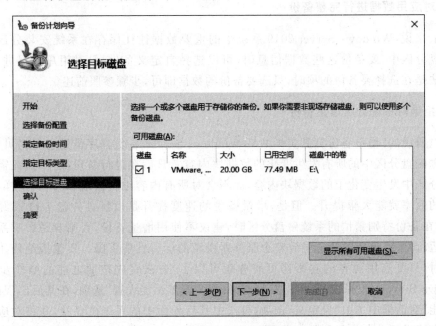

图 14-31　"选择目标磁盘"向导界面

步骤 7：在"确认"向导界面中单击"完成"按钮，如图 14-32 所示，将进行格式化磁盘和创建备份计划。最后在"摘要"向导界面中单击"关闭"按钮，就完成了备份计划的创建。

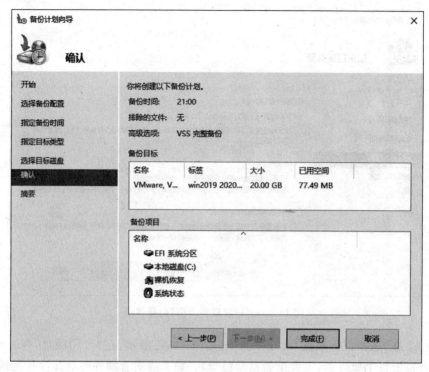

图 14-32 "确认"向导界面

3. 对应用数据进行完整备份

一般来说，Windows Server 2019 系统中的重要数据往往保存在系统安装分区以外的其他磁盘分区中，要备份这些数据信息时，可以选择自定义备份，只对用户数据进行备份。操作方法是在选择要备份的项时，只选要备份的数据即可，步骤参照前述。

4. 拒绝对系统分区增量备份

这里所说的"增量备份"，其实指的是 Windows Server 备份程序借助卷影拷贝服务，自动跟踪源磁盘分区中的所有发生变化的数据块内容。日后在进行备份操作时，只需要读取源磁盘分区中发生变化了的数据块内容，而不会对所有内容进行读取和写入，这样，数据备份操作的效率就能大幅提升。但是，增量备份的速度提升是以牺牲磁盘 I/O 资源为代价的，因此在备份特别繁忙的系统磁盘分区时，建议不使用增量备份，否则容易影响系统磁盘分区的运行性能，严重时还能导致整个服务器系统的运行性能下降。要想拒绝使用增量备份操作时，只要停用源卷的卷影拷贝服务就可以了，方法是先按照之前的操作步骤进入"Windows Server 备份"窗口，单击右侧窗格中的"配置性能设置"选项，在其后出现的"优化备份性能"对话框中选中"自定义"选项，再选中其后界面中的系统磁盘卷，并将对应系统卷的备份方式设置为"完全备份"，如图 14-33 所示。最后单击"确定"按钮，就能使设置生效了。

不论通过何种方式将 Windows Server 2019 系统中的数据备份，都能真正做到有备无患了。日后要恢复数据信息时，只要打开"Windows Server 备份"窗口，单击窗口右侧窗格

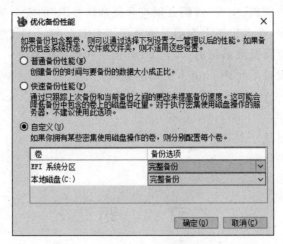

图 14-33　拒绝对系统分区增量备份

中的"恢复"链接,再根据恢复向导提示,就能在很短的时间内将 Windows Server 2019 系统中的数据信息恢复正常了。如果创建过操作系统备份,当操作系统出了问题,可以在启动计算机时,通过修复计算机的方式选择系统影像恢复选项,将备份的操作系统恢复。

实　　　训

1．实训目的

(1) 掌握在 Windows Server 2019 操作系统下保障本地安全性的方法,如掌握帐户密码、锁定登录尝试和分配用户权限等。

(2) 理解本地安全原则和安全策略的概念。

(3) 掌握内置防火墙的安装、配置方法。

(4) 掌握 Windows Server 2019 中的备份与还原的基本操作。

(5) 理解备份与还原的意义。

2．实训内容

(1) 用安全模板来分析和配置计算机的安全配置。

(2) Windows Server 2019 本地安全策略配置。

(3) 设置用户权力与安全选项的安全策略。

(4) 主机防火墙的配置。

3．实训要求

(1) 用"安全配置和分析"创建安全模板,分析计算机当前的安全配置,将安全模板应用于计算机,再次分析系统来确认其是否符合安全需求。将实验用户登录域来验证新的安全设置,体会安全策略限制。

（2）设置用户帐户密码，实现"密码必须符合复杂性要求"的安全策略。

（3）分配用户权限，在客户机上取消及恢复使用 Ctrl＋Alt＋Del 组合键的强制登录。

（4）在防火墙上查看当前系统的 TCP/UDP 监听和连接信息。

（5）在防火墙上设置不允许 ping 入的访问规则。

（6）在 D 盘创建一个文件夹 Test，在其下创建一个文本文件 abc.txt，然后对其进行备份与还原的基本操作。

（7）创建紧急修复盘。

（8）制订每周备份计划。

习　　题

一、填空题

1. 常见的备份类型有 _____、_____、_____、_____、_____。

2. 用户的需求如下：每星期一需要正常备份，在一周的其他天内希望备份从周一到目前为止发生变化的文件和文件夹，该用户应该选择的备份类型是 _____ 备份。

3. 组策略配置类型有 _____ 和 _____。

4. 打开组策略编辑器的命令是 _____。

5. SCW 的中文名字是 _____。

6. 在网络应用中一般采取两种加密形式：_____ 和 _____。

二、选择题

1. 备份过程完成后，会清除备份标记的备份类型是（　　　）。

　　A. 常规备份　　　　　　　　　　　　B. 增量备份

　　C. 差量备份　　　　　　　　　　　　D. 副本备份

2. 管理 Windows Server 2019 网络时，为了防止不明身份的人恶意猜测密码，采用的最有效的保护方式是（　　）。

　　A. 关闭计算机 30 分钟再启动

　　B. 帐户里面定义密码永久有效

　　C. 设置帐户策略，登录失败 n 次后，将帐户锁定，n 的数值视安全状况调整

　　D. 对登录的用户进行审核

3. 下列不是防火墙的基本准则的是（　　　）。

　　A. 过滤不安全服务　　　　　　　　　B. 过滤非法用户

　　C. 访问特殊站点　　　　　　　　　　D. 监控网络的安全

三、简答题

1. Windows Server 2019 的安全策略包含哪两部分？分别完成什么功能？

2. 域管理员新建了一个域用户帐户 wang,使用该帐户在域控制器上登录时,系统提示"不允许使用你正在尝试的登录方式",请问如何解决此问题。

3. 常用的用户权力分配的安全策略有哪些?

4. 如何使用防火墙防止黑客程序侵入计算机?

5. Windows 防火墙可否防护内网用户发起的攻击?

6. 如何进行文件的备份与还原?

参 考 文 献

[1] https://docs.microsoft.com/zh-cn/.

[2] 戴有炜.Windows Server 2016 系统配置指南[M].北京：清华大学出版社,2019.

[3] 张恒杰.计算机网络技术基础[M].北京：清华大学出版社,2016.